智能制造系列教材

智能工厂的认知与实践

编 委 会

主　　任：伊洪良　张中洲

副 主 任：阮友德　叶光显

委　　员：宋志刚　刘振鹏　梁伟文　赵　伟　阮雄锋
　　　　　聂思明　陈　芳　丘建雄　郑楚云　章朝阳
　　　　　纪东伟　谢　黧　官　伦　李　琴　曾　珍

本书主编：赵　伟　宋志刚

中国劳动社会保障出版社

图书在版编目（CIP）数据

智能工厂的认知与实践 / 赵伟，宋志刚主编. -- 北京：中国劳动社会保障出版社，2021

ISBN 978-7-5167-4756-8

Ⅰ. ①智… Ⅱ. ①赵…②宋… Ⅲ. ①智能制造系统 – 制造工业 – 研究 – 中国 Ⅳ. ①F426.4

中国版本图书馆 CIP 数据核字（2020）第 227535 号

中国劳动社会保障出版社出版发行

（北京市惠新东街 1 号　邮政编码：100029）

*

北京市白帆印务有限公司印刷装订　　新华书店经销

787 毫米 ×1092 毫米　16 开本　18 印张　352 千字

2021 年 1 月第 1 版　　2021 年 1 月第 1 次印刷

定价：45.00 元

读者服务部电话：（010）64929211/84209101/64921644

营销中心电话：（010）64962347

出版社网址：http://www.class.com.cn

内容提要

本书遵循“以智能工厂为引领，以‘三向设备[①]’为载体，以技能训练为主线，以核心技术为重点，以能力培养为核心，以基本概念为支撑”的编写思想；以生产步进电动机的智能工厂为蓝本，系统地介绍了智能服务中心、智能控制中心、智能原材料仓库、智能加工系统、智能装配系统、智能检测系统、智能包装系统、智能成品仓库的设计与操作方法，并按照“管用、适用、够用”的原则以及“基于工作过程导向”的教学模式重构教学内容，充分体现教材的科学性、先进性、实用性和可操作性。

本书是理论与实训一体化的教材，集理论知识、技术应用、工程设计与创新于一体，以步进电动机的智能生产贯穿始终，内容包括了智能工厂认知、各组成系统的构成、系统方案设计及操作方法等，并将 RFID 技术、AGV 运行控制、传感器技术、PLC 程序设计、机器人程序设计等相关知识点融合其中。

本书内容由浅入深、通俗易懂、注重应用，可作为技工院校、中高职及本科院校机电类、自动化类等专业的理论与实训教材，也可作为技能培训教材，还可供相关工程技术人员参考。

---

① 广东三向科技研究院研制的设备。

前言

随着新一轮工业革命的发展，工业转型的呼声日渐高涨，许多制造业大国、强国利用新兴信息化技术来提升工业的智能化应用水平，从而提升工业在全球市场的竞争力。打造具有国际竞争力的制造业，是我国提升综合国力、保障国家安全、建设世界强国的必由之路。在从中国制造到中国智造的跨越中，要更加落实好人才强国战略，加快培育制造业发展急需的经营管理人才、专业技术人才、高技能人才，建设一支素质优良、结构合理的制造业人才队伍，推动实现制造强国的战略目标。为适应现代企业对新型人才的要求，我们在总结了有关 PLC 应用技术、机器人应用技术、传感器应用技术、数控加工技术、物流控制技术、ERP 技术、MES 技术等课程的基础上，编写了适合技工院校、中高职及本科院校的机电类、自动化类及相关专业使用的理论与实训一体化的智能制造系列教材。本套智能制造系列教材以广东三向科技研究院生产步进电动机的智能工厂作为载体，在编写过程中贯彻以下原则。

（1）在编写思想上，遵循“以能力培养为核心，以技能训练为主线，以基本概念为支撑”，较好地处理了理论与实训的关系。本书以生产步进电动机的智能工厂为蓝本，系统介绍了智能服务中心、智能控制中心、智能原材料仓库、智能加工系统、智能装配系统、智能检测系统、智能包装系统、智能成品仓库的设计与操作方法，将理论与实训融为一体，互为依托。

（2）在内容选择上，按照“管用、适用、够用”的原则精选内容，教材内容实现了学校和企业的无缝对接。按照“基于工作过程导向”的教学模式编写，每个任务都包括“学习目标”“任务描述”“知识准备”“任务实施”“任务测评”，在“知识准备”中只介绍与技能相关的理论内容，避免了理论知识的广而全。

（3）在内容呈现上，除了传统的纸质图文外，还配套提供了视频等数字化资源，通过扫描纸质教材上相应的二维码即可链接数字资源，实现视觉、听觉的全方位感知，培养及提高读者的学习兴趣。

此外，本书在内容阐述上，力求简明扼要、层次清楚、图文并茂、通俗易懂；在结构编排上，遵循循序渐进、由浅入深的原则；在任务的安排上，强调实用性、可操作性和可选择性。

本书由深圳职业技术学院赵伟、宋志刚，深圳市博伦职业技术学校阮雄锋，人力资源社会保障部一体化课改专家张中洲，广州市机电技师学院赖圣君，吉安职业技术学院李琴、曾珍，四川仪表工业学校官伦，广东三向科技研究院叶光显、聂思明，深圳市联得自动化装备股份有限公司肖清雄等编写。在编写过程中，得到了广东三向科技研究院、深圳市阮友德自动控制技能大师工作室的大力支持，在此一并表示感谢。

由于编写时间仓促以及编者水平有限，书中不足之处在所难免，欢迎广大读者提出宝贵的意见和建议。

编者

2020 年 6 月

目录

项目一
智能工厂认知

智能工厂是利用物联网技术与监控技术，集 ERP（enterprise resource planning，企业资源计划）和 MES（manufacturing execution system，制造执行系统）等新兴技术于一体，构建的高效、节能、环保、舒适的人性化工厂。本项目主要学习智能工厂和 SX-TFI4 智能教学工厂的基本架构。

任务 1 “工业 4.0”及智能工厂概述

学习目标

1. 了解“工业 4.0”的概念。
2. 了解智能工厂的概念。
3. 能进行智能工厂架构分析。

任务描述

通过查阅“工业 4.0”和“智能制造”等相关资料，了解“工业 4.0”的概念，在此基础上，通过参观或实际参与 SX-TFI4 智能教学工厂步进电动机的生产，掌握智能工厂的主要组成部分及架构图。

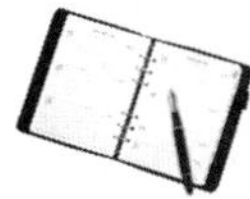

知识准备

一、“工业 4.0”概述

1. “工业 4.0”的概念

“工业 4.0”（industry 4.0）是指以 CPS（cyber-physical systems，信息物理系统）为基础，以供应、制造、销售信息的高度数据化、网络化、智能化为标志，实现快速、有效、个性化的产品供应。此概念于 2013 年由德国在汉诺威工业博览会上正式提出，其目标是建立一个高度灵活的个性化和数字化的产品与服务的生产模式。在这种模式中，传统的行业界限将消失，并会产生各种新的活动领域和合作形式，创造新价值的过程将发生改变，产业链分工将被重组。德国学术界和产业界认为，“工业 4.0”即是以智能制造为主导的第四次工业革命。

2.“工业 4.0”的由来

人类历史上曾发生过三次工业革命：人们将 18 世纪末引入机械制造设备定义为“工业 1.0”，20 世纪初的电气化定义为“工业 2.0”，始于 20 世纪 70 年代的制造自动化定义为“工业 3.0”，而物联网和制造业服务化迎来了以智能制造为主导的第四次工业革命，即“工业 4.0”，工业革命及其标志性事件如图 1-1-1 所示。

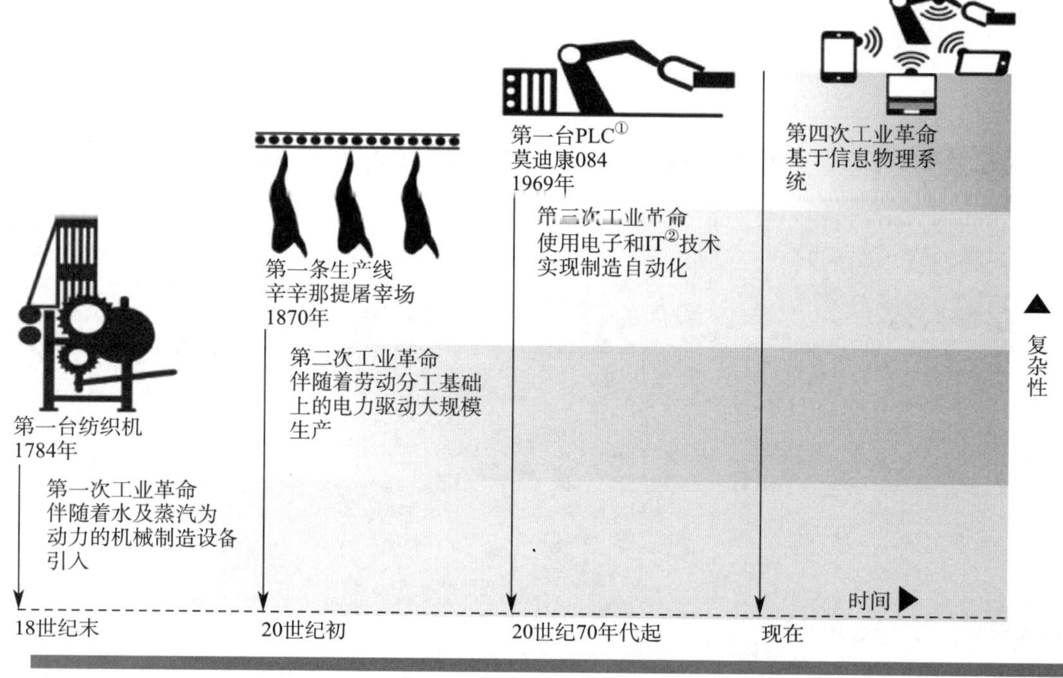

图 1-1-1 工业革命及其标志性事件

3.“工业 4.0”的特点

“工业 4.0”是基于虚拟世界与物理世界的全新制造体系，包含了互联网、工业云、大数据、工业机器人、增材制造（俗称 3D[③] 打印）、工业网络安全、虚拟现实和人工智能等多方面的技术。“工业 4.0”具有高度自动化、高度信息化和高度网络化三大主要技术特点。

---

① PLC：programmable logic controller，可编程序逻辑控制器。

② IT：information technology，信息技术。

③ 3D：3 dimensions，三维。

4.“工业 4.0”的目标

许多制造业大国、强国的目标都是实现信息技术与制造技术深度融合的数字化、网络化、智能化制造，在未来建立真正的智能工厂。

未来真正的智能工厂会是什么样，现在还不能确定，因为颠覆性的技术在未来不断发展，智能工厂也随之不断升级进步。但是，有一点是可以肯定的，那就是在未来的智能工厂里，工人的人身安全将得到最大保障，零污染排放让效益与环境问题不再对立，全球的竞争市场也会彻底改变。真正的智能工厂需要建立以下四大核心目标：

（1）构建智能物联网

物联网在智能工厂中起到各元素沟通桥梁的作用。物联网数据终端通过传感器的运用，将工厂中的人、机器、物料、产品等联网，实现实时感知、实时指挥、实时监控。每个设备都具备独立自主的能力，可自动完成生产线操作，有效地将订单、指令（ERP、MES 等系统的生产指令）、生产人员、设备、生产时间等信息串联在一起，而在企业以外的运用也可通过各种装置得到相关的产品信息。此外，每个设备都能相互沟通，实时监控周围环境，随时找到问题并加以排除，同时也具有灵活、弹性的生产流程，满足不同客户的产品需求。

（2）构建自动化物流

许多制造业工厂目前重点发展的领域是构建自动化物流，包括运输、装卸、包装、分拣、识别等作业过程，如自动识别系统、自动检测系统、自动分拣系统、自动存取系统、自动跟踪系统等。

（3）构建 VR 工作环境

VR（virtual reality，虚拟现实）工作环境的构建是要将实体的工厂运作机制通过信息技术建构的平台，转化成可控制的虚拟环境。可通过工厂建模的工具将生产中的工单 / 指令、生产设备、产品、物料、生产区域等实体的生产要素转化成可控制的虚拟工厂，通过虚拟工厂的管理与监控，配合感测元件与工厂内的智能设备，可不受空间与时间的限制，随时随地掌握工厂生产的相关信息，达到智慧产品、智慧流程、智慧生产的目标。

（4）构建绿色智能工厂

智能工厂是一个高效节能、绿色环保的人性化工厂，将给企业提出更高的节能环保要求（如生产洁净化、废物资源化、能源低碳化等），在可持续发展领域，未来的智能工厂将会大放异彩。

二、智能工厂概述

随着新一轮工业革命的发展，工业转型的呼声日渐高涨，面对信息技术和工业技术的革新浪潮，业界早已提出了数字化工厂、智能工厂以及智能制造等概念。

1. 数字化工厂

德国工程师协会对数字化工厂的定义如下：数字化工厂（DF，digital factories）是由数字化模型、方法和工具构成的综合网络，包含仿真和 3D/ 虚拟现实可视化，通过连续的、没有中断的数据管理集成在一起。数字化工厂集成了产品、过程和工厂模型数据库，通过先进的可视化、仿真和文档管理，以提高产品的质量及生产过程所涉及的质量和动态性能。

在我国，对于数字化工厂接受度最高的定义如下：数字化工厂是在计算机虚拟环境中，对整个生产过程进行仿真、评估和优化，并进一步扩展到整个产品生命周期的新型生产组织方式。数字化工厂是现代数字制造技术与计算机仿真技术相结合的产物，主要作为沟通产品设计和产品制造之间的桥梁。从定义中可以得出一个结论，数字化工厂的本质是实现信息的集成。

2. 智能工厂

从宏观层面而言，智能工厂是在数字化工厂的基础上，利用物联网技术与监控技术，加强信息管理，提高生产过程的可控性，减少人工干预以及合理安排生产流程；同时，集智能手段和智能系统等于一体，构建高效、节能、环保、舒适的人性化工厂。智能工厂已经具有了自主能力，可采集、分析、判断、规划；可自行组成最佳系统，具备协调、重组、扩充功能；此外还具有自我学习、自行维护的能力。智能工厂包括全局生产管控、生产计划、设备状态、生产统计、工艺指导、生产防错系统、质量管控、物料准时配送、产品及时发运等功能，智能工厂的功能如图 1–1–2 所示。

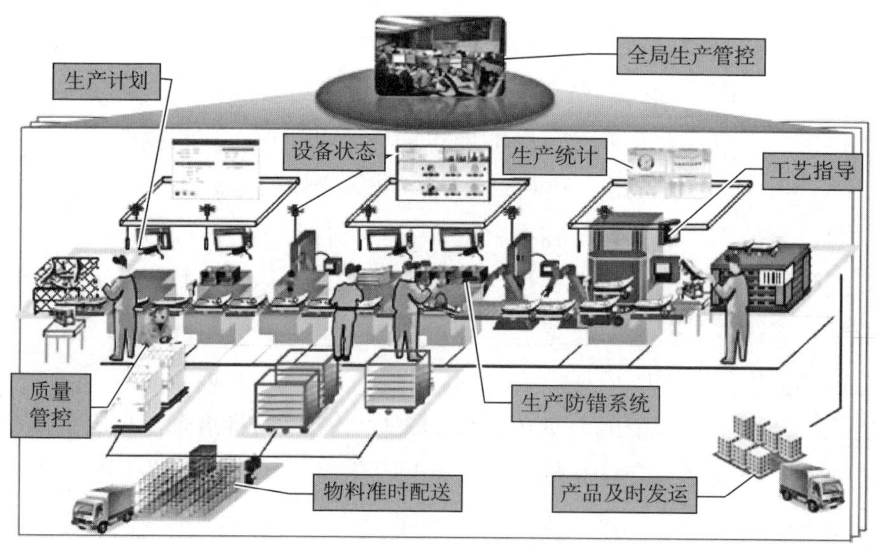

图 1–1–2 智能工厂的功能

（1）框架结构

在著名业务流程管理专家奥古斯特 – 威廉 · 舍尔（August–Wilhelm Scheer）教

授提出的智能工厂框架中，强调了 MES 在智能工厂建设中的枢纽作用，并将智能工厂分为基础设施层、智能装备层、智能产线层、智能车间层和工厂管控层五个层级，图 1-1-3 所示为智能工厂的框架结构。

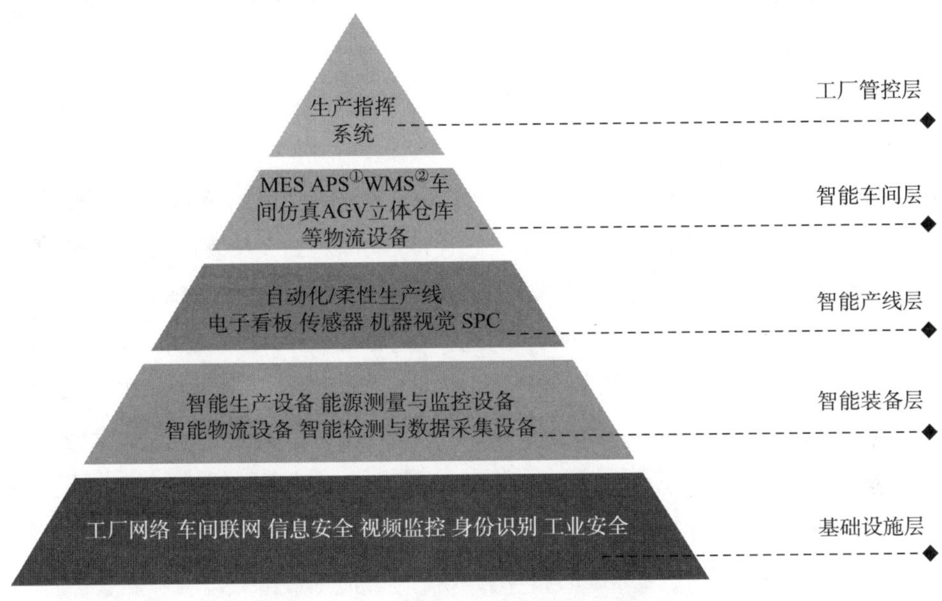

图 1-1-3　智能工厂的框架结构图

1）基础设施层。企业首先应当建立有线或者无线的工厂网络，实现生产指令的自动下达及设备与产线信息的自动采集，形成集成化的车间联网环境；解决不同通信协议的设备之间，以及 PLC、CNC（computer numerical control，数控机床）、机器人、仪表 / 传感器和工控 /IT 系统之间的联网问题；利用视频监控系统对车间的环境和人员行为进行监控、识别与报警；此外，工厂应当在温度、湿度、洁净度的控制和工业安全（包括工业自动化系统的安全、生产环境的安全和人员安全）等方面达到智能化水平。

2）智能装备层。智能装备是智能工厂运作的重要手段和工具。智能装备主要包含智能生产设备、智能检测设备和智能物流设备。制造装备在经历了机械装备到数控装备后，目前正在逐步向智能装备发展。智能化的加工中心具有误差补偿、温度补偿等功能，能够实现边检测、边加工。工业机器人通过集成视觉、力觉等传感器，能够准确识别工件，自主进行装配，自动避让障碍物，实现人机协作。金属增材制造设备可以直接制造零件，DMG MORI 公司已开发出能够同时实现增材制造和切削加工的混合制造加工中心。智能物流设备则包括自动化立体仓库、智能夹具、AGV（automated guided vehicle，自动导引车，以下简称“小车”）、桁架式机械手、悬挂式输送链等。

① APS：advanced planning and scheduling，先进生产排产。

② WMS：warehouse management system，仓库管理系统。

3）智能产线层。智能产线的特点是在生产和装配的过程中，能够通过传感器、数控系统或 RFID（radio frequency identification，无线射频识别，俗称电子标签）自动进行生产、质量、能耗、设备绩效等数据采集，并通过电子看板显示实时的生产状态；通过“安灯”（Andon）系统实现工序之间的协作；生产线能够实现快速换模和柔性自动化；能够支持多种相似产品的混线生产和装配，灵活调整工艺，适应小批量、多品种的生产模式；具有一定冗余，如果生产线上有设备出现故障，能够调整到其他设备上生产；针对人工操作的工位，能够给予智能的提示。

4）智能车间层。要实现对生产过程的有效管控，需要在设备联网的基础上，利用 MES、APS 劳动力管理等软件进行高效的生产排产和合理的人员排班，提高设备利用率，实现生产过程的追溯，减少在制品库存，并应用人机界面（HMI，human machine interface）以及工业平板等移动终端，实现生产过程的无纸化。另外，还可以利用 DT（digital twin，数字双胞胎，又称数字映射）技术将 MES 采集到的数据在虚拟的三维车间模型中实时地展现出来，不仅提供车间的 VR 环境，而且还可以显示设备的实际状态，实现虚实融合。车间物流的智能化对于实现智能工厂至关重要。企业需要利用智能物流装备实现生产过程中所需物料的及时配送，可以用 DPS（digital picking system，电子标签拣选系统）实现物料拣选的自动化。

5）工厂管控层。工厂管控层主要是实现对生产过程的监控，通过生产指挥系统实时洞察工厂的运营，实现多个车间之间的协作和资源的调度。流程制造企业已广泛应用 DCS（distributed control system，分散控制系统）或 PLC 控制系统进行生产管控。近年来，离散制造企业也开始建立中央控制室，实时显示工厂的运营数据和图表，展示设备的运行状态，并可以通过图像识别技术对视频监控中发现的问题进行自动报警。

（2）管理系统组成

智能工厂的管理系统通常包括 ERP、PLM（product lifecycle management，产品生命周期管理）、SCM（supply chain management，供应链管理）、CRM（customer relationship management，客户关系管理）、MES 五大管理系统。

1）ERP（企业资源计划）是一种主要面向制造行业进行物质资源、资金资源和信息资源集成一体化管理的企业信息管理系统。ERP 是一个以管理会计为核心，可以提供跨地区、跨部门，甚至跨公司整合实时信息的企业管理软件，是针对物资资源管理（物流）、人力资源管理（人流）、财务资源管理（财流）、信息资源管理（信息流）集成一体化的企业管理软件。ERP 具有整合性、系统性、灵活性、实时控制性等显著特点。ERP 将系统的物资、人才、财务、信息等资源整合调配，实现企业资源的合理分配和利用，ERP 作为一种管理工具存在的同时也体现着一种管理思想。

2）PLM（产品生命周期管理）对产品的整个生命周期（包括投入期、成长期、成熟期、衰退期、结束期）进行全面管理，通过投入期的研发成本最小化和成长期至结束期的企业利润最大化来达到降低成本和增加利润的目标。

3）SCM（供应链管理）主要通过信息手段，对供应各个环节中的各种物料、资金、信息等资源进行计划、调度、调配、控制与利用，形成用户、零售商、分销商、制造商、采购供应商全部供应过程的功能整体。

4）CRM（客户关系管理）作为一种新型管理机制，极大地改善了企业与客户之间的关系，实施于企业的市场营销、销售、服务与技术支持等与客户相关的领域。CRM系统可以及时获取客户需求及为客户提供服务，以使企业减少“软”成本。

5）MES是制造企业生产过程执行管理系统，MES是一套面向制造企业车间执行层的生产信息化管理系统。MES可以为企业提供包括制造数据管理、计划排程管理、生产调度管理、库存管理、质量管理、人力资源管理、工作中心/设备管理、工具工装管理、采购管理、成本管理、项目看板管理、生产过程控制、底层数据集成分析、上层数据集成分解等管理模块，为企业打造一个扎实、可靠、全面可行的制造协同管理平台。

上面介绍的各系统不是简单的一款软件或者一款工具，而是在信息化时代企业管理、统筹规划、提高效率的一种管理思想，针对相似流程、相似问题的一种成熟的解决方案。

（3）网络结构

智能工厂包括应用层、存储层、数采层（即数据采集层）、设备层四个网络层次，其网络结构如图1–1–4所示。

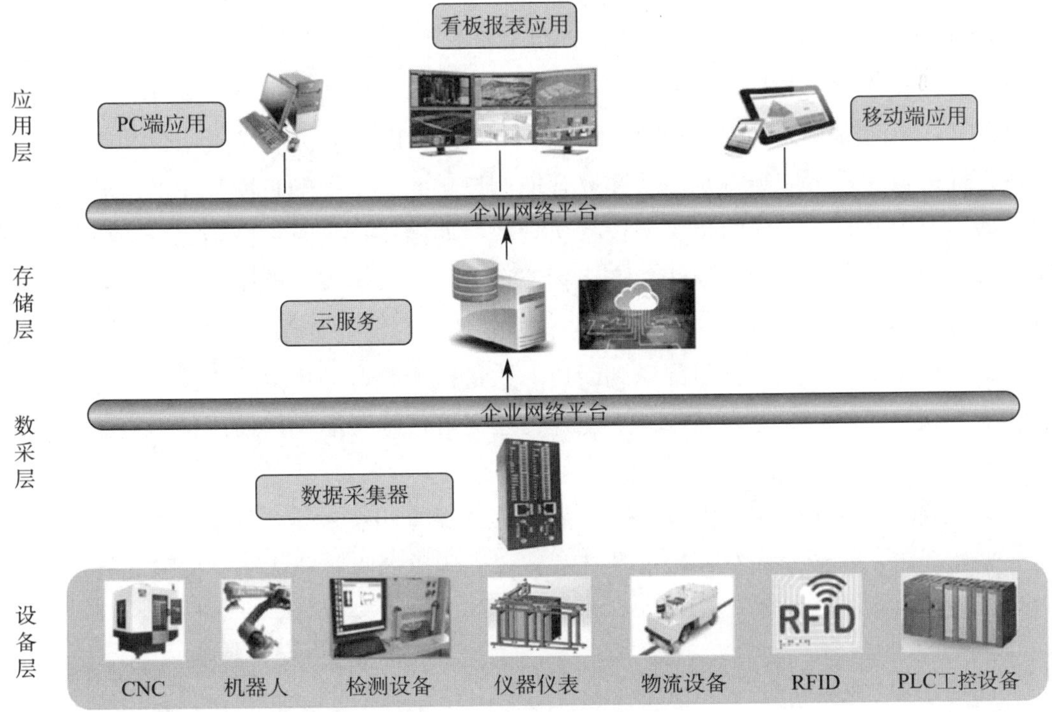

图1–1–4　智能工厂网络结构

（4）智能工厂的特征

仅有自动化生产线和工业机器人的工厂还不能称为智能工厂。智能工厂不仅生产过程应实现自动化、透明化、可视化、精益化，在产品检测、质量检验和分析、生产物流等环节也应当与生产过程实现闭环集成，而且，工厂车间与车间之间也要实现信息共享、准时配送、协同作业。智能工厂具有以下六个显著特征：

1）设备互联。能够实现设备与设备互联，通过与设备控制系统集成以及外接传感器等方式，由 SCADAS（supervisory control and data acquisition system，数据采集与监控系统）实时采集设备的状态及生产完工的信息、质量信息，并通过应用 RFID、条码（一维和二维）等技术，实现生产过程的可追溯。

2）广泛应用工业软件。广泛应用 MES、APS、能源管理、质量管理等工业软件，实现生产现场的可视化和透明化。在新建工厂时，可以通过数字化工厂仿真软件进行设备和生产线布局、工厂物流和人机工程等仿真，确保工厂结构合理。在推进数字化转型的过程中，必须确保工厂的数据安全以及设备和自动化系统的安全。当通过专业检测设备检出次品时，不仅要能够自动与合格品分流，而且能够通过 SPC（statistical process control，统计过程控制）等软件，分析出现质量问题的原因。

3）充分结合精益生产理念。充分体现工业工程和精益生产的理念，能够实现按订单驱动、拉动式生产，尽量减少在制品库存，消除浪费。推进智能工厂建设要充分结合企业产品和工艺特点。在研发阶段也需要大力推进标准化、模块化和系列化，奠定推进精益生产的基础。

4）实现柔性自动化。结合企业的产品和生产特点，持续提升生产、检测和工厂物流的自动化程度。产品品种少、生产批量大的企业可以实现高度自动化，乃至建立“黑灯工厂”（即智能工厂）；小批量、多品种的企业则应当注重少人化、人机结合，不要盲目推进自动化，应当特别注重建立智能制造单元。工厂的自动化生产线和装配线应当适当考虑冗余，避免由于关键设备出现故障而停线；同时，应当充分考虑如何快速换模，能够适应多品种的混线生产。物流自动化对于实现智能工厂至关重要，企业可以通过 AGV、桁架式机械手、悬挂式输送链等物流设备实现工序之间的物料传递，并配置物料超市，尽量将物料配送到线边。质量检测的自动化也非常重要，机器视觉在智能工厂的应用将会越来越广泛。此外，还需要仔细考虑如何使用助力设备，以减轻工人劳动强度。

5）注重环境友好，实现绿色制造。能够及时采集设备和生产线的能源消耗，实现能源高效利用。在危险和存在污染的环节，优先用机器人替代人工，能够实现废料的回收和再利用。

6）可以实现实时洞察。从生产排产指令的下达到完工信息的反馈，实现闭环。通过建立生产指挥系统，实时洞察工厂的生产、质量、能耗和设备状态信息，避免非计划性停机。通过建立工厂的数字双胞胎，方便洞察生产现场的状态，辅助各级管理人员做出正确决策。

智能工厂的建设充分融合了信息技术、先进制造技术、自动化技术、通信技术和人工智能技术。每个企业在建设智能工厂时，都应该考虑如何能够有效融合这五大领域的新兴技术，并与企业的产品特点和制造工艺紧密结合，确定自身智能工厂的推进方案。

3. 智能制造

智能工厂是在数字化工厂基础上的升级，但是与智能制造还有很大差距。智能制造在制造过程中能进行智能活动，如分析、推理、判断、构思和决策等。通过人与智能机器的合作，去扩大、延伸和部分地取代技术专家在制造过程中的脑力劳动，它把制造自动化扩展到柔性化、智能化和高度集成化。

智能制造系统不仅是人工智能系统，而是人机一体化智能系统，是混合智能。系统可独立承担分析、判断、决策等任务，突出人在制造系统中的核心地位，同时在智能机器配合下，更好地发挥人的潜能。机器智能和人的智能真正地集成在一起，互相配合，相得益彰，其本质就是人机一体化。智能制造的特征包括了产品智能化、装备智能化、生产方式智能化、管理智能化和服务智能化五个方面。

任务实施

学习及了解智能工厂的架构，教师组织学生分组，每小组由 4 ~ 6 名学员组成，选定 1 名学习组长（负责组织和分配任务）、1 名学习监督员（负责检查和记录学习情况），完成以下学习任务。

一、查阅资料，了解德国、美国、中国在先进制造方面的相关规划。

二、分析如图 1–1–5 和图 1–1–6 所示某智能工厂的架构图，描述图中各系统或设备之间的关系。

三、写出自己对中国“工业 4.0”规划的认识。

四、根据自己的认知，规划并设计心目中智能工厂的架构图。

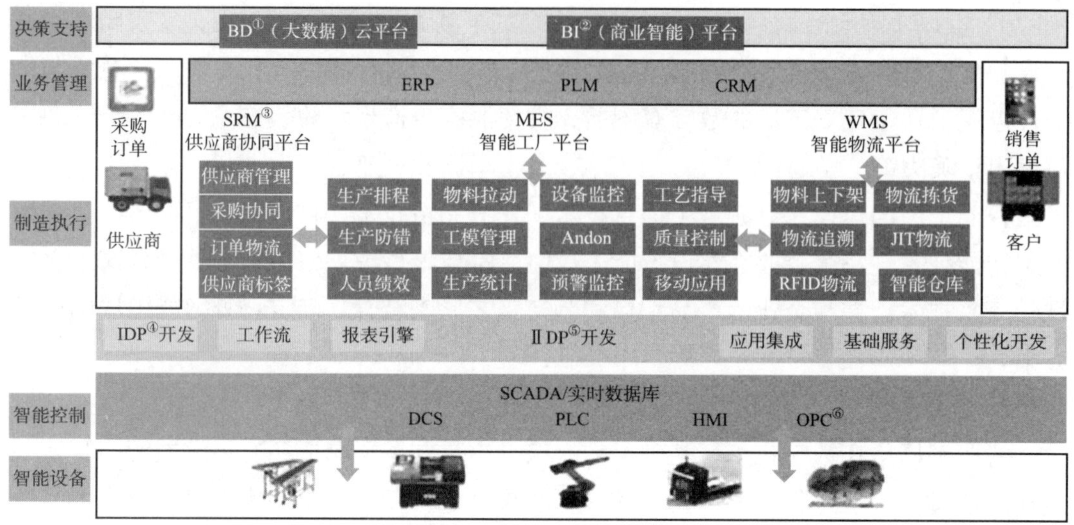

图 1-1-5　某智能工厂的架构图（1）

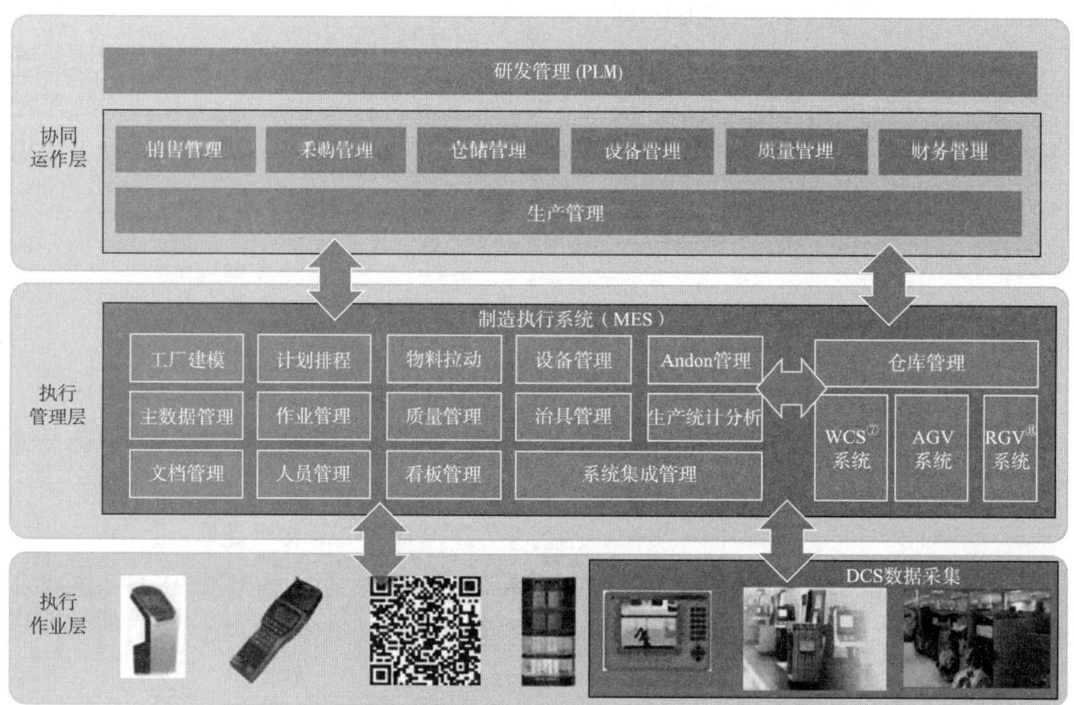

图 1-1-6　某智能工厂的架构图（2）

---

① BD：big data，大数据。
② BI：business intelligence，商业智能。
③ SRM：supplier relationship management，供应商关系管理。
④ IDP：integrated development platform，集成开发平台。
⑤ IIDP：intelligece integrated development platform，智能集成开发平台。
⑥ OPC：OLE for process control，用于过程控制的 OLE。
⑦ WCS：warehouse control system，仓库控制系统。
⑧ RGV：rail guided vehicle，有轨制导车辆。

任务测评

在完成本任务的学习后，严格按照表 1–1–1 的要求，完成自我评价、小组评价和教师评价。

表 1–1–1　　测评表

<table>
<tr><td>组别</td><td></td><td>组长</td><td></td><td>组员</td><td colspan="3"></td></tr>
<tr><td colspan="4">评价内容</td><td>分值</td><td>自我评价
（30%）</td><td>小组评价
（30%）</td><td>教师评价
（40%）</td></tr>
<tr><td rowspan="4">职业
素养
（30%）</td><td colspan="3">1. 出勤准时率</td><td>6</td><td></td><td></td><td></td></tr>
<tr><td colspan="3">2. 学习态度</td><td>6</td><td></td><td></td><td></td></tr>
<tr><td colspan="3">3. 承担任务量</td><td>8</td><td></td><td></td><td></td></tr>
<tr><td colspan="3">4. 团队协作性</td><td>10</td><td></td><td></td><td></td></tr>
<tr><td rowspan="4">专业
能力
（70%）</td><td colspan="3">1. 工作准备的充分性</td><td>10</td><td></td><td></td><td></td></tr>
<tr><td colspan="3">2. 对德国、美国、中国“工业 4.0”规划的认识</td><td>10</td><td></td><td></td><td></td></tr>
<tr><td colspan="3">3. 架构图功能完整、层次清晰</td><td>25</td><td></td><td></td><td></td></tr>
<tr><td colspan="3">4. 设计中国版智能工厂的架构图</td><td>25</td><td></td><td></td><td></td></tr>
<tr><td colspan="4">总计</td><td>100</td><td></td><td></td><td></td></tr>
<tr><td colspan="4" rowspan="3">个人的工作时间</td><td>提前完成</td><td colspan="3"></td></tr>
<tr><td>准时完成</td><td colspan="3"></td></tr>
<tr><td>滞后完成</td><td colspan="3"></td></tr>
<tr><td colspan="4">个人认为完成得好的地方</td><td colspan="4"></td></tr>
<tr><td colspan="4">值得改进的地方</td><td colspan="4"></td></tr>
<tr><td colspan="4">小组综合评价</td><td colspan="4"></td></tr>
<tr><td colspan="4">组长签名：</td><td colspan="4">教师签名：</td></tr>
</table>

任务 2 SX-TFI4 智能教学工厂认知

学习目标

1. 了解 SX-TFI4 智能教学工厂的架构。
2. 掌握 SX-TFI4 智能教学工厂的主要硬件、软件及其主要功能。
3. 了解 SX-TFI4 智能教学工厂的基本设计思路。

任务描述

公司接到客户订单，要求设计一条能实现四种型号步进电动机生产的生产线，因此，公司基于“工业 4.0”设计了 SX-TFI4 智能教学工厂。本任务的主要内容是，通过参观 SX-TFI4 智能教学工厂或观看相关视频（扫描二维码可获得“工业 4.0”智能教学工厂视频），了解 SX-TFI4 智能教学工厂的架构，掌握 SX-TFI4 智能教学工厂的主要硬件、软件及其主要功能，了解 SX-TFI4 智能教学工厂的基本设计思路。

“工业 4.0”智能教学工厂视频

知识准备

一、SX-TFI4 智能教学工厂概述

SX-TFI4 智能教学工厂是广东三向科技研究院研发的基于“工业 4.0”的智能教学工厂，包括一个智能服务中心、一个智能控制中心、一个智能加工车间、一个智能装配车间、一个智能仓储车间、若干台 AGV 以及 MES 和 ERP 管理系统。若按产品的生产流程，则该智能教学工厂又可分为智能服务中心、智能控制中心、智能原材料仓库、智能加工区、智能绕线区、智能装配区、智能检测区、智能包装区、智能成品仓

库 9 个部分，SX–TFI4 智能教学工厂总体布局图如图 1–2–1 所示。该智能教学工厂将智能控制、网络通信、信息安全、信息物联、大数据识别、虚拟仿真等技术融为一体，集成了下单、加工、组装、检测、包装、物流和仓储等生产工序，能进行 35A、35B、42A、42B 4 种型号步进电动机的生产，实现了客户下单、虚拟仿真设计、产品生产、质量管控、产品配送等各环节的自动化、信息化与智能化，体现了“工业 4.0”的先进理念。

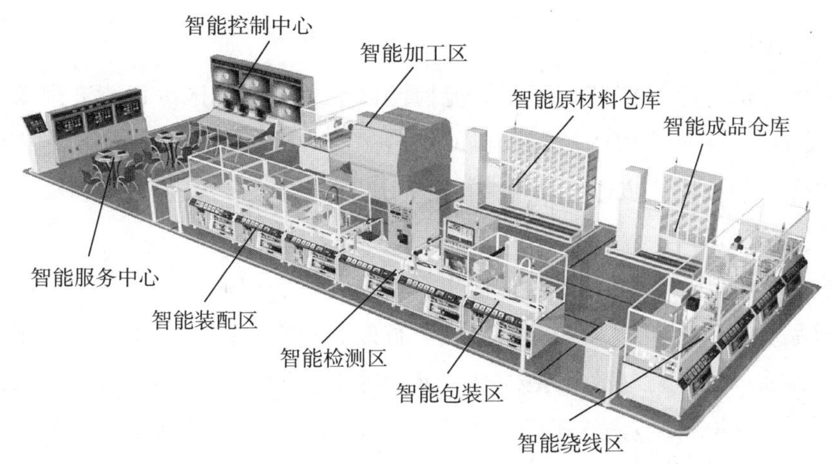

图 1–2–1　SX–TFI4 智能教学工厂总体布局图

1. 智能服务中心

智能服务中心由硬件和软件两部分组成，硬件部分有人机交互式触控机、下单机和移动终端（如 PC 机、手机、平板电脑等），软件部分使用工业设备物联网软件系统。SX–TFI4 智能教学工厂通过 MES 加强 MRP（material requirement planning，物料需求计划）的执行功能，把 MRP 同车间作业现场控制通过执行系统联系起来。利用全工厂范围内应用的、高度集成的 ERP 系统，实现数据在各业务系统之间的高度共享，所有源数据只需在某一个系统中输入一次，保证了数据的一致性，对工厂内部业务流程和管理过程进行了优化，从而使主要的业务流程实现了自动化。

2. 智能控制中心

智能控制中心是 SX–TFI4 智能教学工厂的控制中枢，主要有监控管理设备、显示反馈信息等功能。智能控制中心的硬件主要分为智能控制墙、控制台、中央控制柜、主配电柜、无线路由器五大部分，软件部分主要由 ERP 和 MES 构成。该中心可实现对客户下单、产品加工、组装、检测、包装、物流和仓储等生产工序进行实时监控和管理，能实现客户下单、虚拟仿真设计、产品生产、质量监控、产品配送等各环节的信息化与智能化。

3. 智能加工车间

智能加工车间包括智能加工区和智能绕线区。智能加工区主要包括将传送带上的原材料通过机器人进行上料、机床对零部件进行柔性加工和清洗以及下料和送料的过程，主要完成步进电动机前后端盖、转轴等的加工和清洗。智能绕线区主要完成步进电动机定子绕组的绕制。由于智能绕线区的工艺流程与智能加工区类似，所以在后文未对智能绕线区进行详细的描述，读者也可将智能绕线区作为智能工厂的一个备用区域对待。

4. 智能装配车间

智能装配车间包括智能装配区和智能检测区。智能装配区由智能装配单元和智能拧螺钉单元组成，主要完成步进电动机的组装工作。智能检测区包含智能充磁单元和性能检测单元，主要完成步进电动机装配后的电动机充磁和性能检测工作。

5. 智能仓储车间

智能仓储车间包括智能包装区、智能原材料仓库、智能成品仓库。智能原材料仓库和智能成品仓库均由料库和堆垛机组成。智能原材料仓库位于生产线的最前端，通过堆垛机将料库中的原材料放入 AGV 上，而智能成品仓库位于生产线的最末端，通过堆垛机将 AGV 上的成品放入正确的料库中。智能包装区用于实现测试合格的电动机的包装和打标。

6. AGV

AGV 是指装备有电磁或光学等自动导引装置，能够按照规定的导引路径行驶，具有运行和停车装置、安全保护装置以及各种移载功能的运输车辆。它具有自动化程度高、方便美观、操作安全等优点。

二、SX-TFI4 智能教学工厂设计流程

1. 确定产品生产流程。SX-TFI4 中步进电动机的生产工艺流程如图 1-2-2 所示。
2. 仔细阅读图 1-2-2，提炼工艺特征，确定智能工厂的系统组成，如图 1-2-3 所示。
3. 根据图 1-2-3，确定系统拓扑结构，如图 1-2-4 所示。
4. 确定场地布置图，如图 1-2-5 所示。
5. 确定软件系统结构，如图 1-2-6 所示。

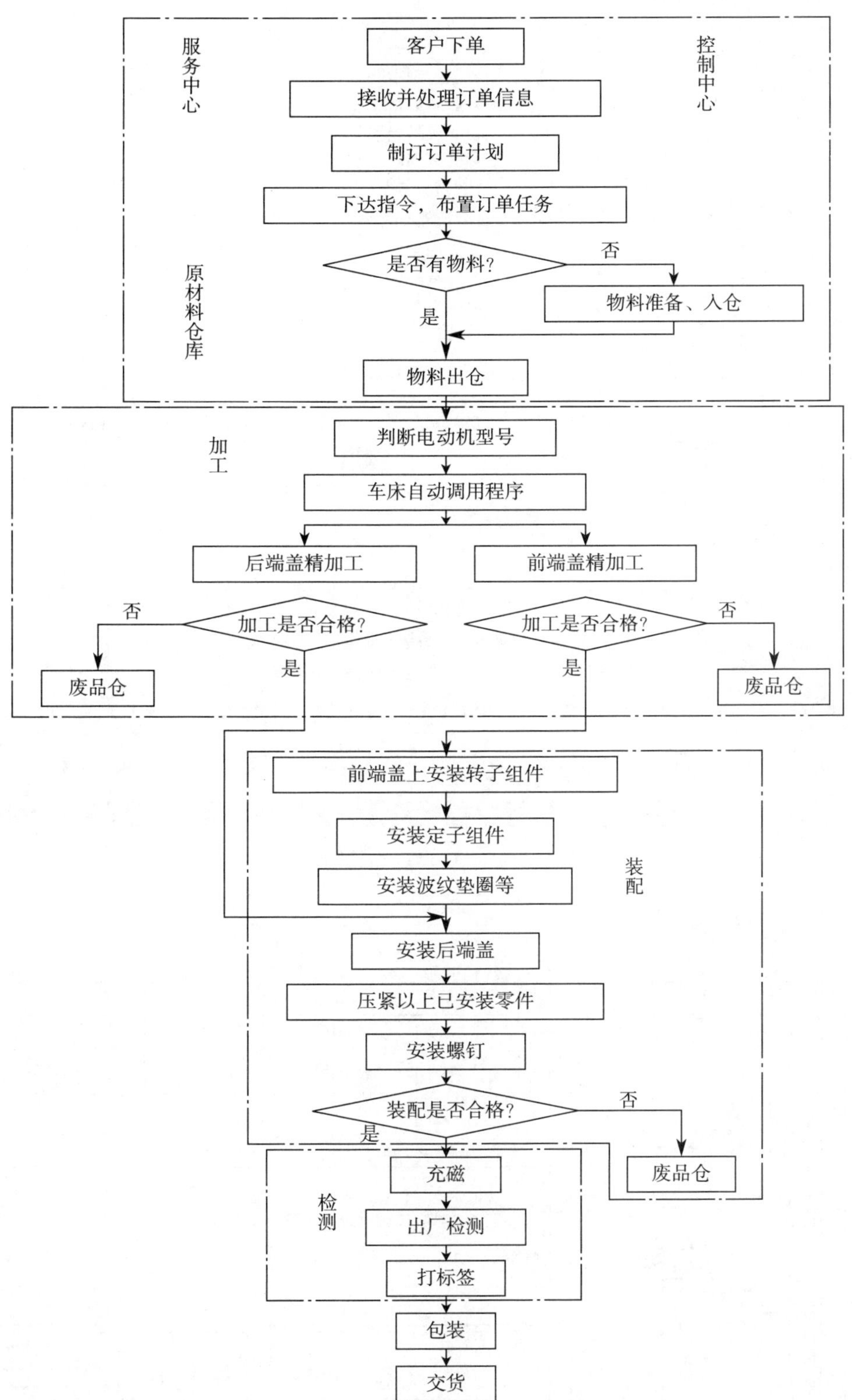

图 1-2-2　步进电动机的生产工艺流程

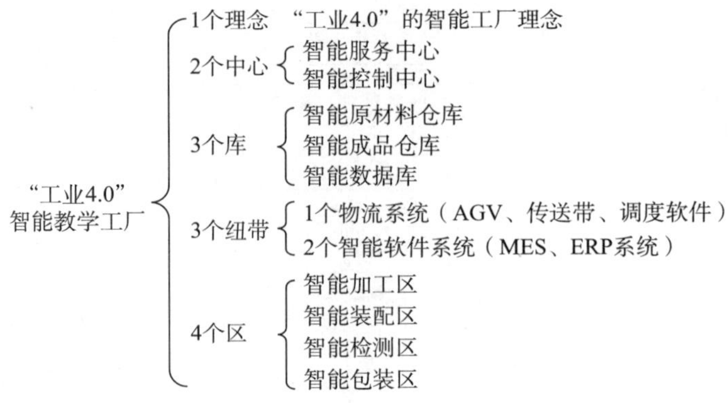

图 1-2-3 SX-TFI4 系统组成

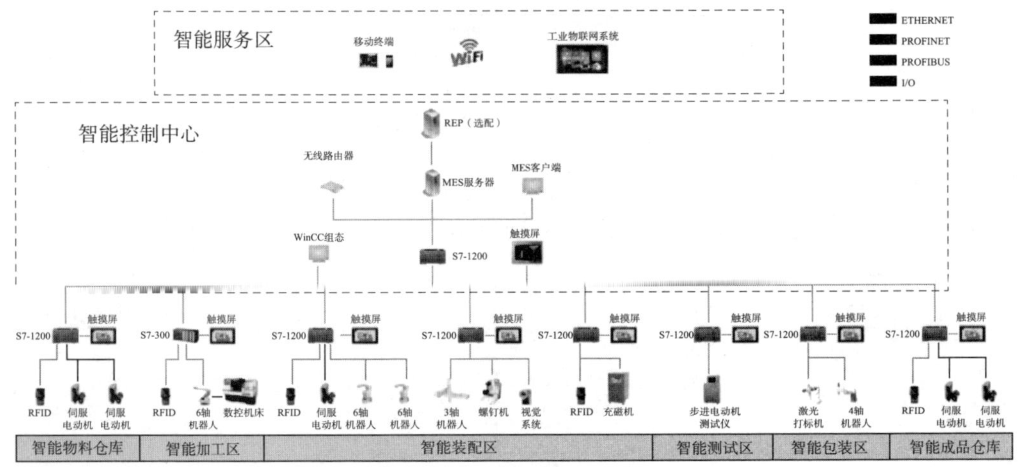

图 1-2-4 SX-TFI4 拓扑结构图

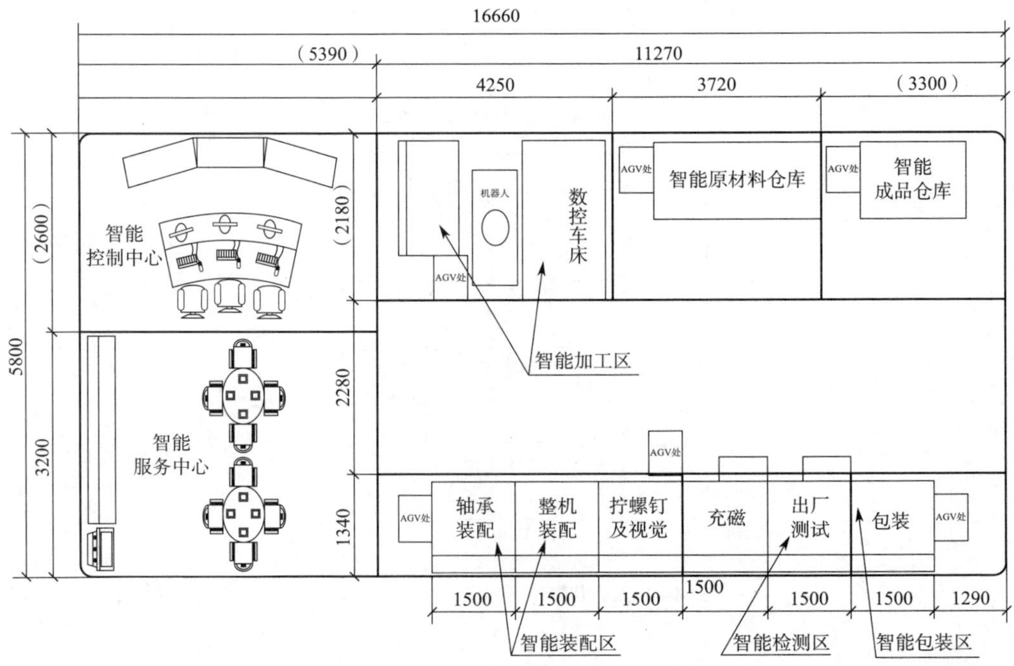

图 1-2-5 SX-TFI4 场地布置参考图

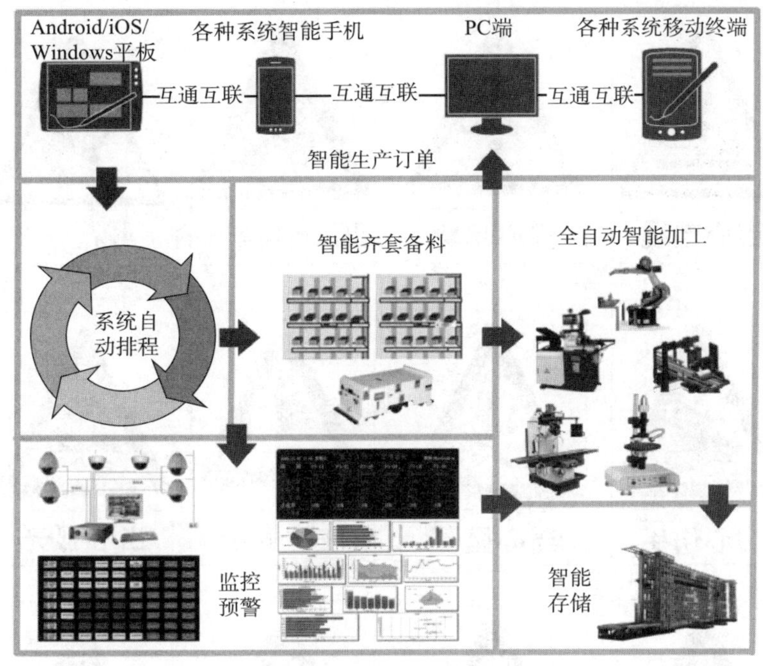

图 1-2-6　软件系统结构

任务实施

参观 SX-TFI4 智能教学工厂，教师组织学员分组，每小组由 4~6 名学员组成，选定 1 名组长（负责组织和分配任务）、1 名安全监督员（负责操作时的安全监督和记录），完成以下学习任务。

一、参观时注意如图 1-2-7 所示的安全警示标志，并说出其含义。

有电危险

图 1-2-7 安全警示标志

二、参观时注意如图 1-2-8 所示的安全等级标志，并说出分别适用于什么场合。

图 1-2-8 安全等级标志

三、参观时，拍照并学习生产车间的相关工作制度和安全管理制度。

四、参观时，对照图 1-2-1 所示的智能教学工厂总体布局图，找到对应的实物，并拍照学习。

五、观察 SX-TFI4 智能教学工厂的运行，对设备的工作流程有初步的认识，并录像学习。

任务测评

在完成本任务的学习后，严格按照表 1-2-1 的要求，完成自我评价、小组评价和教师评价。

表 1-2-1　　测评表

<table>
<tr><td>组别</td><td></td><td>组长</td><td></td><td>组员</td><td colspan="3"></td></tr>
<tr><td colspan="3">评价内容</td><td colspan="2">分值</td><td>自我评价（30%）</td><td>小组评价（30%）</td><td>教师评价（40%）</td></tr>
<tr><td rowspan="4">职业素养（30%）</td><td colspan="2">1. 出勤准时率</td><td colspan="2">6</td><td></td><td></td><td></td></tr>
<tr><td colspan="2">2. 学习态度</td><td colspan="2">6</td><td></td><td></td><td></td></tr>
<tr><td colspan="2">3. 承担任务量</td><td colspan="2">8</td><td></td><td></td><td></td></tr>
<tr><td colspan="2">4. 团队协作性</td><td colspan="2">10</td><td></td><td></td><td></td></tr>
<tr><td rowspan="4">专业能力（70%）</td><td colspan="2">1. 工作准备的充分性</td><td colspan="2">10</td><td></td><td></td><td></td></tr>
<tr><td colspan="2">2. 画出 SX-TFI4 智能教学工厂的架构图，功能完整，层次性好</td><td colspan="2">10</td><td></td><td></td><td></td></tr>
<tr><td colspan="2">3. 列出 SX-TFI4 智能教学工厂主要设备的名称和作用</td><td colspan="2">25</td><td></td><td></td><td></td></tr>
<tr><td colspan="2">4. 总结展示清晰、有新意</td><td colspan="2">25</td><td></td><td></td><td></td></tr>
<tr><td colspan="3">总计</td><td colspan="2">100</td><td></td><td></td><td></td></tr>
<tr><td colspan="3" rowspan="3">个人的工作时间</td><td colspan="2">提前完成</td><td colspan="3"></td></tr>
<tr><td colspan="2">准时完成</td><td colspan="3"></td></tr>
<tr><td colspan="2">滞后完成</td><td colspan="3"></td></tr>
<tr><td colspan="3">个人认为完成得好的地方</td><td colspan="5"></td></tr>
<tr><td colspan="3">值得改进的地方</td><td colspan="5"></td></tr>
<tr><td colspan="3">小组综合评价</td><td colspan="5"></td></tr>
<tr><td colspan="4">组长签名：</td><td colspan="4">教师签名：</td></tr>
</table>

项目二
智能服务中心的设计与实践

SX-TFI4 智能教学工厂的智能服务中心是客户人机交互式体验区。客户用移动终端可以完成订单下发、查看、库存查询、报表查询等工作。通过本项目的学习，要求学生了解 7S① 管理方法，能对智能服务中心进行功能需求分析，熟悉智能服务中心工作机制和流程，能利用智能服务中心的设备进行下单实践和系统操作，并能进行常见故障的排除。

任务 1　智能服务中心的功能需求分析

学习目标

1. 了解安全生产制度及 7S 管理方法。
2. 能对智能服务中心进行功能需求分析。
3. 掌握智能服务中心应具备的基本要素和功能。

任务描述

参观智能教学工厂或观看视频（“工业 4.0”智能教学工厂视频），了解工厂安全生产制度及 7S 管理方法。以智能服务中心为具体实施对象，对智能服务中心的功能进行分析和梳理，从而总结出智能服务中心应具备的功能列表，为后续智能服务中心工艺流程设计及硬件选型工作打下基础。

① 7S：Seiri（整理）、Seiton（整顿）、Seiso（清扫）、Seiketsu（清洁）、Shitsuke（素养）、Safety（安全）和 Save（节约）。

知识准备

一、安全生产管理制度

1. 制定安全生产管理制度考虑的因素

安全生产管理制度是企业为了保障安全生产而制定的一系列规定，其目的是控制风险并将危害降到最低。企业在制定安全生产管理制度时，需要同时考虑以下几个方面：

（1）存在什么风险，需要从哪些方面控制风险。

（2）各环节之间的关系。

（3）各环节实现的具体要求。

（4）法律法规的要求，将法律法规的条款转化为制度的内容。

（5）制度中需要被追溯的内容，设置记录。

2. 制定安全生产管理制度遵循的原则

（1）制度是为加强企业生产工作的劳动保护、改善劳动条件、保护劳动者在生产过程中的安全和健康、促进企业的发展，并依据有关的法令、法规而制定的。

（2）企业的安全生产工作必须贯彻“安全第一，预防为主，综合治理”的方针，执行法定代表人负责制，各级领导要坚持“管生产必须管安全”的原则，生产要服从安全的需要，实现安全生产和文明生产。

（3）对在安全生产方面有突出贡献的团体和个人要给予奖励，对违反安全生产制度和操作规程造成事故的责任者，要给予严肃处理，触及刑律的，交由司法机关处理。

结合安全生产管理制度的基本原则和智能教学工厂的特殊性，制定智能教学工厂的安全生产管理制度，安全生产管理制度如下：

智能教学工厂安全操作规程

遵守操作规程　严禁违章

开机前准备：

1. 学员或操作者应该首先了解本设备的结构和工作原理，必须经过专业培训方可上机操作。

2. 学员须在教师监督或者允许的情况下才可以进行上机练习，在自动化程序实操前也必须经过教师的检查、同意才能运行。

3. 操作者扣好衣袖，留长发者须将长发塞进工作帽内。

开机前检查：

1. 启动前应检查设备各单元的电气开关、电源接线是否牢固，接地是否良好，检查场地周围是否安全可靠，一切正常后设备方可上电。

2. 启动前应检查设备各执行机构是否完好，AGV 是否在“待命点”且行走轨迹无障碍物，电量是否充足。

操作：

1. 各单元设备接通电源，单元设备选择“联机”模式，机器人选择“自动”模式，检查正常后按“复位”按钮。

2. 控制中心各计算机与服务器开启，打开 MES。

3. 待各单元设备的机构复位完成，检查各单元设备是否有异常警报，并检查各单元气压是否达到 0.4～0.6 MPa，检查正常后按“启动”按钮。

4. 设备在运行中出现异常状况须及时按下“急停”按钮，确认安全后方可处理异常状况。

5. 生产完成或操作完毕，按“停止”按钮，然后关设备电源，最后关总电源。

6. 巡查、检视设备各单元，检查是否有漏液等异常并清理现场废液废屑，确认无事故隐患后方可离开。

注意事项：

1. 当各单元设备正常运行时，不能进入 AGV 的行走轨迹以免妨碍 AGV 正常行走或 AGV 对人造成碰撞伤害。

2. 不能在机器人机械臂活动范围内，防止机器人伤人。

3. 不能随意打开数控车床和加工中心的自动门，以防止机器损坏或者机器伤人。

4. 不能随意碰触正在运行的各模型机构，防止夹伤。

5. 禁止用手直接触碰电气挂板上的电气元件，防止触电。

6. 设备运转时，严禁用手调整、测量工件或进行润滑保护、清除杂物、擦拭设备等。

二、7S 管理方法

“7S” 即整理（Seiri）、整顿（Seiton）、清扫（Seiso）、清洁（Seiketsu）、素养（Shitsuke）、安全（Safety）和节约（Save），因为七项内容的英文单词都以“S”开头，所以简称“7S”管理。关于“7S”的具体内容解释如下：

1. 整理：将工作场所的任何物品区分为有必要的和没有必要的，有必要的留下来，其他的都清除掉。目的：腾出空间，空间活用，防止误用，塑造清爽的工作场所。

2. 整顿：把留下来的、必要的物品依规定位置摆放，放置整齐并加以标示。目的：工作场所一目了然，节约寻找物品的时间，清除过多的积压物品，塑造整齐的工作环境。

3. 清扫：将工作场所内看得见与看不见的地方清扫干净，保持工作场所干净、明亮。目的：稳定品质，减少工业伤害。

4. 清洁：将整理、整顿、清扫进行到底，并且制度化，经常保持环境处在美观的状态。目的：创造明朗现场，维持以上 3S 成果。

5. 素养：每位成员养成良好的习惯，并按规则做事，培养积极主动的精神（也称习惯性）。目的：培养具有良好习惯、遵守规则的员工，营造团队精神。

6. 安全：重视成员安全教育，每时每刻都有安全第一的观念，防患于未然。目的：建立安全生产的环境。

7. 节约：减少企业的人力、成本、空间、时间、库存、物料消耗等因素。目的：养成降低成本的习惯，加强作业人员减少浪费意识教育。

7S 并不是孤立存在的，它们之间彼此关联：整理、整顿、清扫是具体内容；清洁是指将前述 3S 实施的做法制度化、规范化，并贯彻执行和维持结果；素养是指培养每位员工养成良好的习惯，并按规则做事，开展 7S 容易，但长时间的维持必须靠素养的提升；安全是基础，要尊重生命，杜绝违章；节约可使每位员工养成降低成本的习惯。

对于 7S 的实施，企业要制定最优标准，对员工管理要有明确规范性，持续推行，通过训练员工的规范性提升团队的整体素养。员工也要将规范做事当成一种习惯，形成一种本能的自然反应，这样才能真正使 7S 长久高效。

三、人机交互技术

智能服务中心的主要功能是实现客户的人机交互体验。人机交互技术是指通过计算机输入、输出设备，以有效的方式实现人与计算机对话的技术。简言之，人机交互技术主要是研究人与计算机之间的信息交换的技术，它主要包括人到计算机和计算机到人的信息交换两部分。人可以借助键盘、鼠标、操纵杆、数据服装、数据手套、压力笔等设备，通过肢体、声音、眼睛甚至脑电波等向计算机传递信息；同时，计算机通过打印机、绘图仪、显示器等输出或显示设备向人提供信息。

当前，虚拟现实、移动计算、普适计算等新技术发展迅速。虚拟现实是借助于计算机及硬件设备，建立高度真实感的虚拟环境，使人们通过视觉、听觉、触觉、味觉、嗅觉等感官在其中看、听、触、闻起来像真实的，以产生身临其境的感觉的一种技术。虚拟现实技术有三个鲜明特征：真实感、沉浸感和交互性。其中，自然和谐的交互方式是虚拟现实技术的一个重要研究内容，其目的是使人能以声音、动作、表情等自然方式与虚拟世界中的对象进行交互。人们除了致力于研究开发虚拟友好的用户界面外，还发明了大量的三维交互设备，如立体眼镜、头盔式显示器、数据服装、数据手套、位置跟踪器、触觉和力反馈装置、三维扫描设备等。虽然人机交互并不是虚拟现实的全部，但虚拟现实为人机交互的研究提供了很好的媒介。

近年来，在人机交互领域，视频捕捉技术、语音识别技术、红外遥感技术、多通道技术等的整合发展，必然给人机交互技术带来前所未有的突破。在未来的计算机系统中，将更加强调“以人为本”“自然、和谐”的交互方式，以实现人机的高效合作。

四、物料需求计划（MRP）

MRP是指根据产品结构各层次物品的从属和数量关系，以每个物品为计划对象，以完工日期为时间基准倒排计划，按提前期长短区别各物品下达计划时间的先后顺序的一种工业制造企业内物资计划管理模式。MRP是根据市场需求预测和顾客订单制订产品的生产计划，然后基于产品生成进度计划，组成产品的材料机构表和库存状况，通过计算机计算所需物料的需求量和需求时间，从而确定材料的加工进度和订货日程的一种实用技术。SX-TFI4智能教学工厂通过MES加强MRP的执行功能，把MRP同车间作业现场控制，通过执行系统联系起来。

MRP运行基本步骤如下：

1. 根据市场预测和客户订单，正确编制可靠的生产计划和生产作业计划，在计划中规定生产的品种、规格、数量和交货日期；同时，生产计划必须是同现有生产能力相适应的计划。

2. 正确编制产品结构图和各种物料、零件的用料明细表。

3. 正确掌握各种物料和零件的实际库存量。

4. 正确规定各种物料和零件的采购交货日期，以及订货周期和订购批量。

5. 通过MRP逻辑运算确定各种物料和零件的总需要量以及实际需要量。

6. 向采购部门发出采购通知单或向本企业生产车间发出生产指令。

五、智能服务中心的组成

SX-TFI4智能教学工厂的智能服务中心如图2-1-1所示，它包含硬件和软件两部分。硬件设备主要有人机交互式触控机、下单机、移动终端等。软件主要是指工业设备物联网软件系统，如ERP、MES等。

图2-1-1 智能服务中心

任务实施

一、接受任务，制订工作计划。

1. 工作组织：教师组织学员分组，每小组由 4 ~ 6 名学员组成，选定 1 名组长，1 名安全监督员（负责操作时的安全监督和记录），其余学员的工作由组长安排。

2. 接受任务：教师引导学员阅读工作任务单，完成工作任务单（见表 2–1–1）的填写。

表 2–1–1　　工作任务单

<table>
<tr><td colspan="2">SX–TFI4 智能教学工厂智能服务中心功能需求分析任务单
单号：No.______　　开单部门：______　　开单人：______
开单时间：______　　接单部门：______</td></tr>
<tr><td>任务描述</td><td>参观智能教学工厂，了解工厂安全生产制度及 7S 管理方法。以智能服务中心为具体实施对象，对智能服务中心的功能进行分析和梳理，从而总结出智能服务中心应具备的功能列表</td></tr>
<tr><td>要求完成时间</td><td></td></tr>
<tr><td>接单人</td><td>签名：　　　　时间：</td></tr>
</table>

3. 工作计划表：制订详细的工作计划，并填入表 2–1–2 中。

表 2–1–2　　工作计划表

阶段	任务说明	计划工作内容	计划完成时间	责任人

二、参观制造教学工厂，学习相关知识，记录参观情况，并完成功能分析表的制作。

1. 任务准备：完成表 2–1–3 的填写。

表 2–1–3　　安全措施表

序号	安全措施	目的

2. 任务实施：记录参观情况，填写智能服务中心的组成，分析各组成部分的功能，并填入表 2–1–4 中。

表 2–1–4 智能服务中心各组成部分功能表

序号	组成部分（名称）	功能

3. 思考题：智能服务中心的组成设备中哪些属于人机交互设备？

三、工作总结及评价。

1. 以小组会议方式讨论任务完成情况。
2. 制定工作总结提纲，完成工作总结。

任务测评

在完成本任务的学习后，严格按照表 2–1–5 的要求，完成自我评价、小组评价和教师评价。

表 2–1–5 测评表

<table>
<tr><td>组别</td><td></td><td>组长</td><td></td><td>组员</td><td colspan="3"></td></tr>
<tr><td colspan="4">评价内容</td><td>分值</td><td>自我评价（30%）</td><td>小组评价（30%）</td><td>教师评价（40%）</td></tr>
<tr><td rowspan="4">职业素养（30%）</td><td colspan="3">1. 出勤准时率</td><td>6</td><td></td><td></td><td></td></tr>
<tr><td colspan="3">2. 学习态度</td><td>6</td><td></td><td></td><td></td></tr>
<tr><td colspan="3">3. 承担任务量</td><td>8</td><td></td><td></td><td></td></tr>
<tr><td colspan="3">4. 团队协作性</td><td>10</td><td></td><td></td><td></td></tr>
<tr><td rowspan="4">专业能力（70%）</td><td colspan="3">1. 工作准备的充分性</td><td>10</td><td></td><td></td><td></td></tr>
<tr><td colspan="3">2. 工作计划的可行性</td><td>10</td><td></td><td></td><td></td></tr>
<tr><td colspan="3">3. 功能分析完整、逻辑性强</td><td>25</td><td></td><td></td><td></td></tr>
<tr><td colspan="3">4. 总结展示清晰、有新意</td><td>25</td><td></td><td></td><td></td></tr>
</table>

续表

<table>
<tr><th>评价内容</th><th>分值</th><th>自我评价（30%）</th><th>小组评价（30%）</th><th>教师评价（40%）</th></tr>
<tr><td>总计</td><td>100</td><td></td><td></td><td></td></tr>
<tr><td rowspan="3">个人的工作时间</td><td>提前完成</td><td colspan="3"></td></tr>
<tr><td>准时完成</td><td colspan="3"></td></tr>
<tr><td>滞后完成</td><td colspan="3"></td></tr>
<tr><td>个人认为完成得好的地方</td><td colspan="4"></td></tr>
<tr><td>值得改进的地方</td><td colspan="4"></td></tr>
<tr><td>小组综合评价</td><td colspan="4"></td></tr>
<tr><td colspan="2">组长签名：</td><td colspan="3">教师签名：</td></tr>
</table>

任务 2　智能服务中心的系统设计

学习目标

1. 了解智能服务中心的工艺流程，掌握智能服务中心的工艺流程的特点与关键工序。

2. 了解智能服务中心的设计方法和步骤。

3. 能结合生产实际进行智能服务中心的方案设计、硬件选型及管理软件的选用。

任务描述

以智能教学工厂智能服务中心为具体实施对象，分析其详细的工艺流程，实现智能服务中心的综合方案设计，并进行硬件选型及管理软件的选用，为后续系统的组装、调试做必要的规划与准备。

知识准备

一、现场总线概述

现场总线是用于现场电器、仪表及设备与控制室主机系统之间的一种开放的、全数字化、双向、多站的通信系统，是现场通信网络与控制系统的集成。通俗地讲，现场总线是用在现场的总线技术。传统控制系统的接线方式是一种并联接线方式，从PLC控制各个电器元件，对应每一个元件有一个I/O（input/output，输入/输出）口，两者之间用两根线进行连接，作为控制信号或电源。当PLC所控制的电器元件数量达到数十个甚至数百个时，整个系统的接线就显得十分复杂，施工和维护都十分不便。为此，人们考虑怎样把那么多的导线合并到一起，用一根导线来连接所有设备，所有的数据和信号都在这根线上流通，同时设备之间的控制和通信可任意设置。因而这根线自然而然地被称为总线，且由于受控对象都在现场，因此被称为现场总线。

现场总线控制系统（fieldbus control system，FCS）就是在现场总线的基础上，将挂接在总线上作为网络节点的智能设备连接为网络系统，并进一步构成自动化系统，实现基本控制、补偿计算、参数修改、报警、显示、监控、优化及管控一体化的综合自动化系统。FCS在技术上具有系统的开放性、可操作性、互用性、对现场环境的适应性和系统结构的高度分散性等特点。

据不完全统计，目前国际上有40多种现场总线。常用的几种典型的现场总线包括PROFIBUS现场总线、Foundation Fieldbus（基金会现场总线）、CAN（controller area network，控制器局域网络）现场总线、DeviceNet（设备网）现场总线、EtherNet现场总线、Modbus现场总线、PROFINET（简称PN）现场总线等。由于在SX-TFI4智能教学工厂中使用了PROFINET现场总线进行通信，因此，下文将对其进行详细介绍。

二、PROFINET现场总线

PROFINET是由PROFIBUS国际组织推出，基于工业以太网技术的自动化现场总线标准。PROFINET现场总线是指使用了这种标准的现场总线。PROFINET现场总线为自动化通信领域提供了一个完整的网络解决方案，囊括了诸如实时以太网、运动控制、分布式自动化、故障安全以及网络安全等当前自动化领域的热点，并且作为跨供应商的技术，可以完全兼容工业以太网和现有的现场总线（如PROFIBUS）技术。其功能包括八个主要的模块。

1. 实时通信模块

根据响应时间的不同，PROFINET支持下列三种通信方式：

（1）TCP/IP（transmission control protocol/internet protocol，传输控制协议/网际协议）标准通信模块

PROFINET基于工业以太网技术，使用TCP/IP和IT标准。TCP/IP是IT领域关于通信协议方面的标准，尽管其响应时间大概在100 ms的量级，但对于工厂控制级的应用来说是足够的。

（2）实时（RT，real-time）通信模块

对于传感器和执行器设备之间的数据交换，系统对响应时间的要求更为严格，需要5～10 ms的响应时间。目前，可以使用现场总线技术达到这个响应时间，如

PROFIBUS DP。对于基于 TCP/IP 的工业以太网技术来说，使用标准通信栈来处理过程数据包，需要很可观的时间。因此，PROFINET 提供了一个优化的、基于以太网第二层的实时通信通道，通过该实时通道，极大地减少了数据在通信栈中的处理时间。所以 PROFINET 获得了等同，甚至超过传统现场总线系统的实时性能。

（3）同步实时（IRT，isochronous real-time）通信模块

在现场级通信中，对通信实时性要求最高的是运动控制，PROFINET 的同步实时技术可以满足运动控制的高速通信需求，在 100 个节点下，其响应时间要小于 1 ms，抖动误差要小于 1 μs，以此来保证及时的、确定的响应。

2. 分布式现场设备模块

通过集成 PROFINET 接口，分布式现场设备可以直接连接到 PROFINET 上。对于现有的现场总线通信系统，可以通过代理服务器实现与 PROFINET 的连接。例如，通过 IE/PB Link（PROFINET 和 PROFIBUS 之间的代理服务器）可以将一个 PROFIBUS 网络透明地集成到 PROFINET 当中，PROFIBUS 各种丰富的设备诊断功能同样也适用于 PROFINET。对于其他类型的现场总线，可以通过同样的方式，使用一个代理服务器将现场总线网络接入到 PROFINET 当中。

3. 运动控制模块

通过 PROFINET 的 IRT 功能，可以轻松实现对伺服运动控制系统的控制。在 PROFINET 同步实时通信中，每个通信周期被分成两个不同的部分，一个是循环的、确定的部分，称为实时通道；另一个是标准通道，标准的 TCP/IP 数据通过这个通道传输。在实时通道中，为实时数据预留了固定循环间隔的时间窗，而实时数据总是按固定的次序插入，因此，实时数据就在固定的间隔被传送，循环周期中剩余的时间用来传递标准的 TCP/IP 数据。两种不同类型的数据就可以同时在 PROFINET 上传递，而且不会互相干扰。通过独立的实时数据通道，保证对伺服运动系统的可靠控制。

4. 分布式自动化模块

随着现场设备智能程度的不断提高，自动化控制系统的分散程度也越来越高。工业控制系统正由分散式自动化向分布式自动化演进，因此，基于组件的自动化（component based automation，CBA）成为新兴的趋势。工厂中相关的机械部件、电气/电子部件和应用软件等具有独立工作能力的工艺模块抽象成为一个封装好的组件，各组件间使用 PROFINET 连接。通过 SIMATIC iMap 软件，即可用图形化组态的方式实现各组件间的通信配置，不需要另外编程，大大简化了系统的配置及调试过程。

模块化的实施显著降低机器和工厂建设中的组态与上线调试时间。在使用分布式智能系统或可编程现场设备、驱动系统和 I/O 时，可以扩展使用模块化理念，从机械应用扩展到自动化解决方案。另外，也可以将一条生产线的单个机器作为生产线或过程中的一个“标准模块”进行定义。对设备与工厂设计者而言，工艺模块化变得更容易，能更好地对设备与系统进行标准化和再利用，使工厂能够对不同的客户要求做出

更快、更具灵活性的反应。若对各台设备和厂区提前进行预先测试，能极大地缩短系统上线调试时间。作为系统操作者，从现场设备到管理层，都可以从 IT 标准的通用通信中获得好处，对现有系统进行扩展也变得容易。

5. 网络安装模块

PROFINET 支持星形、总线型和环形拓扑结构。为了减少布线费用，并保证高度的可用性和灵活性，PROFINET 提供了大量的工具帮助用户方便地实现 PROFINET 的安装。特别设计的工业电缆和耐用连接器在 PROFINET 框架内形成标准化，保证了不同制造商设备之间的兼容性。

6. IT 标准模块

PROFINET 的一个重要特征就是可以同时传递实时数据和标准的 TCP/IP 数据。在其传递 TCP/IP 数据的公共通道中，各种已验证的 IT 技术都可以使用。在使用 PROFINET 的时候，使用这些 IT 标准服务加强对整个网络的管理和维护，节省了调试和维护中的成本。

7. 信息安全模块

PROFINET 实现了从现场级到管理层的纵向通信集成：一方面，方便管理层获取现场级的数据；另一方面，原本在管理层存在的数据安全性问题也延伸到了现场级。为了保证现场级控制数据的安全，PROFINET 提供了特有的安全机制，通过使用专用的安全模块，可以保护自动化控制系统，使自动化通信网络的安全风险最小化。

8. 故障安全和过程自动化模块

（1）故障安全

在过程自动化领域中，故障安全是相当重要的一个概念。所谓故障安全，即指当系统发生故障或出现致命错误时，系统能够恢复到安全状态（即“零”态）。在这里，安全有两个方面的含义，一方面是指操作人员的安全，另一方面是指整个系统的安全，因为在过程自动化领域中，系统出现故障或致命错误时很可能会导致整个系统的爆炸或毁坏。故障安全机制就是用来保证系统在故障后可以自动恢复到安全状态，不会对操作人员和过程控制系统造成损害。PROFINET 集成了 PROFIsafe 安全行规，实现了 IEC 61508（《电气 / 电子 / 可编程电子安全系统的功能安全》）标准中规定的 SIL①3 等级的故障安全，很好地保证了整个系统的安全。

（2）过程自动化

PROFINET 不仅可以用于工厂自动化场合，也同时面对过程自动化的应用。工业界针对工业以太网总线供电及以太网应用在本质安全区域的问题的讨论正在形成标准或解决方案。通过代理服务器技术，PROFINET 可以无缝地集成现场总线 PROFIBUS 和其他总线标准。目前，PROFIBUS 是世界范围内唯一可覆盖从工厂自动化场合到过

---

① SIL：safety integrity level，安全完整性等级。

程自动化应用的现场总线标准。集成 PROFIBUS 现场总线解决方案的 PROFINET 是过程自动化领域应用的完美体验。

任务实施

一、接受任务，制订工作计划。

1. 工作组织：教师组织学员分组，每小组由 4～6 名学员组成，选定 1 名组长，1 名安全监督员（负责操作时的安全监督和记录），其余学员的工作由组长安排。

2. 接受任务：教师引导学员阅读工作任务单，完成工作任务单（见表 2–2–1）的填写。

表 2–2–1　工作任务单

SX–TFI4 智能教学工厂智能服务中心方案设计任务单 单号：No.＿＿＿＿　开单部门：＿＿＿＿　开单人：＿＿＿＿ 开单时间：＿＿＿＿　接单部门：＿＿＿＿	
任务描述	以智能教学工厂智能服务中心为具体实施对象，分析其详细的工艺流程，实现智能服务中心的综合方案设计，并对硬件进行选型
要求完成时间	
接单人	签名：　　　　时间：

3. 工作计划表：制订详细的工作计划，并填入表 2–2–2 中。

表 2–2–2　工作计划表

阶段	任务说明	计划工作内容	计划完成时间	责任人

二、查询资料，根据上一任务制作的功能分析表的要求设计系统方案。

1. 任务准备：调出上一任务制作的功能分析表（见表 2–1–4）。

2. 根据参观结果，梳理智能工厂智能服务中心的工作流程。具体工作流程可参照图 2–2–1。

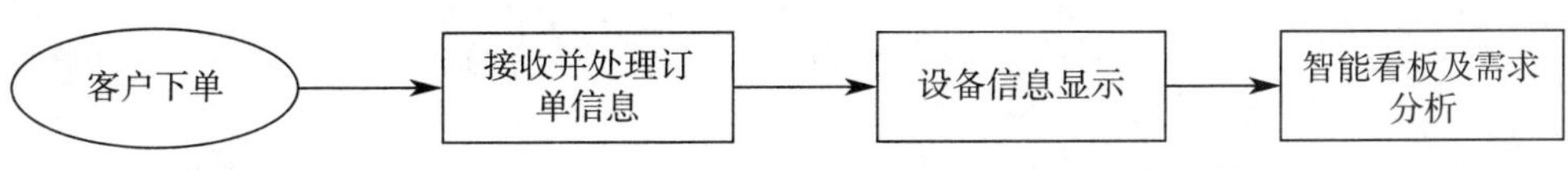

图 2–2–1　智能服务中心的工作流程图

3. 根据参观结果，整理智能服务中心智能看板显示的工艺流程，如图 2-2-2 所示。

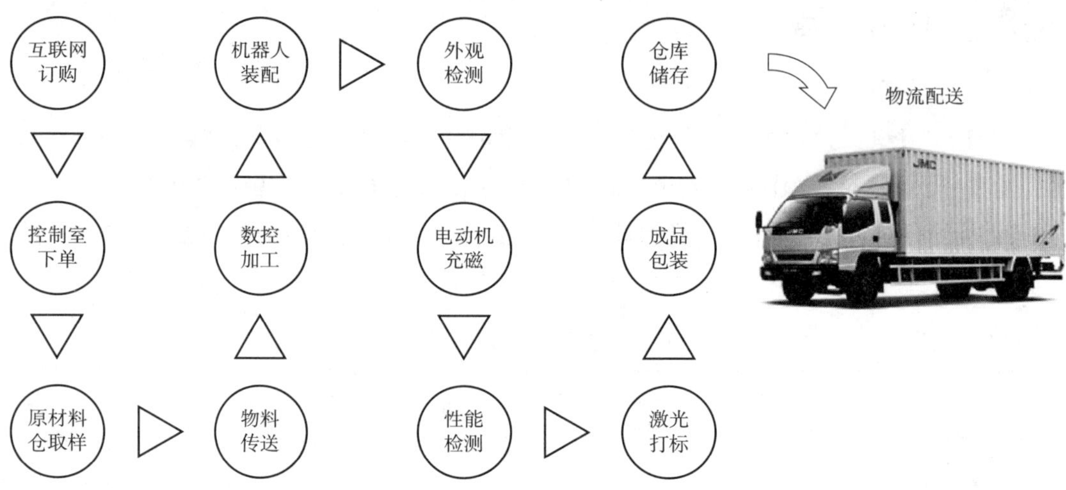

图 2-2-2 智能服务中心智能看板显示的工艺流程

4. 根据参观结果，记录智能服务中的主要设备，描述其主要功能与特点，并分析其主要参数及配置要求。智能服务中心主要设备的功能及特点和参数配置见表 2-2-3。

表 2-2-3 智能服务中心主要设备的功能及特点和参数配置

区域	主要设备	功能与特点描述	主要配置
智能服务中心	工业设备物联网软件系统（ERP 和 MES 构成）	（1）系统实时采集各设备运行数据信息，包括故障报警信息、启动 / 停止状态等 （2）所有设备监控数据存储于云服务器中，永久保存，用户不需要自己另架设服务器 （3）系统可以设置任何信息为关键监控点，通过关键监控点设置成系统报警点，一旦系统报警点发生报警，报警信息将以短信方式发送到事先设置好的设备管理员或设备厂家手机上。 （4）系统管理员可以通过系统远程操作设备，包括启动、停止设备，修改运行参数，读取设备程序，修改设备程序，强制修改程序数据等，从而可以实现远程数据分析、远程维护和产品远程改进 （5）系统所有远程操作都通过网页界面操作，不需要安装桌面软件，可以用 PC、iPAD、智能手机等各种终端设备进行远程登录、远程监控与操作设备，在手机等移动终端既可以用网页登录，也可以用 App（application，应用程序）登录 （6）系统设置一个管理员，可以设置多用户，管理员可以管理和分配其他用户的操作权限，管理员和其他用户都凭账号和密码登录	（1）物联网系统接入模块 （2）物联网软件系统 （3）基本信息模块 （4）用户管理模块 （5）硬件维护模块 （6）远程操作模块 （7）报警与维护记录模块

续表

区域	主要设备	功能与特点描述	主要配置
智能服务中心	客户服务终端	（1）向客户介绍本企业的基本情况 （2）向客户展示本项目的优势与潜在价值 （3）根据客户的需求，通过网络给车间生产线下订单 （4）能实时查看订单进度，使客户随时了解生产情况 （5）把客户的反馈意见提交给控制中心，以便调整与改进	（1）平板计算机 （2）智能手机 （3）智能触控一体机

5. 主要功能硬件选型：在系统方案设计的基础上，根据功能需求完成系统的硬件选型。SX-TFI4 智能教学工厂的智能服务中心设备选型见表 2-2-4。

表 2-2-4　　智能服务中心设备选型表

序号	物料名称	型号规格	单位	数量	备注
1	服务中心柜	SX-TFI4-01-01-00	套	1	服务中心枢纽
2	42 in[①]壁挂 Q 系列智能触控一体机	HY-Q42LTPC	台	4	人机交互看板
3	多功能插座	GN-109K，6 位，3 m	个	2	
4	服务中心服务台	SX-TFI4-01-04-00	台	2	移动终端服务区
5	椅子	SX-TFI4-01-05-00	把	6	客户休闲区

三、工作总结及评价。

1. 以小组会议方式讨论任务完成情况。

2. 制定工作总结提纲，完成工作总结。

任务测评

在完成本任务的学习后，严格按照表 2-2-5 的要求，完成自我评价、小组评价和教师评价。

表 2-2-5　　测评表

组别		组长	组员			
评价内容			分值	自我评价（30%）	小组评价（30%）	教师评价（40%）
职业素养（30%）	1. 出勤准时率		6			
	2. 学习态度		6			
	3. 承担任务量		8			
	4. 团队协作性		10			

① in：英寸，1 in=25.4 mm。

续表

评价内容		分值	自我评价（30%）	小组评价（30%）	教师评价（40%）
专业能力（70%）	1. 工作准备的充分性	10			
	2. 工作计划的可行性	10			
	3. 功能分析完整、逻辑性强	15			
	4. 总结展示清晰、有新意	15			
	5. 安全文明生产及 7S	20			
总计		100			
个人的工作时间		提前完成			
		准时完成			
		滞后完成			
个人认为完成得好的地方					
值得改进的地方					
小组综合评价					
组长签名：			教师签名：		

任务 3　智能服务中心的操作与维护

学习目标

1. 能根据已选定硬件进行智能服务中心的组装。
2. 掌握智能服务中心各硬件的基本功能与特性。
3. 完成智能服务中心的系统调试，并能结合故障查询表排除常见故障。

任务描述

以智能服务中心为具体实施对象，依据下单工艺流程及硬件选型进行系统的组装与调试，最终使智能服务中心按预期目标稳定运行，并能结合故障查询表排除常见故障。

任务实施

一、接受任务，制订工作计划。

1. 工作组织：教师组织学员分组，每小组由 4～6 名学员组成，选定 1 名组长，1 名安全监督员（负责操作时的安全监督和记录），其余学员的工作由组长安排。

2. 接受任务：教师引导学员阅读工作任务单，完成工作任务单（见表 2–3–1）的填写。

表 2–3–1　　工作任务单

SX–TFI4 智能教学工厂智能服务中心的操作与维护任务单 单号：No.________ 开单部门：________ 开单人：________ 开单时间：________ 接单部门：________	
任务描述	以智能服务中心为具体实施对象，依据下单工艺流程及硬件选型进行系统的组装与调试，最终使智能服务中心按预期目标稳定运行，并能结合故障查询表排除常见故障
要求完成时间	
接单人	签名：　　　　时间：

3. 工作计划表：制订详细的工作计划，并填入表 2–3–2 中。

表 2–3–2　　工作计划表

阶段	任务说明	计划工作内容	计划完成时间	责任人

二、完成系统的硬件组装与调试。

1. 任务准备：准备好电工工具包、扳手等必要的工具。

2. 设备的安装：

（1）设备摆放。设备摆放按照场地要求，可调整摆放，具体可参照图 2–1–1 进行。

（2）连接壁挂 Q 系列智能触控一体机。

（3）将从智能控制中心过来的网线插入壁挂 Q 系列智能触控一体机。

3. 操作说明：

（1）电源开启：打开插座上 220 V 电源开关，按开启壁挂 Q 系列智能触控一体机后面的电源开关，再按触控一体机正面板上的计算机开关，启动壁挂 Q 系列智能触控一体机。

（2）使用移动终端下单，如图 2-3-1 所示。

图 2-3-1　移动终端下单操作界面

（3）通过触摸屏启动看板观察各单元的运行状态，如图 2-3-2 所示。

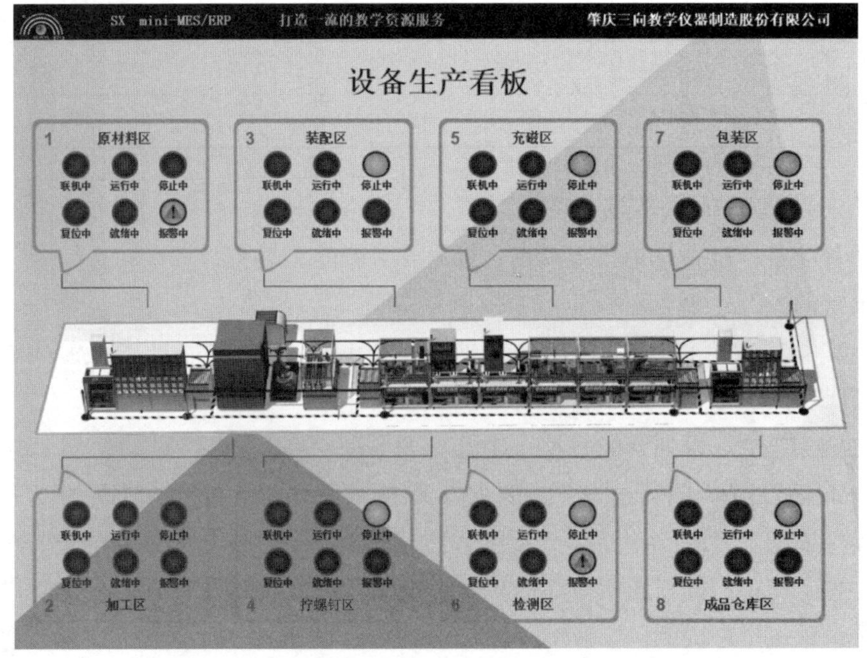

图 2-3-2　看板显示界面

（4）通过 MES 查询排班情况和加班情况，如图 2–3–3 所示。

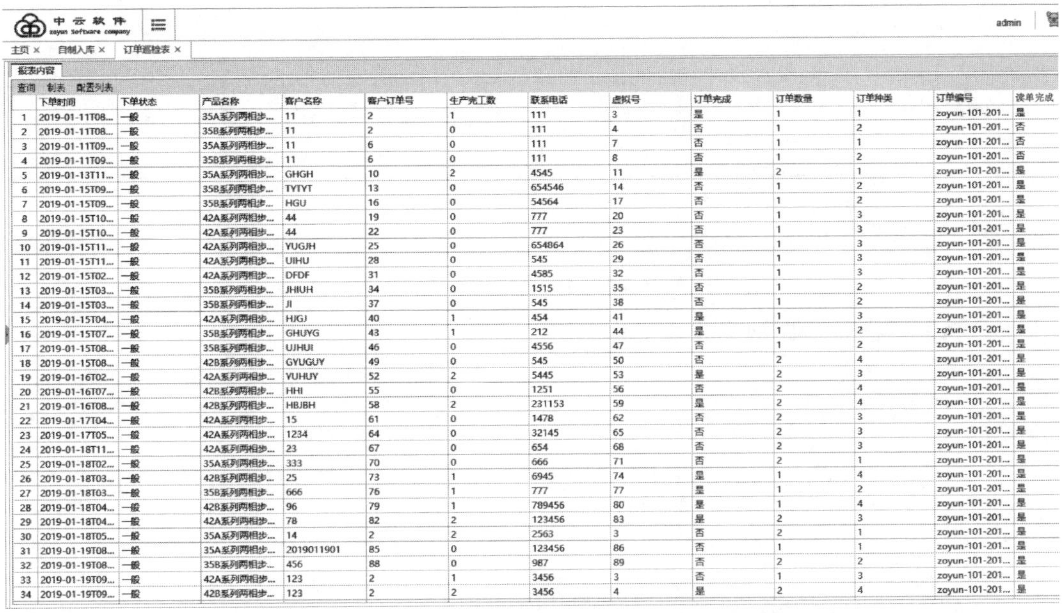

中云软件 zoyun Software company　admin

主页 ×　自制入库 ×　订单巡检表 ×

报表内容

查询　制表　配置列表

	下单时间	下单状态	产品名称	客户名称	客户订单号	生产完工数	联系电话	虚拟号	订单完成	订单数量	订单种类	订单编号	读单完成
1	2019-01-11T08...	一般	35A系列两相步...	11	2	1	111	3	是	1	1	zoyun-101-201...	是
2	2019-01-11T08...	一般	35B系列两相步...	11	2	0	111	4	否	1	2	zoyun-101-201...	否
3	2019-01-11T09...	一般	35A系列两相步...	11	6	0	111	7	否	1	1	zoyun-101-201...	否
4	2019-01-11T09...	一般	35B系列两相步...	11	6	0	111	8	否	1	2	zoyun-101-201...	否
5	2019-01-13T11...	一般	35A系列两相步...	GHGH	10	2	4545	11	是	2	1	zoyun-101-201...	是
6	2019-01-15T09...	一般	35B系列两相步...	TYTYT	13	0	654546	14	否	1	2	zoyun-101-201...	是
7	2019-01-15T09...	一般	35B系列两相步...	HGU	16	0	54564	17	否	1	2	zoyun-101-201...	是
8	2019-01-15T10...	一般	42A系列两相步...	44	19	0	777	20	否	1	3	zoyun-101-201...	是
9	2019-01-15T10...	一般	42A系列两相步...	44	22	0	777	23	否	1	3	zoyun-101-201...	是
10	2019-01-15T11...	一般	42A系列两相步...	YUGJH	25	0	654864	26	否	1	3	zoyun-101-201...	是
11	2019-01-15T11...	一般	42A系列两相步...	UIHU	28	0	545	29	否	1	3	zoyun-101-201...	是
12	2019-01-15T02...	一般	42A系列两相步...	DFDF	31	0	4585	32	否	1	3	zoyun-101-201...	是
13	2019-01-15T03...	一般	35B系列两相步...	JHIUH	34	0	1515	35	否	1	2	zoyun-101-201...	是
14	2019-01-15T03...	一般	35B系列两相步...	JI	37	0	545	38	否	1	2	zoyun-101-201...	是
15	2019-01-15T04...	一般	42A系列两相步...	HJGJ	40	1	454	41	是	1	3	zoyun-101-201...	是
16	2019-01-15T07...	一般	35B系列两相步...	GHUYG	43	1	212	44	是	1	2	zoyun-101-201...	是
17	2019-01-15T08...	一般	35B系列两相步...	UJHUI	46	0	4556	47	否	1	2	zoyun-101-201...	是
18	2019-01-15T08...	一般	42B系列两相步...	GYUGUY	49	0	545	50	否	2	4	zoyun-101-201...	是
19	2019-01-16T02...	一般	42A系列两相步...	YUHUY	52	2	5445	53	是	2	3	zoyun-101-201...	是
20	2019-01-16T07...	一般	42B系列两相步...	HHI	55	0	1251	56	否	2	4	zoyun-101-201...	是
21	2019-01-16T08...	一般	42B系列两相步...	HBJBH	58	2	231153	59	是	2	4	zoyun-101-201...	是
22	2019-01-17T04...	一般	42A系列两相步...	15	61	0	1478	62	否	2	3	zoyun-101-201...	是
23	2019-01-17T05...	一般	42A系列两相步...	1234	64	0	32145	65	否	2	3	zoyun-101-201...	是
24	2019-01-18T11...	一般	42A系列两相步...	23	67	0	654	68	否	2	3	zoyun-101-201...	是
25	2019-01-18T02...	一般	35A系列两相步...	333	70	0	666	71	否	2	1	zoyun-101-201...	是
26	2019-01-18T03...	一般	42B系列两相步...	25	73	1	6945	74	是	1	4	zoyun-101-201...	是
27	2019-01-18T03...	一般	35B系列两相步...	666	76	1	777	77	是	1	2	zoyun-101-201...	是
28	2019-01-18T04...	一般	42B系列两相步...	96	79	1	789456	80	是	1	4	zoyun-101-201...	是
29	2019-01-18T04...	一般	42A系列两相步...	78	82	2	123456	83	是	2	3	zoyun-101-201...	是
30	2019-01-18T05...	一般	35A系列两相步...	14	2	2	2563	3	否	2	1	zoyun-101-201...	是
31	2019-01-19T08...	一般	35A系列两相步...	2019011901	85	0	123456	86	否	1	1	zoyun-101-201...	是
32	2019-01-19T08...	一般	35B系列两相步...	456	88	0	987	89	否	2	2	zoyun-101-201...	是
33	2019-01-19T09...	一般	42A系列两相步...	123	2	1	3456	3	否	1	3	zoyun-101-201...	是
34	2019-01-19T09...	一般	42B系列两相步...	123	2	2	3456	4	是	2	4	zoyun-101-201...	是

图 2–3–3　通过 MES 查询排班情况和加工情况

三、智能控制中心的日常维护与常见故障处理。

1. 日常维护方法

（1）在切断电源，确认机器人控制器充电指示灯熄灭后再进行检查作业，否则有可能会触电。

（2）不要让触摸屏接触潮湿的表面，洗手之后要等手干了，再接触触摸屏。

（3）不要用纸巾擦拭触摸屏，因为某些类型的纸巾有可能引起屏幕划痕。也不要用干手直接抠屏幕上的污痕。

（4）用干净且干燥的超细纤维布擦拭设备包括屏幕上的灰尘，超细纤维布可以用柔软的纯棉的或者聚酯纤维布代替。

（5）可以将超细纤维布蘸点蒸馏水，但是不要完全浸湿。或者可以购买专门的触摸屏清洁剂，也可以用嘴向屏幕吹热气的方法代替。

（6）不要施加任何压力，用超细纤维布轻轻地擦拭计算机屏幕。

（7）使用超细纤维布轻轻地擦拭屏幕表面，以旋转的方式进行。

2. 常见故障排除方法：处理故障参照表 2–3–3。

表 2–3–3　　智能控制中心故障代码及解决方法

代码	故障现象	故障原因	解决方法
ErF001	全部显示屏黑屏，指示灯不亮	无电源输入	检查电源进线
ErF002	某一台显示屏黑屏，指示灯不亮	无电源输入	检查单机电源进线，单机电源开关
		计算机损坏	更换同型号计算机或联系供应商

续表

代码	故障现象	故障原因	解决方法
ErF003	计算机无法进入订单下达、生产看板等网页界面	无外网输入	检查外网，能否进入普通网页
		控制中心服务器关闭	检查控制中心服务器是否开启
		服务器 IP 地址更改	检查服务器 IP 地址

四、工作总结及评价。

1. 通过小组会议方式讨论任务完成情况。
2. 制定工作总结提纲，完成工作总结。

任务测评

在完成本任务的学习后，严格按照表 2-3-4 的要求，完成自我评价、小组评价和教师评价。

表 2-3-4　　测评表

组别		组长		组员			
评价内容				分值	自我评价（30%）	小组评价（30%）	教师评价（40%）
职业素养（30%）	1. 出勤准时率			6			
	2. 学习态度			6			
	3. 承担任务量			8			
	4. 团队协作性			10			
专业能力（70%）	1. 工作准备的充分性			10			
	2. 工作计划的可行性			10			
	3. 功能分析完整、逻辑性强			15			
	4. 总结展示清晰、有新意			15			
	5. 安全文明生产及 7S			20			
总计				100			
个人的工作时间				提前完成			
				准时完成			
				滞后完成			
个人认为完成得好的地方							
值得改进的地方							
小组综合评价							
组长签名：				教师签名：			

项目三
智能控制中心的设计与实践

智能控制中心是智能教学工厂的控制中枢，由 ERP、MES 和监控系统三大模块组成，可实现客户下单、虚拟仿真设计、产品生产、质量监控、产品配送的智能控制。SX-TFI4 智能教学工厂的智能控制中心可以监控管理 35A、35B、42A、42B 共 4 种规格型号的步进电动机生产过程中涉及的客户下单、产品加工、组装、检测、包装、物流和仓储等各个生产工序，可实现客户下单、虚拟仿真设计、产品生产、质量监控、产品配送等各环节的信息化与智能化。通过本项目的学习，使学员能进行智能控制中心的功能分析、系统设计、系统操作，并能进行基本故障排除。

任务 1　智能控制中心的功能需求分析

学习目标

1. 能对智能控制中心进行功能需求分析。
2. 掌握智能控制中心应具备的基本要素和功能。

任务描述

以 SX-TFI4 智能教学工厂的智能控制中心为具体实施对象，对智能控制中心的功能进行分析和梳理，从而总结出智能控制中心应具备的功能，为后续智能控制中心工艺流程设计及硬件选型打下基础。

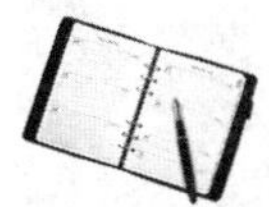

知识准备

一、智能控制中心的功能

智能控制中心是在智能工厂的“六维智能理论”的基础上建立的控制中枢，它使智能工厂在数字化工厂的基础上，利用物联网技术和监控技术加强信息管理服务，提高生产过程的可控性，减少生产线的人工干预，并进行合理的计划排程。“六维智能理论”是从六个维度的智能打造智能工厂：智能计划排产、智能生产过程协同、智能设备互联互通、智能生产资源管理、智能质量过程控制、智能决策支持，如图 3-1-1 所示。智能计划排产可确保计划的科学化、精准化。智能生产过程协同即是企业要从生产准备过程中实现物料、刀具、工装、工艺等的并行协同准备，实现车间级的协同制造，提升加工设备的有效利用率。智能设备互联互通是指企业可以通过机床联网、数据采集、大数据分析等手段实现数字化生产设备的分布式网络化通信、程序集中管理、设备状态的实时监控等。智能生产资源管理是指利用对生产资源的入仓、查询、盘点、统计分析等功能有效地避免生产资源的积压与短缺，实现库存的精益化管理，既可减少因生产资源不足带来的生产延误，也可避免因生产资源的积压造成的成本增加。智能质量过程控制是指在生产过程中对生产设备的制造过程参数进行实时的采集、及时的干预以确保产品质量的手段。而智能决策支持则是指系统可以对工业大数据进行深入的挖掘与分析，自动生成各种直观的统计、分析报表，为企业的决策提供帮助的过程。该理论分别从计划源头、过程协同、设备底层、资源优化、质量控制、决策支持六个方面着手，实现全面的精细化、精准化、自动化、信息化、网络化的智能化管理与控制，既符合德国智能工厂的定义，又能与美国工业互联网等理念完全吻合。因此，该理论也是 SX-TFI4 智能教学工厂的设计原则。

二、智能控制中心的组成

智能控制中心由硬件和软件两部分组成。硬件部分包括智能控制墙、控制台、中央控制柜、主配电柜和路由器等附属设备，如图 3-1-2 所示。硬件部分主要向软件系统提供支撑，实现整个系统的供电、控制、信息采集、监控等功能。而软件部分则是智能控制中心的核心部分，主要由 ERP 和 MES 组成，它们的主要功能已在前文进行

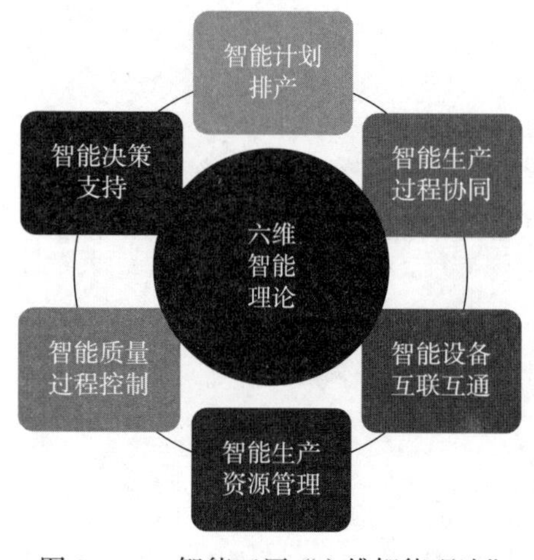

图 3-1-1 智能工厂“六维智能理论”

图 3-1-2 智能控制中心硬件设备布置图

了描述。

任务实施

一、接受任务，制订工作计划。

1. 工作组织：教师组织学员分组，每小组由 4 ~ 6 名学员组成，选定 1 名组长，1 名安全监督员（负责操作时的安全监督和记录），其余学员的工作由组长安排。

2. 接受任务：教师引导学员阅读工作任务单，完成工作任务单（见表 3–1–1）的填写。

表 3–1–1　　工作任务单

SX–TFI4 智能教学工厂智能控制中心功能需求分析任务单 单号：No.________　开单部门：________　开单人：________ 开单时间：________　接单部门：________	
任务描述	以智能教学工厂的智能控制中心为具体实施对象，对智能控制中心的功能需求进行分析和梳理，从而总结出智能控制中心应具备的功能
要求完成时间	
接单人	签名：　　　　时间：

3. 工作计划表：制订详细的工作计划，并填入表 3–1–2 中。

表 3–1–2　　工作计划表

阶段	任务说明	计划工作内容	计划完成时间	责任人

二、参观智能工厂，学习相关知识，记录参观情况，并完成功能分析表的制作。

1. 任务准备：思考进入智能工厂时应采取的安全措施，并填入表 3–1–3 中。

表 3–1–3　　安全措施表

序号	安全措施	目的

2. 任务实施：记录参观情况，填写智能控制中心的组成，并分析各组成部分的功能，填入表 3–1–4 中。

表 3–1–4　智能控制中心各组成部分功能表

序号	组成部分（名称）	功能

3. 思考题：智能控制中心中的主要设备是如何进行联系和数据交换的？画出设备联系图。

三、工作总结及评价

1. 以小组会议方式讨论任务完成情况。

2. 制定工作总结提纲，完成工作总结。

任务测评

在完成本任务的学习后，严格按照表 3–1–5 的要求，完成自我评价、小组评价和教师评价。

表 3–1–5　测评表

<table>
<tr><td>组别</td><td></td><td>组长</td><td></td><td>组员</td><td colspan="3"></td></tr>
<tr><td colspan="4">评价内容</td><td>分值</td><td>自我评价（30%）</td><td>小组评价（30%）</td><td>教师评价（40%）</td></tr>
<tr><td rowspan="4">职业素养（30%）</td><td colspan="3">1. 出勤准时率</td><td>6</td><td></td><td></td><td></td></tr>
<tr><td colspan="3">2. 学习态度</td><td>6</td><td></td><td></td><td></td></tr>
<tr><td colspan="3">3. 承担任务量</td><td>8</td><td></td><td></td><td></td></tr>
<tr><td colspan="3">4. 团队协作性</td><td>10</td><td></td><td></td><td></td></tr>
</table>

续表

<table>
<tr><td colspan="2">评价内容</td><td>分值</td><td>自我评价（30%）</td><td>小组评价（30%）</td><td>教师评价（40%）</td></tr>
<tr><td rowspan="4">专业能力（70%）</td><td>1. 工作准备的充分性</td><td>10</td><td></td><td></td><td></td></tr>
<tr><td>2. 工作计划的可行性</td><td>10</td><td></td><td></td><td></td></tr>
<tr><td>3. 功能分析完整、逻辑性强</td><td>25</td><td></td><td></td><td></td></tr>
<tr><td>4. 总结展示清晰、有新意</td><td>25</td><td></td><td></td><td></td></tr>
<tr><td colspan="2">总计</td><td>100</td><td></td><td></td><td></td></tr>
<tr><td colspan="2" rowspan="3">个人的工作时间</td><td>提前完成</td><td colspan="3"></td></tr>
<tr><td>准时完成</td><td colspan="3"></td></tr>
<tr><td>滞后完成</td><td colspan="3"></td></tr>
<tr><td colspan="2">个人认为完成得好的地方</td><td colspan="4"></td></tr>
<tr><td colspan="2">值得改进的地方</td><td colspan="4"></td></tr>
<tr><td colspan="2">小组综合评价</td><td colspan="4"></td></tr>
<tr><td colspan="2">组长签名：</td><td colspan="4">教师签名：</td></tr>
</table>

任务 2　智能控制中心的系统设计

学习目标

1. 了解智能控制中心的工艺流程，掌握智能控制中心的工艺流程的特点与关键工序。

2. 了解智能控制中心的设计方法和步骤。

3. 能结合生产实际进行智能控制中心的方案设计、硬件选型及管理软件的选用。

任务描述

以智能教学工厂智能控制中心为具体实施对象，分析其详细的工艺流程，实现智能控制中心的综合方案设计，并进行硬件选型及管理软件的选用，为后续该系统的组装、调试做必要的规划与准备。

知识准备

一、智能控制中心硬件部分功能需求

智能控制中心硬件主要包括智能控制墙、控制台、中央控制柜、主配电柜、无线路由器等，其主要功能和组成如下：

1. 智能控制墙：包含 6 个监视屏，两边 4 个屏用来监控生产线，中间两个屏灵活显示各种数据［包括 ERP 订单数据、MES 生产过程数据、Win CC（windows control center，视窗控制中心）组态数据等］，也可以用智能手机直接控制中间这两个屏幕，把手机中的数据在屏幕上显示出来。同时，智能控制墙还可进行下单、订单明细查看、订单进度查询、库存查询、人员监控、机器状态查询、报表查询、视频监控、智能看板等。

2. 控制台：主要由工控机、服务器、普通计算机、移动终端（手机或者平板电脑）组成。

3. 中央控制柜：主要由主站 PLC、主站触摸屏等组成。

4. 主配电柜：主要给整个“工业 4.0”智能教学工厂进行供配电。

5. 无线路由器：完成整套系统所需的辅助功能。

二、智能控制中心软件部分功能需求

软件部分主要包括 ERP、MES 和监控系统三大部分，其主要功能及需求如下：

1. ERP 的功能需求

（1）具有高度集成的管理模块群。

（2）可实现多核算组织、多工厂、多地点应用，能够实现集中和分布的应用模式。

（3）具备或者支持专用的质量管理、设备管理、行业特殊管理、商务智能等系统，具备和其他相关应用系统的接口，并能够与这些系统实现无缝对接。

（4）具有物流、信息流和资金流的完成过程，实现它们的过程控制。

（5）具备核算会计和管理会计功能，具备资金管理和资产管理能力。

（6）在生产管理中，至少支持基本的离散和流程业务模式，并可将两种模式混合使用。

（7）在采购和销售过程中，支持多类型、多地点的存货管理和仓库管理，支持订货过程的多维控制。

（8）在人力资源管理中，支持目标管理和绩效考核，而非简单的人事管理。

2. MES 的功能需求

（1）各智能终端节点生产数据信息互联互通互享，形成一个真正意义上的闭环智能工厂管理平台系统。

（2）在保留真实企业功能业务前提下，实现系统功能操作流程导向一体化，将复杂不易理解的模式整合得更加直观简单，利于教师授课管理，利于学员理解和学习。

（3）平台实现多终端订单下达（如手机 App 下单、平板电脑下单、PC 端下单、各种智能终端下单等），最大限度地实现全自动。

（4）平台集成多种不同型号终端设备、智能设备、传感设备，如安卓手机、安卓平板电脑、Windows PC、iOS 手机、iOS 平板电脑、iOS PC、PLC、伺服器、机器视觉检测仪、机床、铣床、机器人、AGV、亮灯拣选系统、自动化立体仓库、视频监控、电子看板、自动输送线、光电传感器、温湿度传感器等。

（5）平台以工业柔性加工项目为设计目标，可全自动、高效率、高精度地制造工业级产品，可通过射频技术存储并追踪各工序生产信息。

（6）通过上位机智能工厂管理平台，可实现生产信息存储追踪功能和柔性排产计划功能，从而有效记录、统计、追踪、提升产品质量和效率。

（7）移植企业运营管理模式，将传统制造业通过互联网思维优化整合，并与信息物联无缝集成，最终转化为高校职业教学新利器。

（8）实现远程订单下达、远程生产进度监管、远程生产车间视频监控、实时生产进度查询、设备能耗监控、报表远程查询。

3. 监控系统的功能需求

（1）实时性：监控系统实时性，是监控系统最核心的要求。

（2）安全性：监控系统具有安全防范和保密措施，防止非法侵入系统及非法操作。

（3）可扩展性：监控系统设备采用模块化结构，系统能够在监控规模、监控对象或监控要求等发生变更时方便、灵活地在硬件和软件上进行扩展，即不需要改变网络的结构和主要的软、硬件设备。

（4）开放性：监控系统遵循开放性原则，系统提供符合国际标准的软件、硬件、通信、网络、操作系统和数据库管理系统等诸方面的接口与工具，使系统具备良好的灵活性、兼容性、扩展性和可移植性。

（5）标准性：监控系统所采用的设备及技术符合国际通用标准。

（6）灵活性：监控系统组网方式灵活，系统功能配置灵活，能够充分利用现有视频监控子系统网络资源。系统将其他子系统都融入其中，能满足不同监控单元的业务需求，软件功能全面，配置方便。

（7）先进性：监控系统是在满足可靠性和实用性的前提下尽可能先进的系统。监控系统所采用的设备与技术能适应以后的发展，并能够方便地升级。该系统将成为一个先进、适应未来发展、可靠性高、保密性好、网络扩展简便、连接数据处理能力强、系统运行操纵简便的系统。

（8）实用性：视频监控系统具备完成工程中所要求功能的能力和水准。系统符合本工程实际需要的国内外有关规范的要求，并且实现容易、操作方便。从用户角度出发，系统可充分利用现有资源，尽量降低系统成本，使系统具有较高的性能价格比。

任务实施

一、接受任务，制订工作计划。

1. 工作组织：教师组织学员分组，每小组由 4 ~ 6 名学员组成，选定 1 名组长，1 名安全监督员（负责操作时的安全监督和记录），其余学员的工作由组长安排。

2. 接受任务：教师引导学生阅读工作任务单，完成工作任务单（见表 3-2-1）的填写。

表 3-2-1　　工作任务单

<table>
<tr><td colspan="2">SX-TFI4 智能教学工厂智能控制中心方案设计任务单
单号：No.______　　开单部门：______　　开单人：______
开单时间：______　　接单部门：______</td></tr>
<tr><td>任务描述</td><td>以智能教学工厂智能控制中心为具体实施对象，分析其详细的工艺流程，实现智能控制中心的综合方案设计，并进行硬件选型和管理软件的选用</td></tr>
<tr><td>要求完成时间</td><td></td></tr>
<tr><td>接单人</td><td>签名：　　　　时间：</td></tr>
</table>

3. 工作计划表：制订详细的工作计划，并填入表 3-2-2 中。

表 3-2-2　　工作计划表

阶段	任务说明	计划工作内容	计划完成时间	责任人

二、查询资料，根据本项目任务 1 制作的功能分析表的要求设计系统方案。

1. 任务准备：调出本项目任务 1 制作的功能分析表。

2. 根据参观结果，梳理智能工厂的步进电动机生产总体工艺流程。具体工艺流程可参照图 1-2-2。

3. 根据前文介绍并查询资料，梳理 SX-TFI4 智能教学工厂的 MES 构架图。具体情况可参照图 3-2-1。

MES
公共基础
生产基础信息
仓储基础信息
品质基础信息
往来对象信息
条码基础信息
产品
产品资料信息
产品结构BOW信息
订单管理
订单管理
订单查询
仓库管理
业务处理
库存处理
物料库存查询
品质管理
进料检验
成品检验
生产管理
生产制造工单查询
工序流程卡查询
制造生产日程查询
主生产计划MPS
工单制造通知查询
工单待结通知查询
工单变更通知查询
工单生产排程查询
生产日报维护查询
工单完工转移查询
齐套分析
齐套分析维护
监控中心
生产完工入库看板
生产进度看板
库存预警看板
人力资源
人员信息维护
部门人员出勤
设备管理
设备台账资料
设备保养维护
设备能耗管理
设备故障记录
设备报告查询
检修保养任务
设备管理编码
生产异常管理
报警全局图
设备报警查询
进度报警
设备报警
质量报警
报表管理
仓库备料报表
制造过程追溯表
生产直通率报表
物料工单追溯表
系统管理
用户管理
权限管理
部门管理

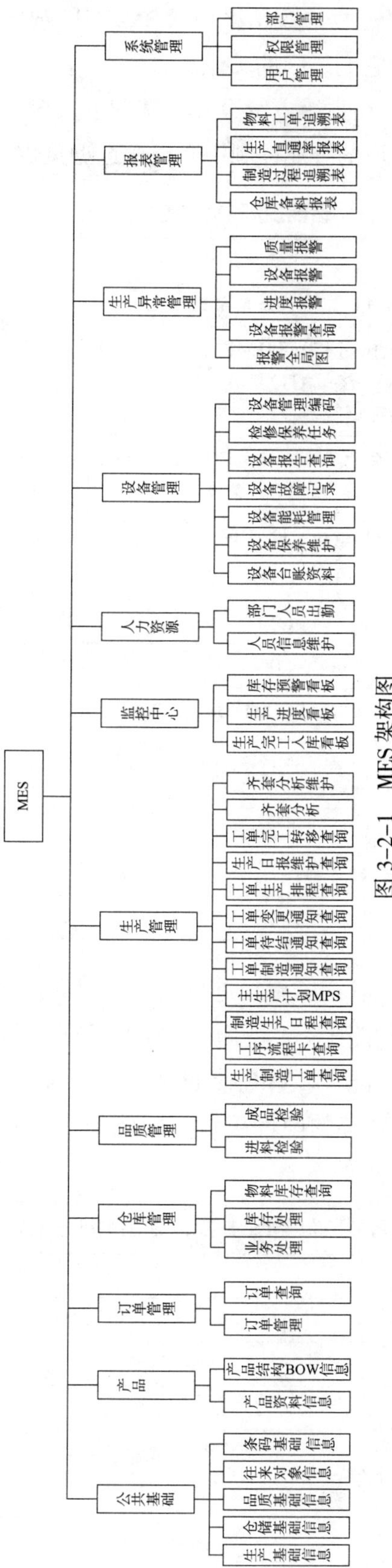

图 3-2-1 MES 架构图

4. 系统构成方案设计。根据参观结果列举 SX-TFI4 智能教学工厂中受控于智能控制中心的核心硬件，并梳理它们之间的关系。

5. 主要功能硬件选型。在系统方案设计的基础上，根据功能需求完成系统的硬件选型。SX-TFI4 智能教学工厂的智能控制中心硬件选型见表 3-2-3。

表 3-2-3　智能控制中心硬件选型表

序号	物料名称	型号规格	单位	数量	备注
1	IBM 服务器	x3100 M5 主机不含显示器	台	1	
2	工控机主机	CPU：Intel i7 6700；内存：8 G；硬盘 1 T；显卡：七彩虹 GTX960，4 GB；操作系统：win7 旗舰版	台	1	
3	普通计算机主机	联想启天 M4360；CPU：Intel i3 3240；内存：4 G；硬盘：1T；操作系统：win7 旗舰版	台	1	
4	液晶显示器	联想：19.5 in，LS2014	台	3	
5	椅子	SX-TFI4-01-05-00	把	3	
6	控制台	弧形 3 工位 -3 000	套	1	
7	电视墙	弧形 3 工位 -3 800	套	1	
8	高清摄像头	海康威视 DS-2CD3T20-I5，200 万像素	个	6	
9	高清硬盘录像机	海康威视 DS-7104N-SL/W	台	4	
10	中央控制柜	三向教仪自制设备	套	1	
11	网络柜	三向教仪自制设备	套	1	
12	总配电柜	三向教仪自制设备	套	1	

6. 通过智能控制中心对各个子单元进行控制的前提是电源的供给，因此，智能工厂的电源布置必须合理。参照附录 A，了解智能工厂的供配电原理。

7. 识读 PLC 地址分配表。用 PLC 控制硬件时，需要对 PLC 的输入 / 输出进行分配，并根据分配表完成系统的硬件接线。智能控制中心的输入 / 输出地址分配见表 3-2-4，理解表中各个地址的功能。

表 3-2-4　智能控制中心的输入 / 输出地址分配表

序号	地址	功能	备注
1	I0.0	线路到位信号组合 1	
2	I0.1	线路到位信号组合 2	
3	I0.2	线路到位信号组合 3	
4	I0.3	线路到位信号组合 4	
5	I0.4	小车到达	
6	I0.5	小车忙碌	

续表

序号	地址	功能	备注
7	I0.6	小车报警	
8	I0.7		预留
9	I1.0	急停	
10	Q0.0	线路选择信号组合 1	
11	Q0.1	线路选择信号组合 2	
12	Q0.2	线路选择信号组合 3	
13	Q0.3	线路选择信号组合 4	
14	Q0.4	启动指示灯	
15	Q0.5	小车偏移	
16	Q0.6	启动小车	
17	Q0.7	呼叫小车	
18	Q1.0	停止指示灯	
19	Q1.1	复位指示灯	

8. 识读智能工厂主、从站信号对接表。智能控制中心作为整个智能工厂的控制核心，需要下发对各个从站的命令，同时也需要接收各个从站反馈的信息，因此，主、从站之间必须建立良好的通信机制。SX-TFI4 智能教学工厂采用了以太网 PROFINET 通信，它们之间具体的通信地址及功能参照附录 B。

三、工作总结及评价。

1. 采用小组会议方式讨论任务完成情况。

2. 制定工作总结提纲，完成工作总结。

任务测评

在完成本任务的学习后，严格按照表 3-2-5 的要求，完成自我评价、小组评价和教师评价。

表 3-2-5　测评表

组别		组长		组员			
评价内容				分值	自我评价（30%）	小组评价（30%）	教师评价（40%）
职业素养（30%）	1. 出勤准时率			6			
	2. 学习态度			6			
	3. 承担任务量			8			
	4. 团队协作性			10			

续表

评价内容		分值	自我评价（30%）	小组评价（30%）	教师评价（40%）
专业能力（70%）	1. 工作准备的充分性	10			
	2. 工作计划的可行性	10			
	3. 功能分析完整、逻辑性强	25			
	4. 总结展示清晰、有新意	25			
总计		100			
个人的工作时间		提前完成			
		准时完成			
		滞后完成			
个人认为完成得好的地方					
值得改进的地方					
小组综合评价					
组长签名：			教师签名：		

任务 3　智能控制中心的操作与维护

学习目标

1. 能根据已选定硬件进行智能控制中心的组装。
2. 掌握智能控制中心各硬件的基本功能与特性。
3. 能结合故障查询表排除常见故障。

任务描述

以智能教学工厂智能控制中心为具体实施对象，依据智能控制工艺流程及硬件选型进行系统的组装与调试，最终使智能控制中心按预期目标稳定运行，并能结合故障查询表排除常见故障。

任务实施

一、接受任务，制订工作计划。

1. 工作组织：教师组织学员分组，每小组由 4 ~ 6 名学员组成，选定 1 名组长，1

名安全监督员（负责操作时的安全监督和记录），其余学员的工作由组长安排。

2. 接受任务：教师引导学员阅读工作任务单，完成工作任务单（见表 3–3–1）的填写。

表 3–3–1　工作任务单

<table>
<tr><td colspan="2">SX–TFI4 智能教学工厂智能控制中心的操作与维护任务单
单号：No.______　开单部门：______　开单人：______
开单时间：______　接单部门：______</td></tr>
<tr><td>任务描述</td><td>以智能教学工厂智能控制中心为具体实施对象，依据智能控制工艺流程及硬件选型进行系统的组装与调试，最终使智能控制中心按预期目标稳定运行，并能结合故障查询表排除常见故障</td></tr>
<tr><td>要求完成时间</td><td></td></tr>
<tr><td>接单人</td><td>签名：　　　　时间：</td></tr>
</table>

3. 工作计划表：制订详细的工作计划，并填入表 3–3–2 中。

表 3–3–2　工作计划表

阶段	任务说明	计划工作内容	计划完成时间	责任人

二、完成系统的硬件组装与调试。

1. 任务准备。

（1）准备好相应工具：电工工具包、扳手等。

（2）牢记表 3–3–3 与表 3–3–4 所列的注意事项。

表 3–3–3　安装、接线方面的安全注意事项

⚠注意	由于设备调试过程中经常需要断电操作，而智能控制中心都是计算机和电视机，所以电源必须独立于设备电源
⚠危险	设备电源电压必须为 220 V 且必须有效安全接地，设备现场教室或实训室接地必须符合国家相关标准
⚠危险	设备总配电柜电压为 380 V，在安装、接线时一定要断开前级电源，遵守电工安全接线操作，操作人员必须具备国家认证资格证

表 3-3-4 使用方面的安全注意事项

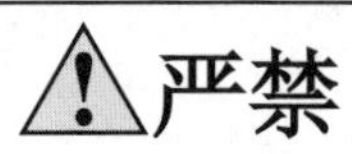	电视机屏幕不带触控功能，严禁非工作人员用手触碰显示屏，防止损坏
	调试、使用中央控制柜触摸屏时，严禁使用尖锐物品、不干净物品触碰触屏，防止损坏
	总配电柜在必须带电开门的情况下，操作人员必须注意用电安全，不要湿手操作，不要触碰内部金属带电部分

2. 硬件设备的接线与安装。结合本项目任务 2 中的硬件选型，对照输入 / 输出地址分配表及主、从站对接表，完成硬件设备的接线与安装。

（1）控制台的安装与接线。控制台将三台计算机安装好：左边安装工控机，中间安装数据库计算机，右边安装操作计算机。其中需要注意的是，右边安装普通计算机，显示器除了要在控制台上的显示器上显示外，还需要提供给电视墙上中间的两个电视机显示计算机中的内容，其实物接线如图 3-3-1 所示。

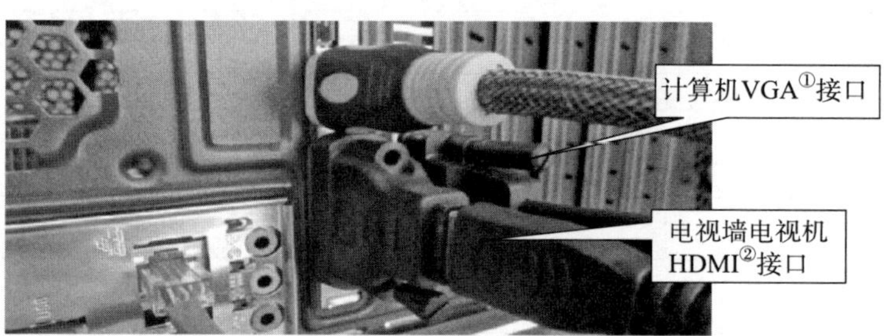

图 3-3-1 操作计算机与电视机连接方法

（2）总配电柜安装与接线。摆放好总配电柜后分别接好各从站及中央控制柜电源：总配电柜从站接入端子布局如图 3-3-2 所示，从站接入电源时电源线必须经过电流互感器再接到 XT 端子排上，电流互感器布局如图 3-3-3 所示，XT 接线端子与电流互感器的对照见表 3-3-5。

① VGA：video graphics array，视频图形阵列。

② HDMI：high definition multimedia interface，高清多媒体接口。

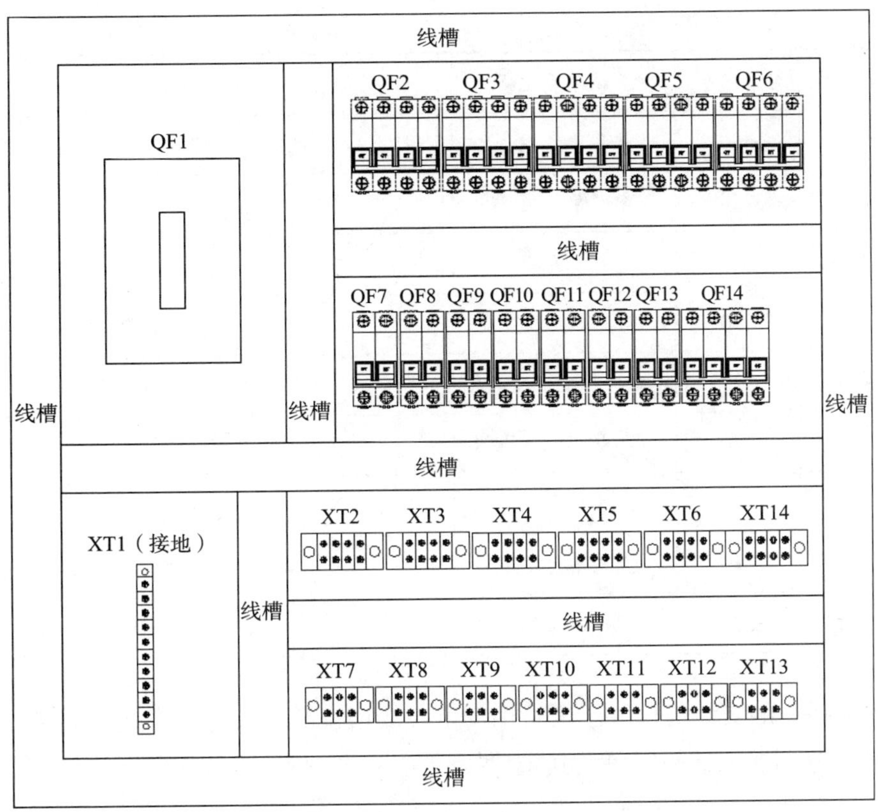

图 3-3-2　总配电柜挂板接线端子布局

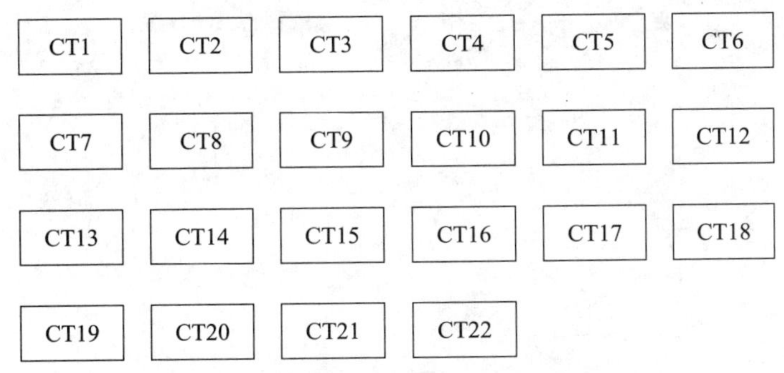

图 3-3-3　总配电柜挂板电流互感器布局

表 3-3-5　XT 接线端子与电流互感器的对照

序号	端子号	电压（V）	所属单元电源	经过电流互感器
1	XT2	380	加工单元电源	U、V、W 分别经过 CT1、CT2、CT3 电流互感器
2	XT3	380	装配单元电源	U、V、W 分别经过 CT4、CT5、CT6 电流互感器
3	XT4	380	检测单元电源	U、V、W 分别经过 CT7、CT8、CT9 电流互感器
4	XT5	380	原材料单元电源	U、V、W 分别经过 CT10、CT11、CT12 电流互感器

续表

序号	端子号	电压（V）	所属单元电源	经过电流互感器
5	XT6	380	成品单元电源	U、V、W 分别经过 CT13、CT14、CT15 电流互感器
6	XT7	220	充磁单元电源	单相火线经过 CT16 电流互感器
7	XT8	220	包装单元电源	单相火线经过 CT17 电流互感器
8	XT9	220	拧螺钉单元电源	单相火线经过 CT18 电流互感器
9	XT10	220	中央控制柜电源	直接接入 XT10 端子排
10	XT11	220	总配电柜电表电源	出厂已接好
11	XT12	220	备用电源	空
12	XT13	220	检测单元电源	单相火线经过 CT19 电流互感器
13	XT14	220	备用电源	空

（3）网络柜的安装与接线。网络柜的电源线通过插座接入，将路由器和无线发射交换机插头分别插入插座即可。其主要接线是网络通信线的连接，具体参照图 3-3-4 进行连接。

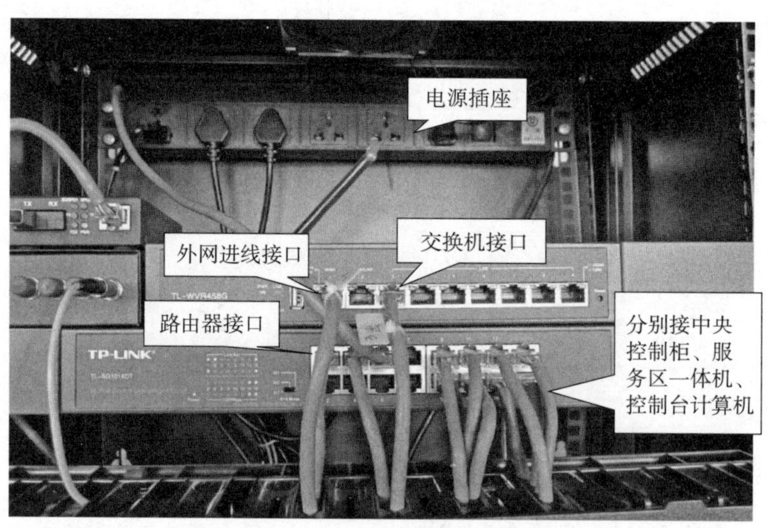

图 3-3-4 网络柜网线接线实物图

（4）中央控制柜的安装与接线。根据现场布线情况，中央控制柜的主电源从总配电柜进入，直接接入总配电柜的 XT10 端子排。其主要接线是网络通信线的连接，具体参照图 3-3-5 进行连接。

图 3-3-5　中央控制柜网线接线实物图

（5）电视墙六台电视机的接线。电视墙六台电视机的电源由插座提供，插入插座即可，电视机自带无线 Wi-Fi 功能所以不用接线。其主要接线是信号接线，六台电视的左上、左下、右上、右下信号接入监控系统的信号输出口，如图 3-3-6 所示；中上、中下信号接入控制台的操作计算机信号输出口，如图 3-3-7 所示。

图 3-3-6　电视机与监控录像机信号口接线实物图

图 3-3-7　电视机与控制台操作计算机信号口接线实物图

（6）监控系统的安装接线。根据现场情况，六个高清摄像头安装在天花板上，原则上，摄像头分为两个全局镜头，四个定点镜头，也可根据客户要求安装。将监控交换机网口分别和硬盘录像机的网口通过网线连接起来，高清摄像头的网线和硬盘录像机的信号输入口连接起来，其中有两台硬盘录像机需要连接两个高清摄像头，另外两台只连接一个高清摄像头；将硬盘录像机的视频输出口和电视机的 HDMI（high-definition multimedia interface，高清晰度多媒体接口）连接起来。

3. 力控组态程序的操作。

（1）打开力控程序，出现如图 3–3–8 所示的工程管理界面。

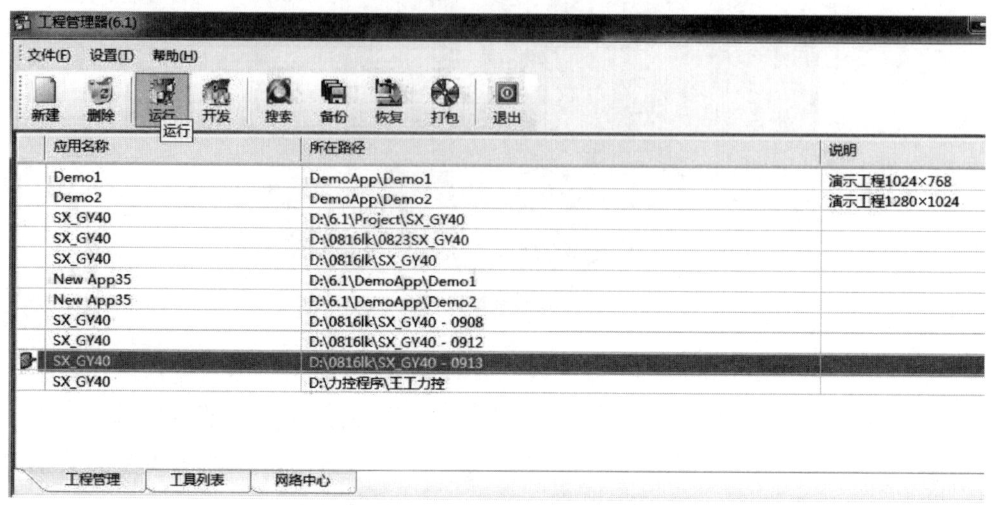

图 3–3–8 力控程序工程管理界面

（2）选中正确的程序，并单击图 3–3–8 中的“运行”按钮，进入力控程序主界面，如图 3–3–9 所示，此界面主要用于显示各子单元的运行情况。

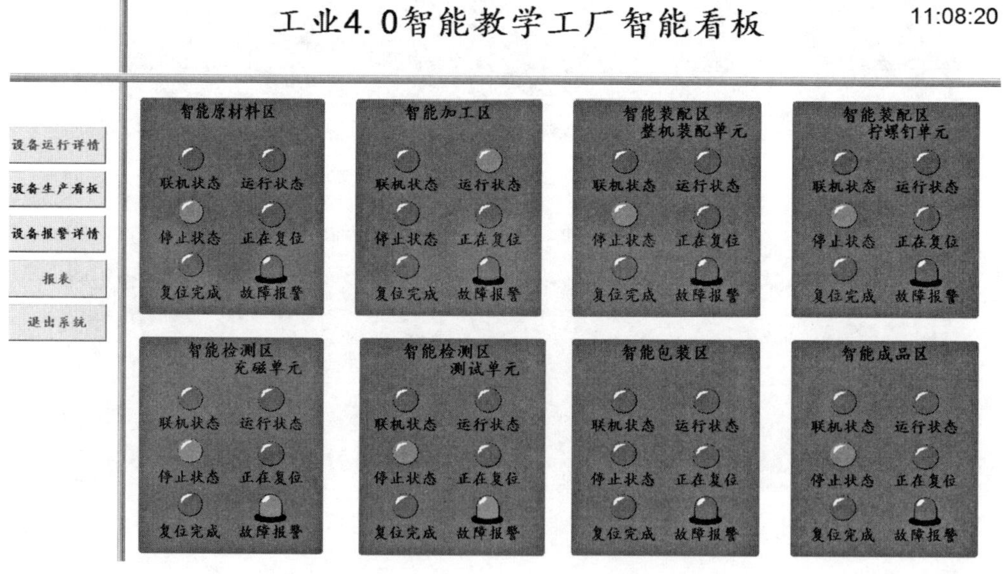

图 3–3–9 智能工厂子单元运行情况监控界面

（3）单击图 3–3–9 中左侧的“设备生产看板”按钮，进入力控程序设备生产看板，如图 3–3–10 所示，设备生产看板主要用于显示各个区的运行、故障及小车线路情况。

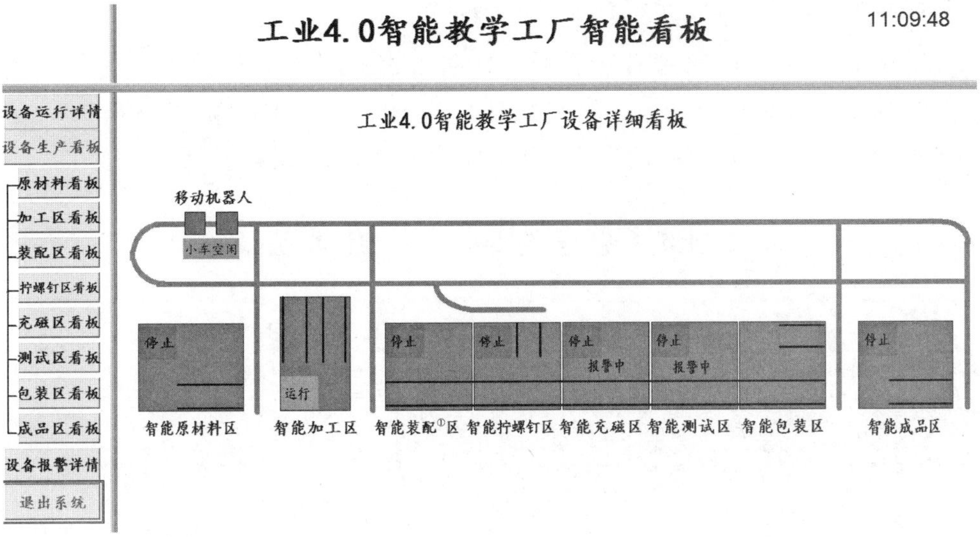

工业4.0智能教学工厂智能看板　11:09:48

设备运行详情
设备生产看板
原材料看板
加工区看板
装配区看板
拧螺钉区看板
充磁区看板
测试区看板
包装区看板
成品区看板
设备报警详情
退出系统

工业4.0智能教学工厂设备详细看板

移动机器人
小车空闲
停止
运行
停止
停止
停止
报警中
停止
报警中
停止
智能原材料区　智能加工区　智能装配[①]区　智能拧螺钉区　智能充磁区　智能测试区　智能包装区　智能成品区

图 3-3-10　设备生产看板监控界面

（4）单击图 3-3-10 中左侧的“原材料看板”按钮，进入力控程序原材料看板，如图 3-3-11 所示，原材料看板主要显示原材料仓库的库存及生产批次、数量、进度等情况。

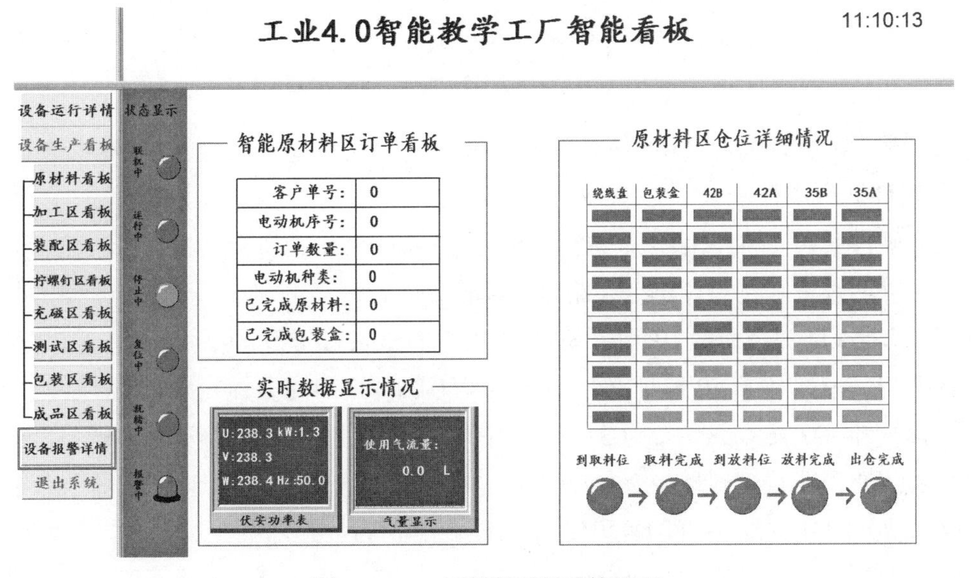

图 3-3-11　原材料看板监控界面

（5）分别单击图 3-3-11“设备生产看板”中的“加工区看板”按钮、“装配区看板”按钮、“拧螺钉区看板”按钮、“充磁区看板”按钮、“测试区看板”按钮、“包装区看板”按钮、“成品区看板”按钮等，均可进入力控程序相对应的各个区的智能看

① 在智能看板中主要指整机装配，下同。

板，各区的看板主要显示该区的生产批次、数量、进度等情况。

（6）单击图 3–3–11“设备生产看板”中的“设备报警详情”按钮，可进入力控程序报警界面，如图 3–3–12 所示，报警界面主要显示各个区的故障现象等情况，在故障报警界面中可选择“所有区域”或“单个区域”的报警情况。

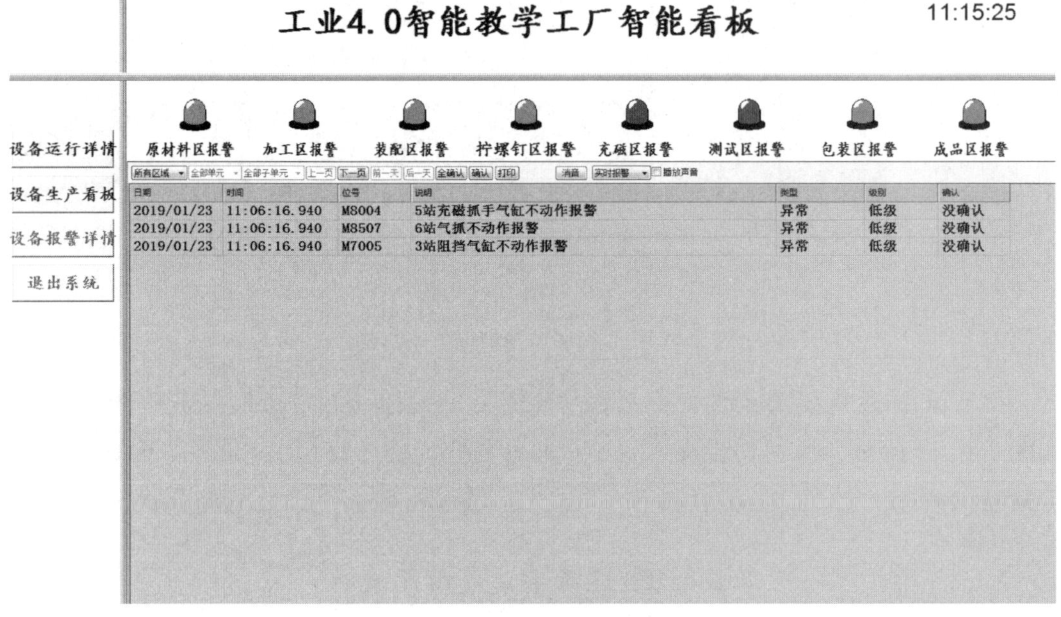

图 3–3–12 设备报警详情界面

（7）单击设备任何界面中“退出系统”按钮，即可关闭力控运行程序。

4. 硬件调试步骤。

（1）硬件安装。将路由器、交换机等相关设备安装好，将外网主线接入路由器。

（2）外网设置。在计算机登录路由器设置界面，进行 IP 地址分配，包括外网线路 IP 地址 / 掩码 / 网关及内网 DHCP（dynamic host configuration protocol，动态主机配置协议）配置等。管理主机 IP 地址必须与路由器 LAN（local area network，局域网）接口同一网段，即 192.168.1.X（X 为 2 ~ 254 之间的任意整数），子网掩码为 255.255.255.0，默认网关为路由器管理地址 192.168.1.1。也可选择“自动获得 IP 地址”来通过路由器 DHCP 自动分配 IP 地址。外网也可使用无线网络进行连接。

（3）网络拨号和认证。通过合理的方式进行网络拨号认证，确保系统已连接网络。

（4）内网配置：设置路由器 LAN 接口的 IP 参数为 192.168.1.1，子网掩码为 255.255.255.0。若 LAN 接口 IP 地址有修改，必须在保存配置后使用新的 LAN 接口地址登录路由器 Web（网络）管理界面。并且，局域网内所有计算机网关地址、子网掩码必须与修改后的 LAN 接口设置保持一致，才能正常通信。

（5）设备连接：安装交换机，从路由器 LAN 口接一条网线到交换机任意接口，再从交换机分出网线到设备终端网卡接口即可，在终端可设置 IP 地址固定，不要自动获取，方便后面的设备调试工作。

（6）网络带宽要求：外网线路下行带宽不能少于 4 Mb/s，上行不低于 20 kb/s，路由器不能做 QoS（quality of service，服务质量）限速，以利于智能设备下载和更新软件及数据传输。

（7）服务器安装。金蝶 K/3 系统及 MES 数据库服务器参数配置见表 3–3–6，两个系统可采用相同配置服务器及系统数据库。

表 3–3–6　　服务器参数配置表

组件	要求
处理器	处理器类型：Intel Xeon E3–1220 v3 处理器速度：最低：2.0 GHz［对于 Itanium（安腾）为 1.6 GHz］ CPU 主频：3.1 GHz
内存	物理内存：8 GB（100 并发以内或数据库实体 10 GB 以内）
存储	存储类型：SATA① 1 TB 标配硬盘 光驱：DVD–ROM
网络	局域网： 速率：1.0 Gb/s 到中间层服务器 延时：＜20 ms 丢包：＜0.1%
操作系统	K/3 数据库服务器支持的操作系统： Windows Server2012 Datacenter/Standard Windows Server 2008 Standard/Enterprise/DataCenter② Windows Server 2008 Standard/Enterprise/DataCenter x64② Windows Server 2008 Enterprise/DataCenter IA64②③ 其他未提及的操作系统版本不提供官方支持，金蝶 K/3 数据库服务器在此类操作系统上可能可以运行但未经严格测试，也可能完全不能运行
数据库引擎	K/3 数据库服务器支持的数据库引擎： SQL Server 2008 Standard/Enterprise④ SQL Server 2008 Standard/Enterprise x64 SQL Server 2008 Enterprise IA64③ SQL Server 2012 Standard/Enterprise⑤ SQL Server 2012 Enterprise IA64③ 其他未提及的数据库引擎版本不提供官方支持，金蝶 K/3 数据库服务器在此类数据库引擎上可能可以运行但未经严格测试，也可能完全不能运行 非简体中文环境下部署 K/3 数据库服务器的注意事项见注解⑥ K/3 商业分析模块 + SQL Server 2008 环境的部署注意事项见注解⑦

注解：①　SATA：serial advanced technology attachment，串行高级技术附件，一种基于行业标准的串行硬件驱动器接口。

②　只支持 Windows Server 2008 完全安装，不支持服务器核心安装（server core installation）。

③　IA64（Itanium architecture 64，安腾架构 64）架构的 K/3 数据库服务器暂不支持数据库服务部件安装，因此，新建、备份、恢复这三种操作不能在中间层进行，需通过 SQL Server 进行，但其他功能不受影响。数据库服务部件不是 K/3 的必需组件，K/3 数据库服务主要功能不依赖它工作。64 位 x64 架构的 K/3 数据库服务器无以上限制。

④ 同时也支持 Windows Server 2003 R2 对应版本，Windows Server 2003 R2 是 Windows Server 2003 的功能扩展包，两者系统兼容性是一致的。

⑤ 不推荐使用 SQL Server 2000 标准版，只推荐企业版，因为标准版最大只能支持 2GB 物理内存，会降低 K/3 整体性能。但 SQL Server 2005/2008 标准版并没有物理内存限制，可以推荐使用。

⑥ 在非简体中文环境安装 SQL Server，建议把排序（collation）设为 Chinese_PRC_CI_AS，[CI（case insensitive）表示大小写不敏感，AS（accent sensitive）表示重音敏感]，否则 K/3 数据库服务器不能正常工作。SQL Server 2005/2008 默认安装过程中可以设置排序，SQL Server 2000 需要选择自定义安装才能设置排序。排序在安装后不能更改，因此在非简体中文环境安装时一定要正确设置排序。

⑦ 如需用 K/3 商业分析（BI），且数据库引擎为 SQL Server 2008，数据库服务器需安装“SQL Server 2005 向后兼容组件”（SQL Server 2005 backward compatibility components），它是 SQL Server 2008 Feature Pack 的一部分。

金蝶系统、MES 系统安装注册需联系供应商进行安装及提供相应的许可文件，否则不能使用。

5. 智能控制中心的操作。

（1）开机前准备事项：

1）先打开总配电柜电源，再分别打开电视墙电视机电源、监控系统电源、控制台计算机、工控机、服务器电源，打开网络柜电源。

2）打开中央控制柜电源，中央控制柜面板上的绿色“启动指示灯”按钮会亮起。

3）参照本部分“3. 力控组态程序的操作。”内容，打开所需要的力控界面。

（2）设备单机操作方法：

1）单机操作主要功能：不用通过 MES 下单，可直接在中央控制柜的触摸屏上下单，下位机按照订单生产，每次只能下发一个订单。

2）操作前准备工作：所有下位机要复位完成，并且在单机状态。

3）如图 3–3–13 所示，按下“总停止”按钮，下位机各单元的停止信号灯（红灯）常亮；按下“总复位”按钮，下位机各单元处于复位状态，等待复位完成，即各单元复位灯（黄灯）常亮；复位完成后按下“总启动”，下位机各单元处于运行状态，即各单元运行灯（绿灯）常亮。

4）设备总启动后下位机设备运行指示灯（绿灯）常亮，设备不动，等待订单下达。按图 3–3–13 中的“模拟下单”，进入模拟下单界面，如图 3–3–14 所示。

5）模拟下单操作说明：

① 检查“原材料可下单”和“加工区可进料”两个信号灯是否为绿色，绿色表示下位机可以进行订单接收。

② 在“订单操作区”中的“客户订单”和“虚拟订单”下方方框内填写“1”或其他数值均可。

③“订单操作区”中的“电动机种类”，35A=1，35B=2，42A=3，42B=4。

④“订单操作区”中的“电动机数量”根据“原材料仓数量”方框中的数据下达，仓库的库存数一定要大于订单下达的电动机数量。

⑤ 按下“订单操作区”中的“确认订单”，表示发送订单下达，下位机开始工作，

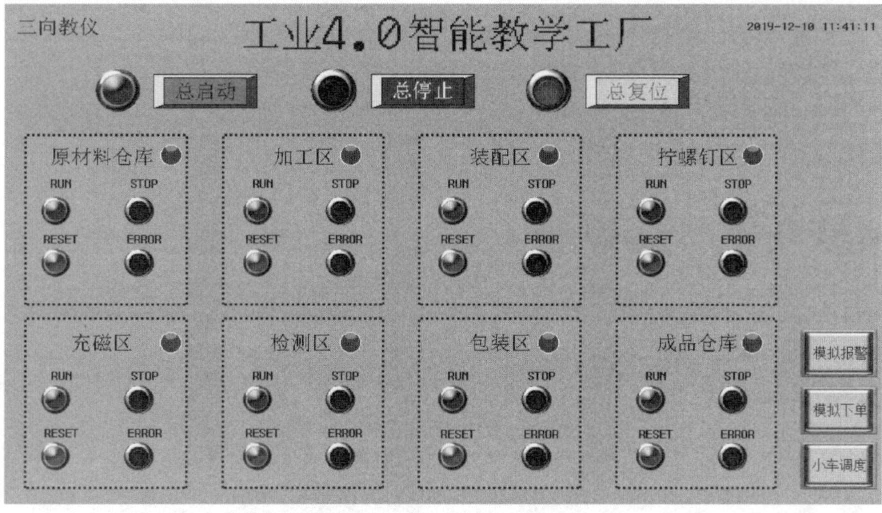

图 3–3–13　智能控制中心控制界面

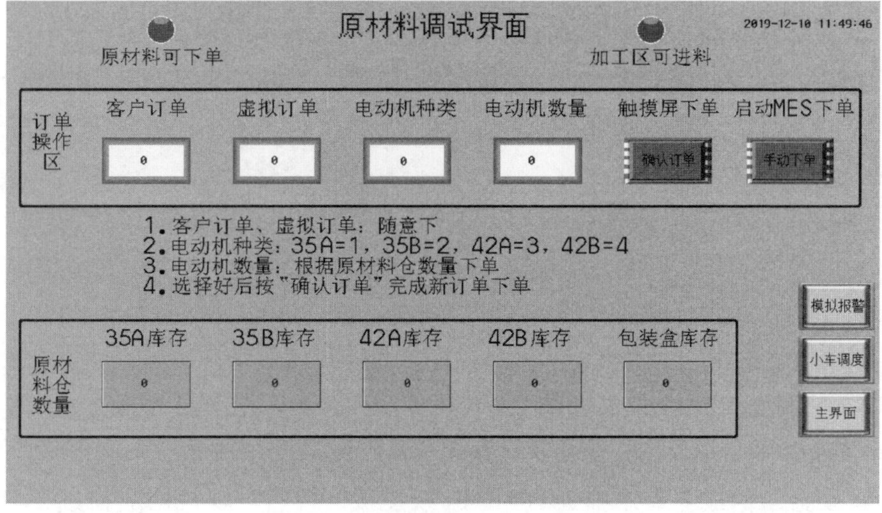

图 3–3–14　单机操作模拟下单界面

“手动下单”默认触摸屏下订单，按下后由 MES 控制下达订单。

例：现需要下达订单 35A 电动机 3 个，那么先看“原材料仓数量”中“35A 库存”下方的方框内数量是不是大于等于 3，数量没有达到不能下达订单，数量达到了可在“电动机种类”下方的方框中填写数值“1”，在“电动机数量”下方的方框中填写数值“3”，再按“确认订单”即可。

（3）设备联机操作方法：

1）联机操作的主要功能：通过 MES 下单，下位机按照订单顺序生产，可以同时在 MES 中下达多个订单。

2）操作前准备工作：所有下位机要复位完成，并且在联机状态，原材料仓库有足够原材料，设备才可以进行联机操作。

3）参照单机操作的说明，将设备“总启动”。

4）设备总启动后下位机设备运行指示灯（绿灯）常亮，设备不动，等待订单下达。按图3–3–13中的“模拟下单”，进入模拟下单界面（见图3–3–14），按“启动MES下单”的“手动下单”按钮后出现“自动下单”并显示绿色，如图3–3–15所示。系统将自动搜索MES下单情况，一旦检索到有订单，下位机立即启动运行。

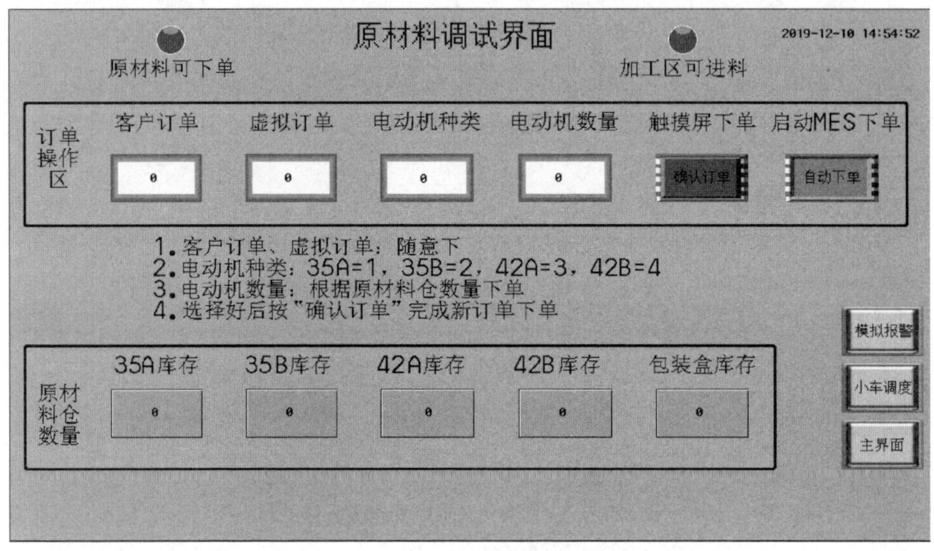

图3–3–15 联机操作模拟下单界面

（4）监控系统的基本操作步骤：

1）监控设备摄像头安装就位后，将摄像头与监控硬盘录像机通过网线连接，插入LAN接口，再将每台录像机通过网线汇聚到控制交换机，主要目的是通过计算机或手机终端来实时查看监控界面，前提条件是需要连接网络。

2）将硬盘录像机与显示器通过HDMI线连接，智能电视机用遥控选择HDMI输入，在计算机安装（海康威视）监控系统，登录系统后给每个录像机设备分配IP地址，然后搜索摄像头设备，添加到监控列表即可完成，如图3–3–16所示。

3）单击“添加设备”，输入硬盘录像机的IP地址、用户名和密码，如图3–3–17所示。

4）单击“完成”按钮，即可返回主界面。

5）选择图3–3–18中的“主预览”，配置显示效果如图3–3–19所示。

6）实时画面传输设置：将一台安装K/3客户端的计算机接到控制台显示器，将显示器与主机通过HDMI线连接，可将操作画面实时发送至显示屏显示，如需手机及iPAD控制，需建立Wi–Fi网络，将智能电视机安装投屏软件，与手机及iPAD终端一致，搜索设备连接，即可将操作画面实时投放到显示屏。

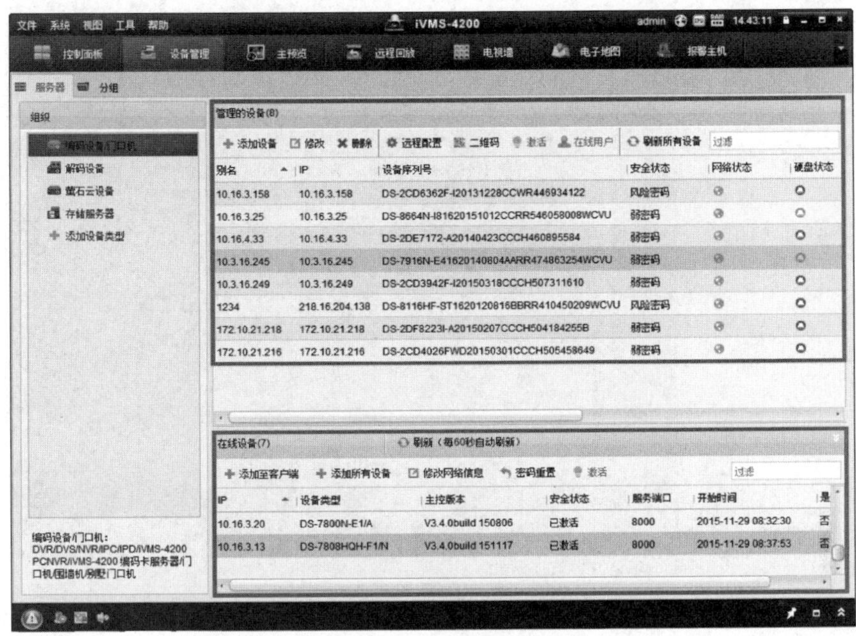

图 3-3-16　监控系统添加设备界面

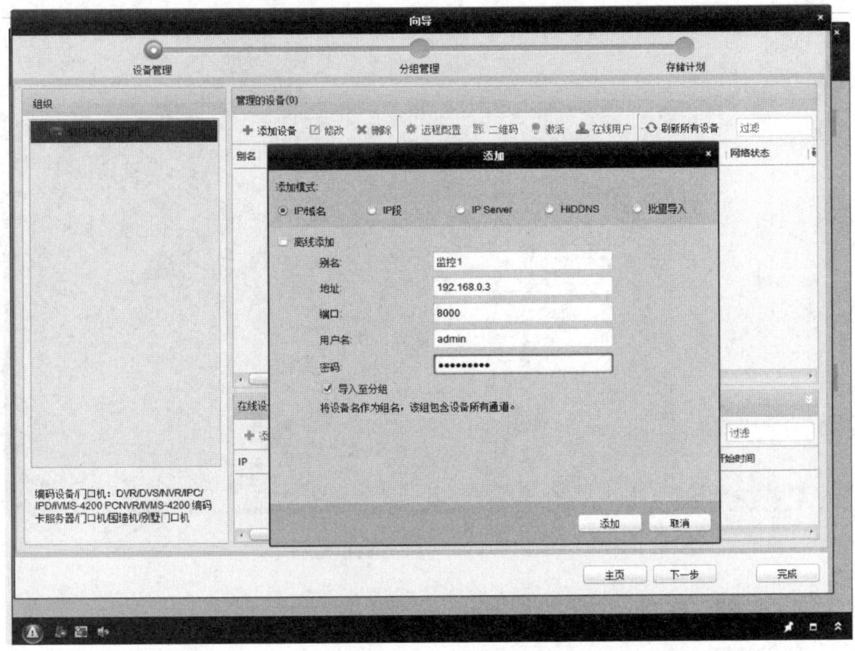

图 3-3-17　监控系统用户名密码登入界面

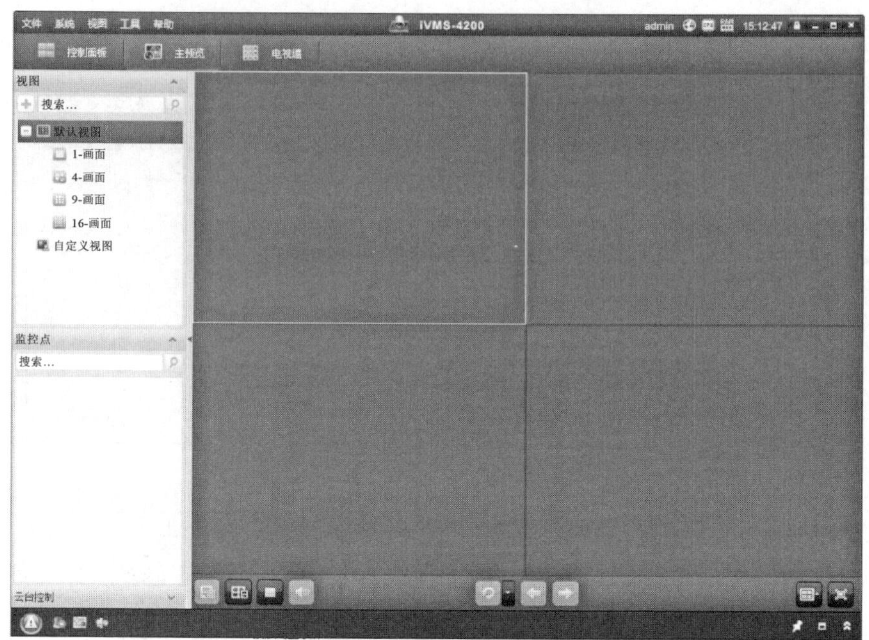

图 3-3-18　监控系统画面设置

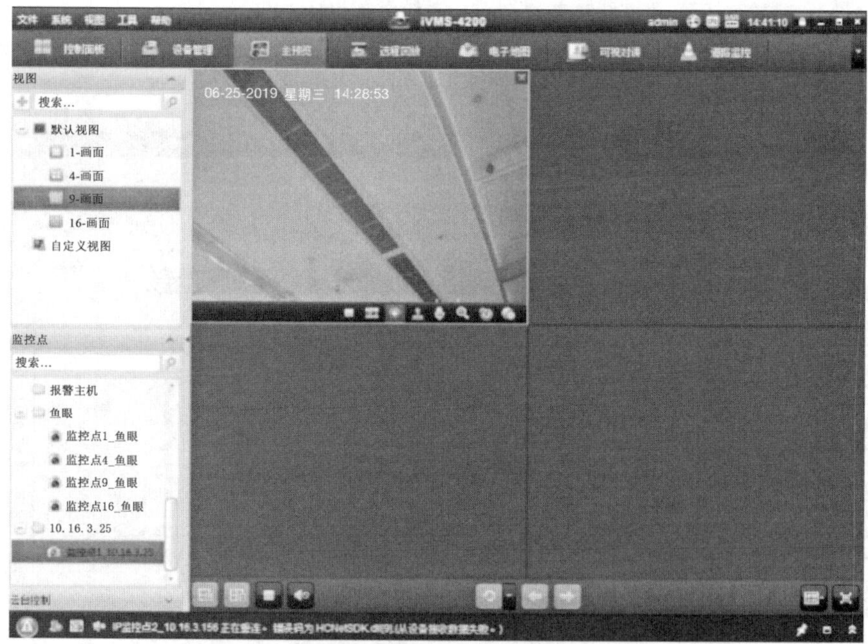

图 3-3-19　监控画面效果

三、智能控制中心的日常维护与常见故障处理。

1. 日常维护方法。

（1）切断电源，并确认机器人控制器充电指示灯已经熄灭后再进行检查作业，否则有可能会触电。

（2）定期使用超细纤维布轻轻地擦拭电视机屏幕表面，以旋转的方式，不要施加任何压力。

（3）电视机屏幕不是触摸的，不要用手或尖锐物件碰屏幕或在屏幕上滑动。

（4）不要在计算机机箱上放很多东西，特别是机箱后面，如放太多东西会影响计算机散热。

（5）定期清理计算机系统，不要用计算机访问带病毒的网站，因为控制中心保存了大量的数据，一旦计算机中毒维修起来相当麻烦。

（6）不让触摸屏接触潮湿的表面，洗手之后要等手干了再接触触摸屏。

2. 智能控制中心故障代码及故障解决方法见表 3–3–7。

表 3–3–7　　智能控制中心故障代码及故障解决方法

代码	故障现象	故障原因	解决方法
Er0001	中央控制柜无法控制下位机动作	网线未插或松动	检查中央控制柜及从站网线是否接好
		网络柜没启动	检测网络柜是否开启
		网络柜未插网线或网线松动	网络柜网线是否插好
Er0002	下单后原材料仓库未执行订单	原材料仓库无物料	增加原材料仓库的物料
		信号没有传送到原材料区	检查通信网络
		下单数据错误	重新复位后下单
Er0003	中央控制柜无法手动下单	PLC 与触摸屏没通信	检查 PLC 与触摸屏通信网线
Er0004	总启动后原材料仓库未反馈“原材料可下单”信号	通信异常	检查通信网线
		原材料仓库未准备好	检查原材料仓库的硬件
Er0005	总启动后加工区未反馈“加工区可进料”信号	通信异常	检查通信网线
		加工区复位不成功	关闭加工区 S7–300 PLC 后重启
Er0500	全区无 Wi–Fi	网络没开启	检查网络柜电源
		路由器没设置	重新设置路由器
		搬运手爪没有下降到位或下降位传感器异常	检查搬运机构、相应传感器及其线路
		线路故障	检查相关线路电气元件

四、工作总结及评价。

1. 采用小组会议方式讨论任务完成情况。

2. 制定工作总结提纲，完成工作总结。

任务测评

在完成本任务的学习后，严格按照表 3–3–8 的要求，完成自我评价、小组评价和教师评价。

表 3–3–8 测评表

<table>
<tr><td>组别</td><td></td><td>组长</td><td></td><td>组员</td><td colspan="3"></td></tr>
<tr><td colspan="4">评价内容</td><td>分值</td><td>自我评价（30%）</td><td>小组评价（30%）</td><td>教师评价（40%）</td></tr>
<tr><td rowspan="4">职业素养（30%）</td><td colspan="3">1. 出勤准时率</td><td>6</td><td></td><td></td><td></td></tr>
<tr><td colspan="3">2. 学习态度</td><td>6</td><td></td><td></td><td></td></tr>
<tr><td colspan="3">3. 承担任务量</td><td>8</td><td></td><td></td><td></td></tr>
<tr><td colspan="3">4. 团队协作性</td><td>10</td><td></td><td></td><td></td></tr>
<tr><td rowspan="4">专业能力（70%）</td><td colspan="3">1. 工作准备的充分性</td><td>10</td><td></td><td></td><td></td></tr>
<tr><td colspan="3">2. 工作计划的可行性</td><td>10</td><td></td><td></td><td></td></tr>
<tr><td colspan="3">3. 功能分析完整、逻辑性强</td><td>25</td><td></td><td></td><td></td></tr>
<tr><td colspan="3">4. 总结展示清晰、有新意</td><td>25</td><td></td><td></td><td></td></tr>
<tr><td colspan="4">总计</td><td>100</td><td></td><td></td><td></td></tr>
<tr><td colspan="4" rowspan="3">个人的工作时间</td><td>提前完成</td><td colspan="3"></td></tr>
<tr><td>准时完成</td><td colspan="3"></td></tr>
<tr><td>滞后完成</td><td colspan="3"></td></tr>
<tr><td colspan="4">个人认为完成得好的地方</td><td colspan="4"></td></tr>
<tr><td colspan="4">值得改进的地方</td><td colspan="4"></td></tr>
<tr><td colspan="4">小组综合评价</td><td colspan="4"></td></tr>
<tr><td colspan="4">组长签名：</td><td colspan="4">教师签名：</td></tr>
</table>

项目四
智能原材料仓库的设计与实践

智能仓储系统是智能制造“工业 4.0”快速发展的一个重要组成部分，它具有节约用地、减轻劳动强度、管理智能、提升仓储自动化水平等诸多优点，通常包含智能原材料仓库和智能成品仓库。智能原材料仓库旨在建立一套快速通道，实现原材料的快速入库、出库以及库房存储统计，同时亦能实现收、发货物高速自动记录。智能成品仓库则可实现对包装完成的成品分类入库（分成品和不良品）、存储、出库的智能控制。智能原材料仓库通常采用 RFID 技术，配置入库、盘点、出库等多个流程，既可作为成套流程使用，又可独立连接使用。通过本项目的学习，使学员能够进行原材料仓库的功能分析、系统设计及操作，并能进行基本故障排除。

任务 1　智能原材料仓库的功能需求分析

学习目标

1. 了解智能原材料仓库的组成及基本功能。

2. 掌握智能原材料仓库功能分析的方法、步骤。

3. 能根据生产实际，进行仓储系统功能需求分析，完成系统功能分析报告。

任务描述

本任务通过现场参观或观看视频，了解智能原材料仓库的组成及原材料入仓、出仓的工艺流程，并完成智能原材料仓库的功能需求分析。

知识准备

一、智能原材料仓库

SX-TFI4“工业 4.0”智能教学工厂的智能原材料仓库是整个系统的九大模块之一，主要由原材料货架、AGV、物料传送带、堆垛机、中控台 5 部分组成，如图 4-1-1 所示。该模块涉及的技术包括自动控制技术、机器人堆垛技术、智能信息管理技术、移动计算技术、数据挖掘技术等。

原材料出、入仓工艺流程如图 4-1-2 所示。在入库时，人工将原材料分类放入原材料货架中，由 RFID 系统进行类型识别，并记录放置位置及原材料数量。出仓时，由中控台向堆垛机发送所需原材料的放置位置，堆垛机取出相应位置的原材料并将之放置到物料传送带上，物料传送带将原材料传送至 AGV 上，再由 AGV 运往生产系统所需的位置。

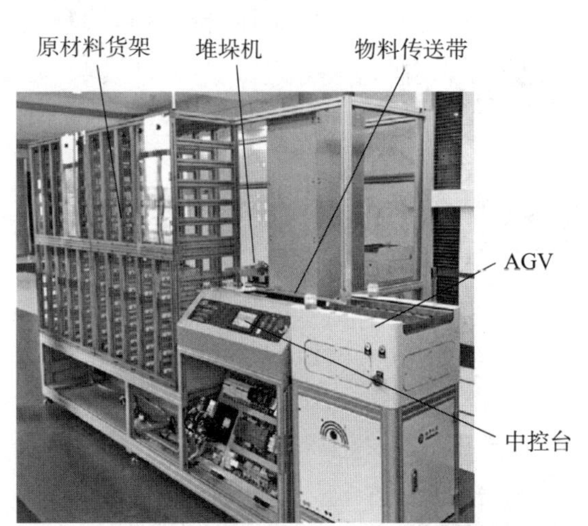

图 4-1-1 智能原材料仓库的组成

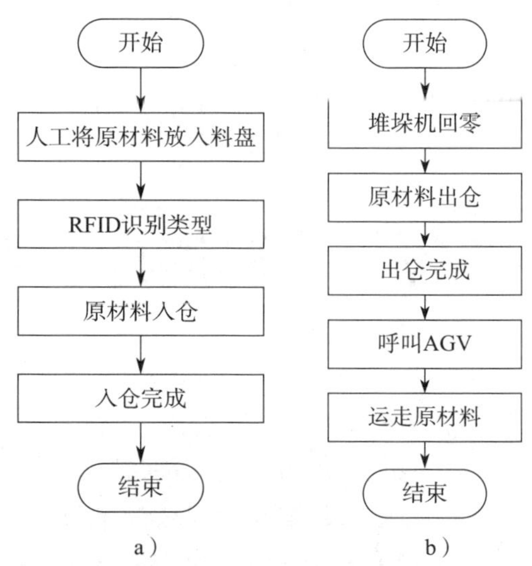

图 4-1-2 原材料出、入仓工艺流程

a）原材料入仓工艺流程 b）原材料出仓工艺流程

二、RFID 技术基础

RFID 又称无线射频识别，是一种通信技术，可通过无线电信号识别特定目标并读写相关数据，而无须在识别系统与特定目标之间建立机械或光学接触。如图 4-1-3 所示，RFID 系统由电子标签、读写器和应用系统等部分组成。在 RFID 系统中，电子标签又称为射频标签、应答器、数据载体；读写器又称为读出装置、扫描器、通信器、读取器等。读写器通过发射天线发射一定频率的射频信号，标签进入发射天线工作区域时，标签被激活，将自身的信息代码通过内置天线发出，读写器获取标签信息代码并解码后，将标签信息送至计算机进行处理。由图 4-1-3 中可以看出，在射频识别系统工作过程中，始终以能量作为基础，通过一定的时序方式来实现数据交换。

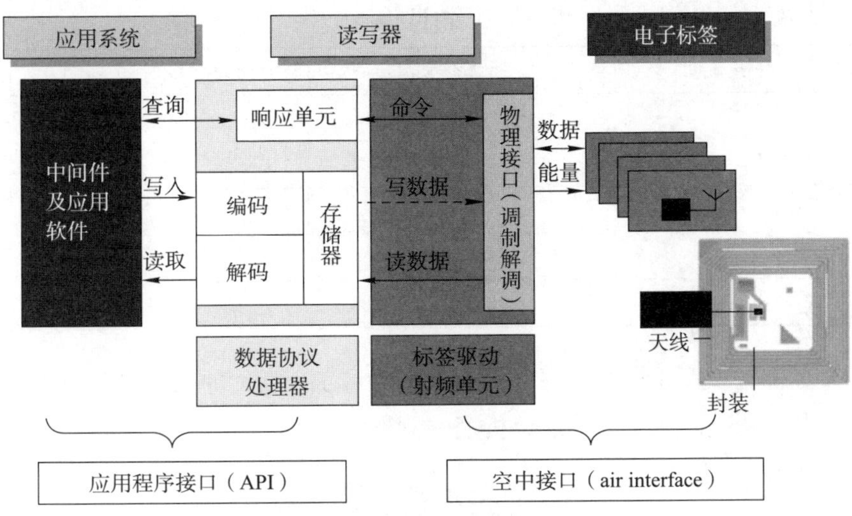

图 4-1-3　RFID 系统工作原理

读写器不仅要通过无线电磁波与电子标签进行交互，同时它还需要通过串口与 PLC 进行通信，以方便 PLC 根据读写器捕捉到的电子标签中的数据完成相应的过程控制或进行数据分析、显示和存储等工作。而具体采用何种通信方式与 PLC 进行通信与读写器提供的通信接口有关。本例采用的 PLC 为西门子 S7-1200，读写器为 NBDE（NBDE 为深圳市南北达科技有限公司生产产品的品牌）品牌的 LWR-1204 桌面读写器，读写器与 PLC 之间通过 RS485 总线进行通信。

任务实施

一、接受任务，制订工作计划。

1. 工作组织：教师组织学员分组，每小组由 4～6 名学员组成，选定 1 名组长，1 名安全监督员（负责操作时的安全监督和记录），其余学员的工作由组长安排。

2. 接受任务：教师引导学员阅读工作任务单，完成工作任务单（见表 4-1-1）的填写。

表 4-1-1　　工作任务单

SX-TFI4 智能教学工厂智能原材料仓库功能需求分析任务单	
单号：No.______　开单部门：______　开单人：______ 开单时间：______　接单部门：______	
任务描述	通过现场参观或观看视频，了解智能原材料仓库的组成及原材料入仓、出仓的工艺流程，完成智能原材料仓库的功能需求分析
要求完成时间	
接单人	签名：　　　　时间：

3. 工作计划表：制订详细的工作计划，并填入表 4–1–2 中。

表 4–1–2　　工作计划表

阶段	任务说明	计划工作内容	计划完成时间	责任人

二、参观智能工厂或观看视频（扫描二维码可获得智能原材料区视频），学习相关知识，记录参观情况，并完成功能分析表的制作。

智能原材料区视频

1. 任务准备：思考进入智能工厂时应采取的安全措施，并填入表 4–1–3 中。

表 4–1–3　　安全措施表

序号	安全措施	目的

2. 记录参观情况，并分析智能原材料仓库的组成及功能，具体可参照表 4–1–4。

表 4–1–4　　智能原材料仓库功能分析表

序号	基本功能	具体功能
1	原材料入仓	入仓数量记载（自动计数）
		入仓原材料规格自动识别
2	原材料库存	按规格不同，自动分类存放
3	原材料出仓	出仓数量自动记载
		出仓原材料规格自动识别
		远距离跨区送料

3. 思考题：智能原材料仓库是如何在入仓、出仓时识别不同规格和种类的原材料的？

三、工作总结及评价。

1. 采用小组会议方式讨论任务完成情况。

2. 制定工作总结提纲，完成工作总结。

任务测评

在完成本任务的学习后，严格按照表 4-1-5 的要求，完成自我评价、小组评价和教师评价。

表 4-1-5　　**测评表**

<table>
<tr><td>组别</td><td></td><td>组长</td><td></td><td>组员</td><td colspan="3"></td></tr>
<tr><td colspan="4">评价内容</td><td>分值</td><td>自我评价（30%）</td><td>小组评价（30%）</td><td>教师评价（40%）</td></tr>
<tr><td rowspan="4">职业素养（30%）</td><td colspan="3">1. 出勤准时率</td><td>6</td><td></td><td></td><td></td></tr>
<tr><td colspan="3">2. 学习态度</td><td>6</td><td></td><td></td><td></td></tr>
<tr><td colspan="3">3. 承担任务量</td><td>8</td><td></td><td></td><td></td></tr>
<tr><td colspan="3">4. 团队协作性</td><td>10</td><td></td><td></td><td></td></tr>
<tr><td rowspan="5">专业能力（70%）</td><td colspan="3">1. 工作准备的充分性</td><td>10</td><td></td><td></td><td></td></tr>
<tr><td colspan="3">2. 工作计划的可行性</td><td>10</td><td></td><td></td><td></td></tr>
<tr><td colspan="3">3. 功能分析完整、逻辑性强</td><td>15</td><td></td><td></td><td></td></tr>
<tr><td colspan="3">4. 总结展示清晰、有新意</td><td>15</td><td></td><td></td><td></td></tr>
<tr><td colspan="3">5. 安全文明生产及 7S</td><td>20</td><td></td><td></td><td></td></tr>
<tr><td colspan="4">总计</td><td>100</td><td></td><td></td><td></td></tr>
<tr><td colspan="4" rowspan="3">个人的工作时间</td><td>提前完成</td><td colspan="3"></td></tr>
<tr><td>准时完成</td><td colspan="3"></td></tr>
<tr><td>滞后完成</td><td colspan="3"></td></tr>
<tr><td colspan="4">个人认为完成得好的地方</td><td colspan="4"></td></tr>
<tr><td colspan="4">值得改进的地方</td><td colspan="4"></td></tr>
<tr><td colspan="4">小组综合评价</td><td colspan="4"></td></tr>
<tr><td colspan="4">组长签名：</td><td colspan="4">教师签名：</td></tr>
</table>

任务 2　智能原材料仓库的系统设计

学习目标

1. 了解智能原材料仓库的工艺流程。
2. 了解智能原材料仓库的设计方法和步骤。
3. 会识读气路原理图、电气原理图。
4. 能结合生产实际进行系统方案设计、硬件选型及编程等。

任务描述

依据原材料仓库所需具备的功能，对整个智能原材料仓库进行综合方案设计，并进行硬件选型及编程等，为后续系统的组装、调试做前期的规划与准备。

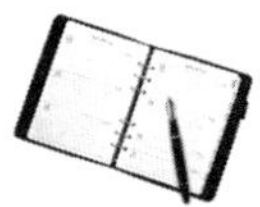

知识准备

一、AGV 技术

AGV 是指装备有电磁或光学等自动导引装置，能够按照规定的导引路径行驶，具有小车运行和停车装置、安全保护装置以及各种移载功能的运输车辆。

通用型 AGV 包含机械系统、动力系统和控制系统等几个部分，各部分的具体组成如图 4-2-1 所示。

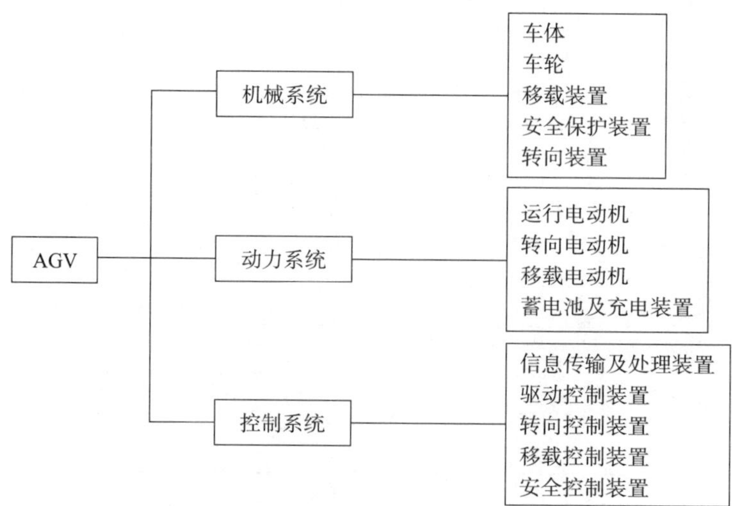

图 4-2-1　AGV 功能模块

为增强学员对 AGV 的认知，本任务以 SX-TFI4 智能教学工厂采用的某公司生产的 AGV 为例对其主要组成及功能进行介绍，其实物如图 4-2-2 所示。其部件组成及功能见表 4-2-1。

图 4-2-2　AGV 实物

表 4-2-1　　AGV 部件组成及功能

模块名称	模块	组成及功能
AGV 前面板功能块		1—后退按钮，按下该按钮，小车朝触摸屏后方运行，在有故障时，按下该按钮可以使小车复位 2—前进按钮，按下该按钮，小车朝触摸屏前方运行，在有故障时，按下该按钮可以使小车复位 3—急停按钮，在发生紧急情况时，按下该按钮可以紧急停车 4—触摸屏，可以在触摸屏上进行手动控制操作及参数设置等 5—电源按钮，按下该按钮，启动 AGV 电源
AGV 后面板功能块		1—后退按钮 2—前进按钮 3—急停按钮 4—运行指示灯，指示运行状态

续表

模块名称	模块	组成及功能
上部结构		1—物料挡板，防止物料跌落 2—滚轴联动带 3—传输滚轮，物料传输滚动体

AGV 在运行时的状态通过各种传感器进行检测，而运行前各种参数的设置及 AGV 状态的显示则通过触摸屏实现。如图 4-2-3 所示，触摸屏主菜单界面包含参数设置、数据管理、调测管理、观察管理、运行界面及登录等项。通过参数设置可以设置 AGV 的各种参数，通过运行界面可观测 AGV 的运行状态。

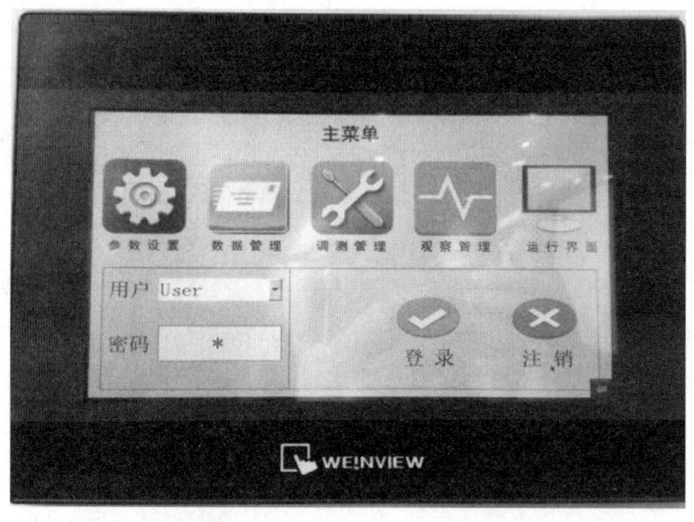

图 4-2-3　AGV 触摸屏主菜单界面

二、气动技术的应用

1. 气压传动系统的组成和工作原理

气压传动与控制技术是指以压缩空气为工作介质，进行能量传递、信号传递及控制的技术，简称气压传动技术。下面将通过一个典型气压传动系统来介绍气动系统进行能量和信号传递及实现自动控制的原理。

图 4-2-4 所示为气动剪切机气压传动系统的组成和工作原理，包括空气压缩机 1、后冷却器 2、油水分离器 3、气罐 4、过滤器 5、减压阀 6、油雾器 7、行程阀 8、气控

换向阀 9、气缸 10、工料 11 主要部件，图示位置为剪切前的情况。工作时，空气压缩机产生的压缩空气经后冷却器、油水分离器、气罐、过滤器、减压阀和油雾器到达气控换向阀，部分气体经节流通路进入换向阀的下腔，使上腔弹簧压缩，换向阀的阀芯位于上端；大部分压缩空气经换向阀后进入气缸的上腔，而气缸的下腔经换向阀与大气相通，故气缸活塞处于最下端位置。当上料装置把工料送入剪切机并到达规定位置时，工料压下行程阀，此时换向阀阀芯下腔的压缩空气经行程阀排入大气，在弹簧的推动下，换向阀的阀芯向下运动至下端；压缩空气则经换向阀后进入气缸的下腔，上腔经换向阀与大气相通，气缸活塞向上运动，带动剪刀上行剪断工料。工料剪下后，即与行程阀脱开。行程阀的阀芯在弹簧作用下复位，将出路堵死。换向阀的阀芯上移，气缸活塞向下运动，又恢复到剪切前的状态。

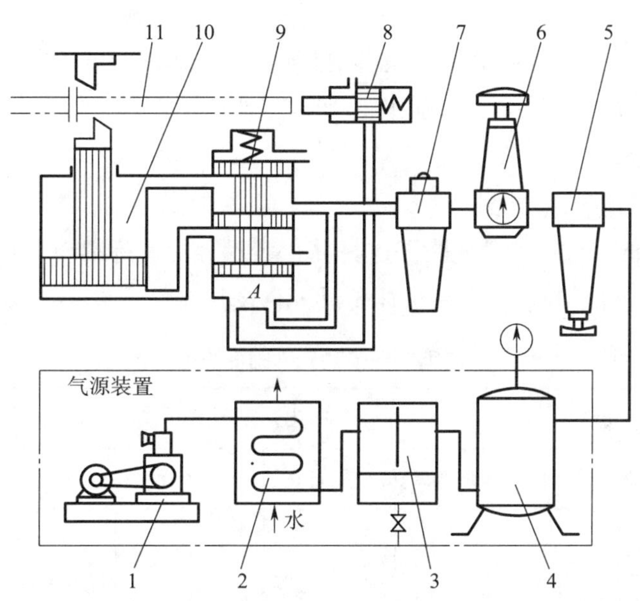

图 4–2–4　气动剪切机气压传动系统的组成和工作原理

1—空气压缩机　2—后冷却器　3—油水分离器　4—气罐　5—过滤器　6—减压阀 7—油雾器　8—行程阀　9—气控换向阀　10—气缸　11—工料

通过气动剪切机的工作过程可知，气源装置将电动机的机械能转换为气体的压力能，然后通过气缸将气体的压力能再转换为机械能以推动负载运动。为了实现压缩空气的输送，在气源装置与气缸或气马达之间用管道连接，同时为了实现执行机构所要求的运动，在系统中还设置有各种控制阀及其他辅助设备。气压传动系统主要由下列四部分组成：

（1）气源装置

气源装置是压缩空气的产生装置，可以将原动机提供的机械能转变为气体的压力能，为系统提供压缩空气。它主要由空气压缩机构成，还配有气罐、气源净化处理装置等附属设备，如图 4–2–4 中的空气压缩机、气罐、油水分离器等。

（2）执行元件

执行元件起能量转换作用，把压缩空气的压力能转换成工作装置的机械能。主要形式包括普通气缸输出直线往复式机械能、摆动气缸和气动马达分别输出回转摆动式和旋转式的机械能。对于以真空压力为动力源的系统，采用真空吸盘以完成各种吸吊作业。如图 4–2–4 中的气缸。

（3）控制元件

控制元件用来对压缩空气的压力、流量和流动方向进行调节及控制，使系统执行机构按功能要求的程序和性能工作。控制元件种类有很多种，根据完成功能的不同，气压传动系统中控制元件一般分为压力、流量、方向和逻辑四大类，如图 4–2–4 中的行程阀、换向阀等。

（4）辅助元件

辅助元件是用于元件内部润滑、消除排气噪声、元件间的连接以及信号转换、显示、放大、检测等所需的各种气动元件，如油雾器、消声器、管件及管接头、转换器、显示器、传感器等。

2. 气压传动系统的符号图

为了采用标准化的方式对气路图进行简化表示，国家标准对气压传动系统中常用元件的图形符号进行了规定，常用气压传动元件图形符号见表 4–2–2。

表 4–2–2　常用气压传动元件图形符号

气源及净化装置					
空气压缩机	后冷却器	油水分离器	气罐	空气干燥器	气压源
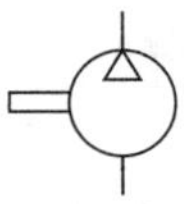		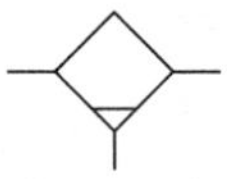	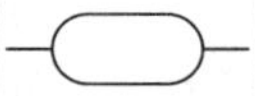	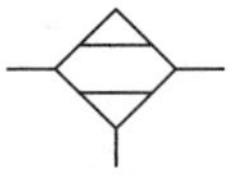	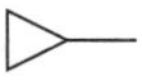

辅助元件			
过滤器	油雾器	分水滤气器	气液转换器
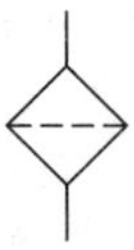	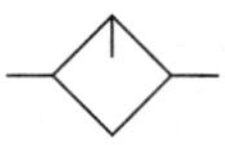	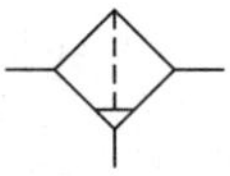	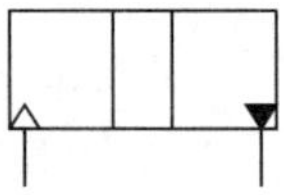

气压缸		
双作用单活塞杆气缸	双作用双活塞杆气缸	单作用弹簧复位气缸
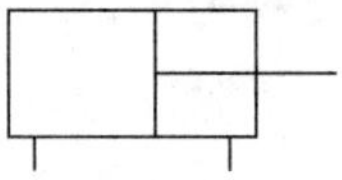	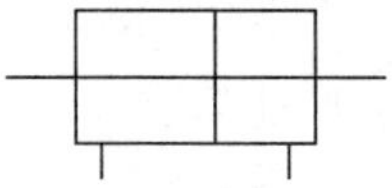	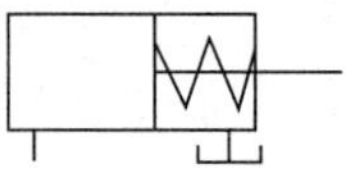

续表

气动马达			
马达	单作用摆动马达	双向摆动马达	变方向定流量双向摆动马达
方向控制阀			
单向阀	门型梭阀	快速排气阀	二位三通换向阀
压力控制阀			
直动式溢流阀	外控式顺序阀	可逆调压阀	先导式调压阀
流量控制阀			
流量控制阀		带单向阀的流量控制阀	

由此可以绘制气动剪切机气压传动系统符号图，如图 4-2-5 所示。图形符号表示元件的功能，但不表示元件的具体结构和参数。在完成智能教学工厂的系统设计时，需要具备识读气压传动系统符号图的能力。

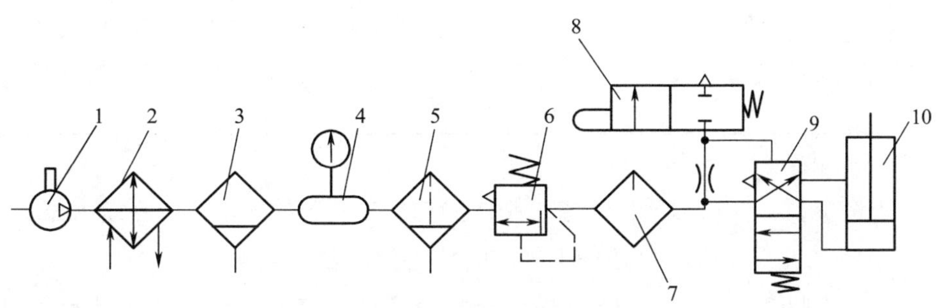

图 4-2-5　气动剪切机气压系统符号图

1—空气压缩机　2—后冷却器　3—油水分离器　4—气罐　5—过滤器　6—减压阀　7—油雾器　8—行程阀　9—气控换向阀　10—气缸

任务实施

一、接受任务，制订工作计划。

1. 工作组织：教师组织学员分组，每小组由 4 ~ 6 名学员组成，选定 1 名组长，1 名安全监督员（负责操作时的安全监督和记录），其余学员的工作由组长安排。

2. 接受任务：教师引导学员阅读工作任务单，完成工作任务单（见表 4–2–3）的填写。

表 4–2–3　　工作任务单

SX–TFI4 智能教学工厂智能原材料仓库方案设计任务单

单号：No.＿＿＿＿　　开单部门：＿＿＿＿　　开单人：＿＿＿＿

开单时间：＿＿＿＿　　接单部门：＿＿＿＿

任务描述	依据本项目任务 1 中确定的原材料仓库所需具备的功能，对整个智能原材料仓库进行综合方案设计，并进行硬件选型及编程等
要求完成时间	
接单人	签名：　　　　时间：

3. 工作计划表：制订详细的工作计划，并填入表 4–2–4 中。

表 4–2–4　　工作计划表

阶段	任务说明	计划工作内容	计划完成时间	责任人

二、查询资料，根据本项目任务 1 制作的功能分析表的要求设计系统方案。

1. 任务准备：调出本项目任务 1 制作的功能分析表。

2. 根据参观结果，梳理智能原材料仓库的详细工艺流程。具体工艺流程可参照图 4–2–6 和图 4–2–7。

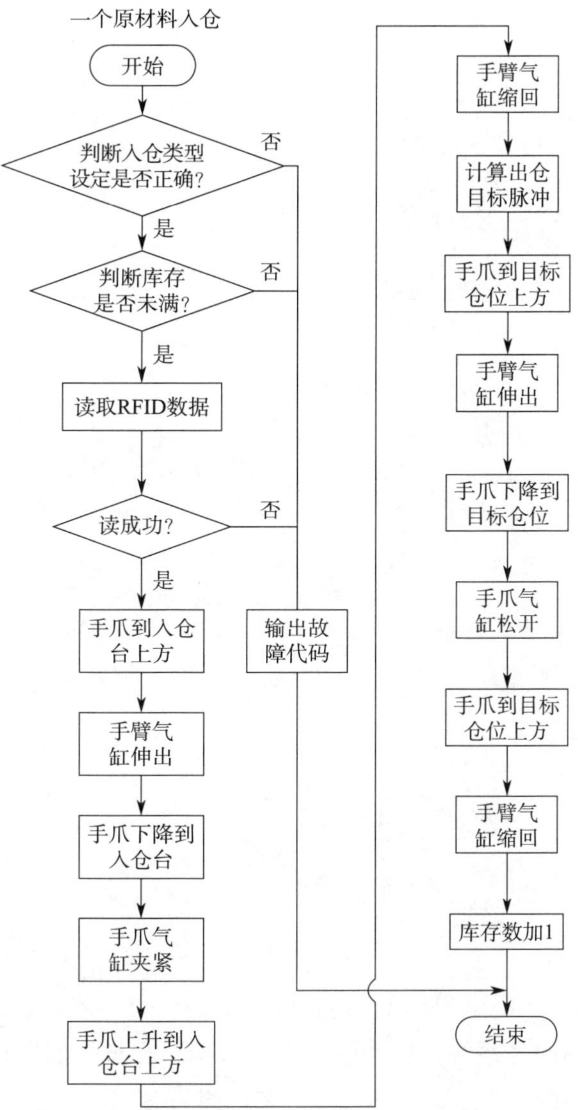

图 4–2–6　原材料入仓工艺流程

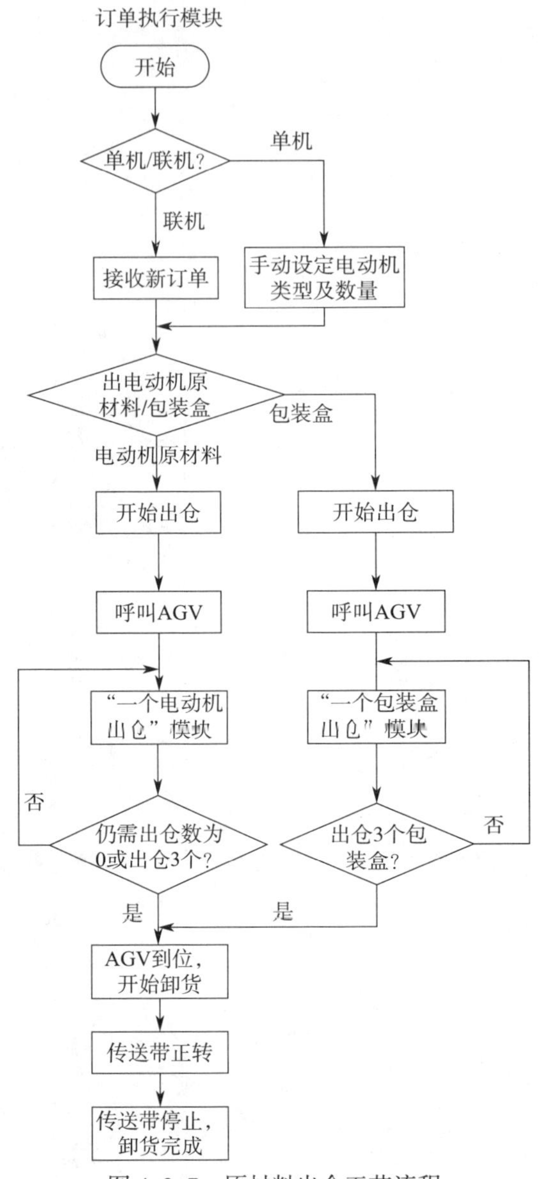

图 4–2–7　原材料出仓工艺流程

3. 系统方案设计：根据智能原材料仓库的出、入仓工艺流程进行系统的构成方案设计。系统方案包括硬件系统方案和软件系统方案，根据智能原材料仓库的需求列出相应的硬件设备并进行编程等。具体设计方案构成可参照表 4–2–5 和表 4–2–6。

表 4–2–5　智能原材料仓库系统方案设计表

编号	功能	对应硬件	采用技术
1	原材料的类型、规格甄别	RFID	RFID 技术
2	堆垛机的应用	电动机、气缸	气动技术、PLC 控制技术、传感技术
3	远程运送物料	AGV	AGV 技术
4	中控台可视界面	PLC	PLC 技术、触摸屏编程技术

表 4-2-6　　智能原材料仓库硬件系统设计表

编号	功能模块分类	对应硬件
1	利用 FRID 技术，在传送带上进行入仓前原材料类别检测	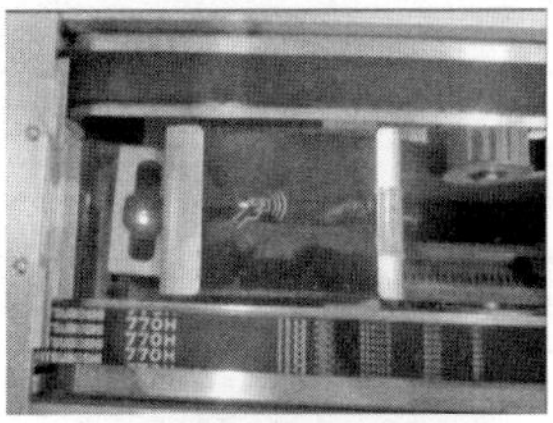
2	堆垛机将物料运送到仓库对应位置，仓库系统自动计数	
3	出仓，由堆垛机将物料搬运至传送带，经检测部件检测型号，呼叫 AGV 运至下一站	
4	中控台控制手动 / 自动运行方式	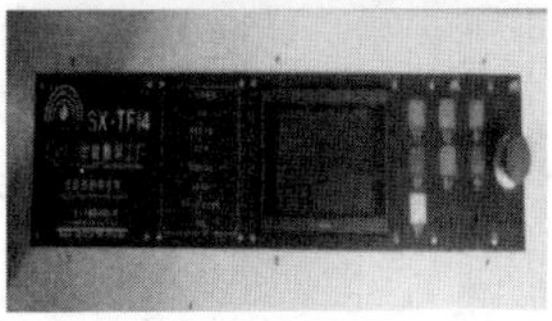

4. 主要硬件选型：在系统方案设计的基础上，根据功能需求完成系统的硬件选型及编程等。各种硬件的具体选型过程均有相应的方法，此处不再详述。SX-TFI4 智能教学工厂的智能原材料仓库硬件选型见表 4-2-7。

表 4-2-7　　智能原材料仓库硬件选型表

编号	设备名称	型号	用途	备注
1	传送带电动机	6IK120GU-CF	带动传送带，传送物料	中大电机
2	RFID 读写器	LWR-1204	原材料料号识别	NBDE
3	手臂气缸	MAL20×250-S-CM-LB	堆垛机手臂伸 / 缩	SMC①
4	手爪气缸	MHL2-16D	堆垛机手爪抓取工件	SMC
5	触摸屏	MT4424TE	操控系统工作	步科

① SMC：日本气动元件制造和销售公司。

续表

编号	设备名称	型号	用途	备注
6	PLC	S7-1200	控制系统	西门子
7	*X* 轴 V90 伺服驱动器	6SL3210-5FE10-4UA0	堆垛机平行移动	西门子
8	*Y* 轴 V90 伺服驱动器	6SL3210-5FE11-0UA0	堆垛机的垂直移动	西门子
9	光电传感器	E3FA-DP11 2M	检测工件	欧姆龙
10	接近开关	E2E-X2MF2-Z 2M	检测工件	欧姆龙

5. 识读智能原材料仓库气动控制原理图：原材料仓库的气动控制原理图如图 4-2-8 所示，根据此图完成表 4-2-8 中的内容，并在表下方描述气路的工作过程。

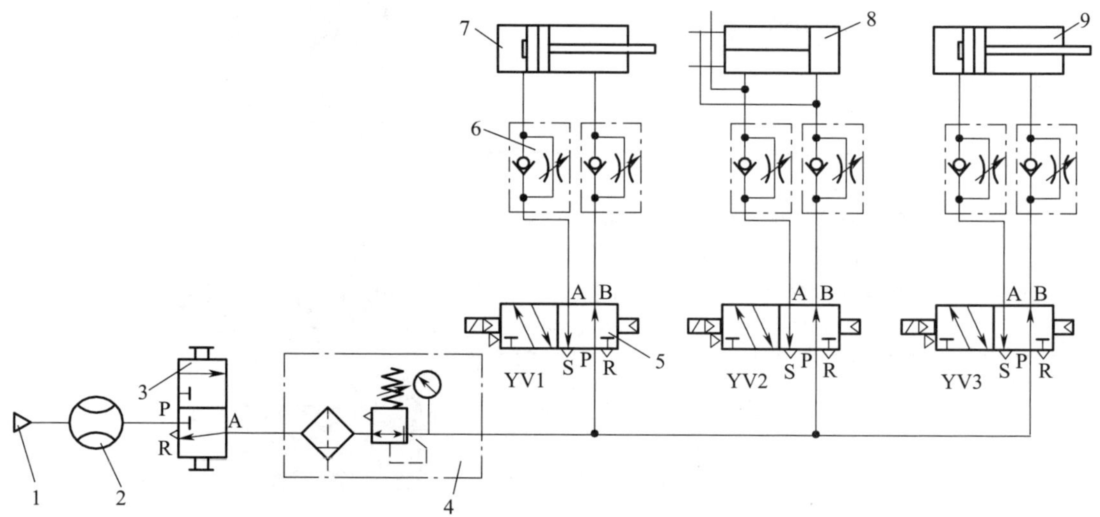

图 4-2-8　智能原材料仓库的气动控制原理图

1—气源　2—PF2A710-01-27 流量计　3—手滑阀　4—调压过滤器　5—二位五通单电控电磁阀　6—单向节流阀　7—MAL20 × 250-S-CM-LB 气缸　8—MHL2-16D 手爪气缸　9—PB12 × 10-S-R 气缸

表 4-2-8　气动控制元件清单

序号	材料或元件名称	数量	备注

6. 识读智能原材料仓库输入 / 输出地址分配表及电气原理图：用 PLC 控制硬件时，需要对 PLC 的 I/O 地址进行分配，并根据分配表完成系统的硬件接线。智能原材料仓库输入 / 输出地址分配及电气原理图分别见表 4-2-9 和图 4-2-9。

表 4-2-9 智能原材料仓库输入 / 输出地址分配表

序号	地址	功能	备注
1	I0.0	X 轴原点	
2	I0.1	X 轴左限位	
3	I0.2	X 轴右限位	
4	I0.3	X 轴报警	
5	I0.4	X 轴准备好	
6	I0.5	Y 轴原点	
7	I0.6	Y 轴上限位	
8	I0.7	Y 轴下限位	
9	I1.0	Y 轴报警	
10	I1.1	Y 轴准备好	
11	I1.2	启动	
12	I1.3	停止	
13	I1.4	复位	
14	I1.5	联机	
15	I2.0	急停	
16	I2.1	出料位检测	
17	I2.2	传送带口检测	
18	I2.3	手臂气缸缩回到位	
19	I2.4	手臂气缸伸出到位	
20	I2.5	手爪气缸松开到位	
21	I2.6	手爪气缸夹紧到位	
22	Q0.0	X 轴脉冲	
23	Q0.1	X 轴方向	
24	Q0.2	Y 轴脉冲	
25	Q0.3	Y 轴方向	
26	Q0.4	X 轴上电	
27	Q0.5	X 轴清零	
28	Q0.6	Y 轴上电	
29	Q0.7	Y 轴清零	
30	Q1.0	面板启动指示灯 1	
31	Q1.1	面板停止指示灯 1	
32	Q2.0	面板复位指示灯 1	
33	Q2.1	手臂气缸伸出	
34	Q2.2	手爪气缸松开	
35	Q2.3	阻挡气缸伸出	
36	Q2.4	（出料）传送带正转	

续表

序号	地址	功能	备注
37	Q2.5	（进料）传送带反转	
38	Q2.6	启动指示灯 2	
39	Q2.7	停止指示灯 2	
40	Q3.0	复位指示灯 2	

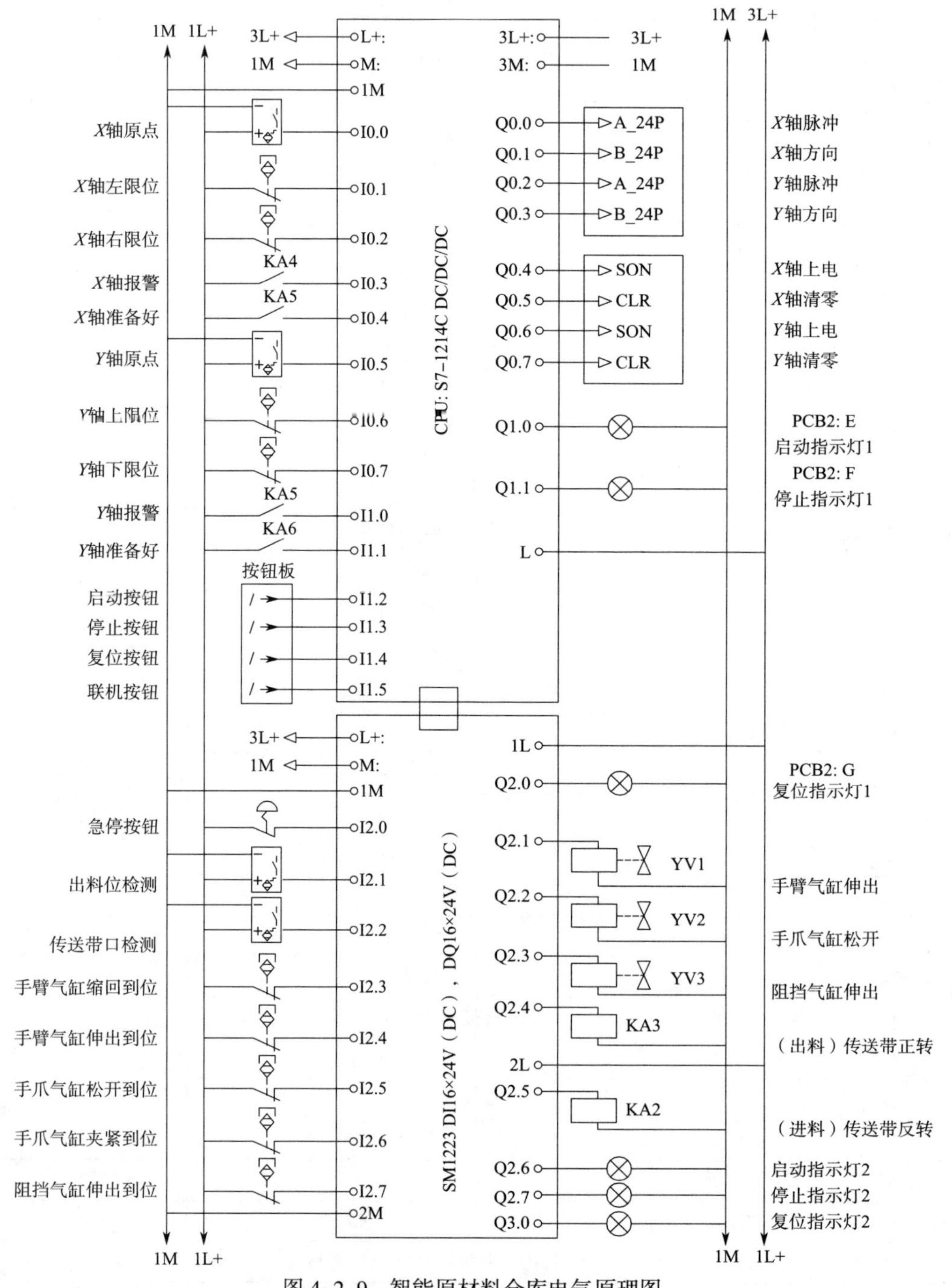

图 4-2-9 智能原材料仓库电气原理图

7. 根据图 4-2-9 和表 4-2-9，回答问题：堆垛机 *X* 轴（左右）方向的限位信号接入 PLC 的哪几个输入口？堆垛机手爪的动作信号接入 PLC 的哪几个输入口？*X* 轴清零信号由 PLC 的哪个输出口控制？

三、工作总结及评价。

1. 以小组会议方式讨论任务完成情况。

2. 制定工作总结提纲，完成工作总结。

任务测评

在完成本任务的学习后，严格按照表 4-2-10 的要求，完成自我评价、小组评价和教师评价。

表 4-2-10　　测评表

组别		组长		组员			
评价内容				分值	自我评价（30%）	小组评价（30%）	教师评价（40%）
职业素养（30%）	1. 出勤准时率			6			
	2. 学习态度			6			
	3. 承担任务量			8			
	4. 团队协作性			10			
专业能力（70%）	1. 工作准备的充分性			10			
	2. 工作计划的可行性			10			
	3. 功能分析完整、逻辑性强			15			
	4. 总结展示清晰、有新意			15			
	5. 安全文明生产及 7S			20			
总计				100			
个人的工作时间				提前完成			
				准时完成			
				滞后完成			
个人认为完成得好的地方							
值得改进的地方							
小组综合评价							
组长签名：					教师签名：		

任务 3 智能原材料仓库的操作与维护

学习目标

1. 掌握智能原材料仓库的操作、维护方法。
2. 能够根据不同规格产品，进行程序编制与参数设置。
3. 能结合故障查询表排除常见故障。

任务描述

在原材料入仓、出仓的工艺流程、硬件选型及编程等的基础上进行系统的组装与调试，最终使智能原材料仓库能按预期目标稳定运行，并能结合故障查询表排除常见故障。

知识准备

一、触摸屏技术

人机界面又称用户界面或使用者界面，是人与计算机之间传递、交换信息的媒介和对话接口，是计算机系统的重要组成部分。它实现信息的内部形式与人类可以接受的形式之间的转换。凡参与人机信息交流的领域都存在着人机界面。触摸屏是 PLC 人机界面的一种，这种液晶显示器具有人体感应功能，作为 PLC 的图形终端，当手指触摸到触摸屏上的图形时，可以发出操作指令，从而实现调整参数或者监测参数的功能。

当前应用比较广泛的触摸屏品牌有普洛菲斯、海泰克、北尔、威纶通、三菱、西门子、施耐德、台达、步科、昆仑通态等。所有的触摸屏品牌应用时的思路基本相同，需要经过设备组态、参数设置、画面组态等几个步骤。通过设备组态和参数设置可以将触摸屏与 PLC 相连并进行通信。然后通过专用软件进行画面组态，并将组态好的画面通过通信线下载至触摸屏上，即可实现触摸屏的控制。每种触摸屏都有专用的组态软件，以步科触摸屏为例，在进行画面组态时使用的是 Kinco HMIware 软件，经过图 4-3-1 所示的步骤后即可通过触摸屏进行控制。

值得注意的是，在使用触摸屏控制设备时，只是将触摸屏界面上的按钮等通过地址与 PLC 相连，经过 PLC 程序的运算后输出相应的信号去控制设备，而并不是直接由触摸屏控制设备。

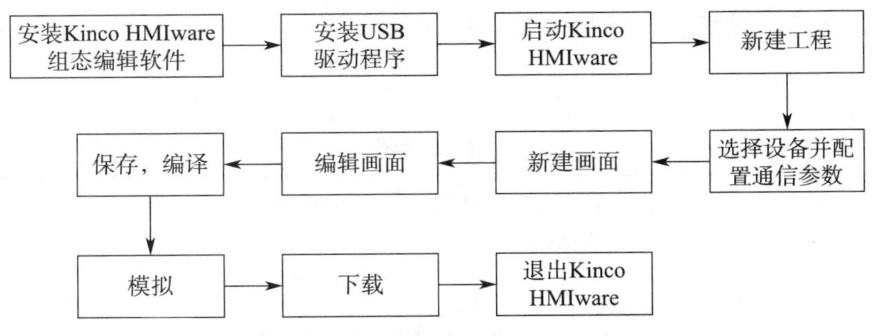

图 4-3-1　步科触摸屏画面组态流程

二、智能原材料仓库中控系统界面

在启动触摸屏控制前需要先启动智能原材料仓库中控系统，其控制界面如图4-3-2所示，包含“启动”“停止”“复位”“单机”“联机”“开”“关”等选项。

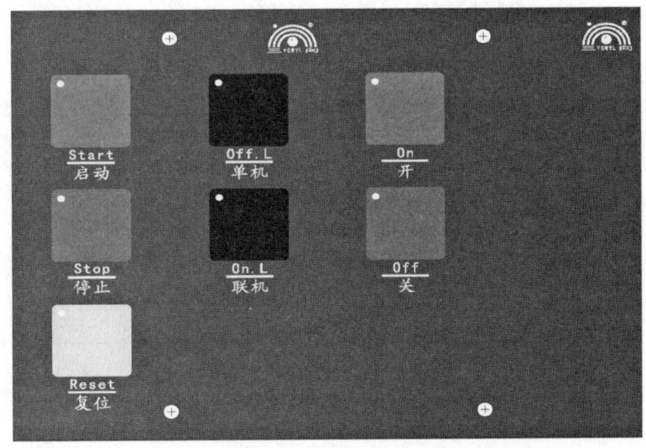

图 4-3-2　智能原材料仓库中控台控制界面

各按钮的意义如下：

开：接通本站电源。

关：关闭本站电源。

单机：本站单独运行。

联机：智能工厂所有站联机运行。

启动：启动本站运行。

停止：停止本站运行。

复位：对本站进行复位。

任务实施

一、接受任务，制订工作计划。

1. 工作组织：教师组织学员分组，每小组由 4～6 名学员组成，选定 1 名组长，1 名安全监督员（负责操作时的安全监督和记录），其余学员的工作由组长安排。

2. 接受任务：教师引导学员阅读工作任务单，完成工作任务单（见表 4–3–1）的填写。

表 4–3–1　工作任务单

<table>
<tr><td colspan="2">SX–TFI4 智能教学工厂智能原材料仓库操作与维护任务单
单号：No.______　开单部门：______　开单人：______
开单时间：______　接单部门：______</td></tr>
<tr><td>任务描述</td><td>在原材料入仓、出仓的工艺流程、硬件选型及编程等的基础上进行系统的组装与调试，最终使智能原材料仓库能按预期目标稳定运行，并能结合故障查询表排除常见故障</td></tr>
<tr><td>要求完成时间</td><td></td></tr>
<tr><td>接单人</td><td>签名：　　　　时间：</td></tr>
</table>

3. 工作计划表：制订详细的工作计划，并填入表 4–3–2 中。

表 4–3–2　工作计划表

阶段	任务说明	计划工作内容	计划完成时间	责任人

二、完成系统的硬件连接和参数设置，并进行调试。

1. 任务准备。准备好相应工具：电工工具包、扳手等。

牢记表 4–3–3 所列的注意事项。

表 4–3–3　注意事项表

⚠注意	安装、接线时必须断开电源操作，必须严格按要求接好地线
⚠注意	设备里使用了较多的工控元器件，由于部分元器件上电运行中可能存在一定的漏电现象，设备安装时必须有效、安全接地，实训室接地必须符合国家相关标准
⚠危险	设备安装对位完成后，必须紧固连接件螺钉，防止各工位之间偏位

2. 根据图 4–2–8 所示的智能原材料仓库气动控制原理图完成气路的连接，连接好

的气路实物图如图 4–3–3 所示。

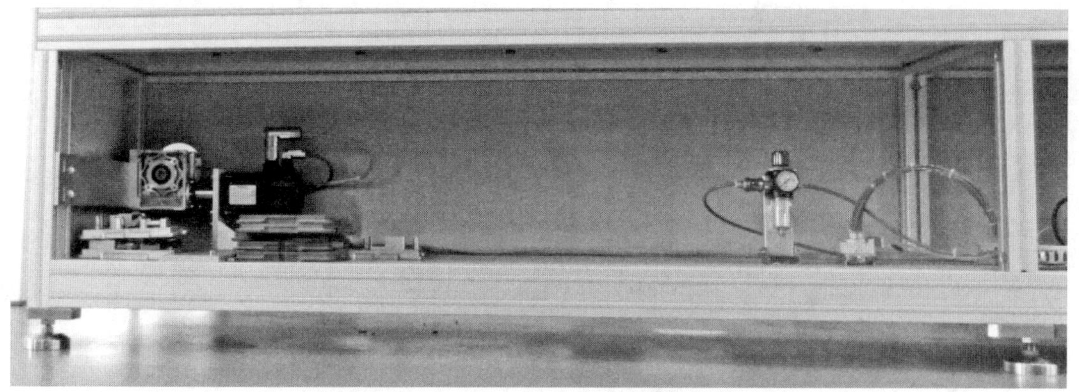

图 4–3–3　智能原材料仓库气路实物图

3. 根据图 4–2–9 所示的智能原材料仓库电气原理图完成电路的接线，连接好的电路实物图如图 4–3–4 所示。

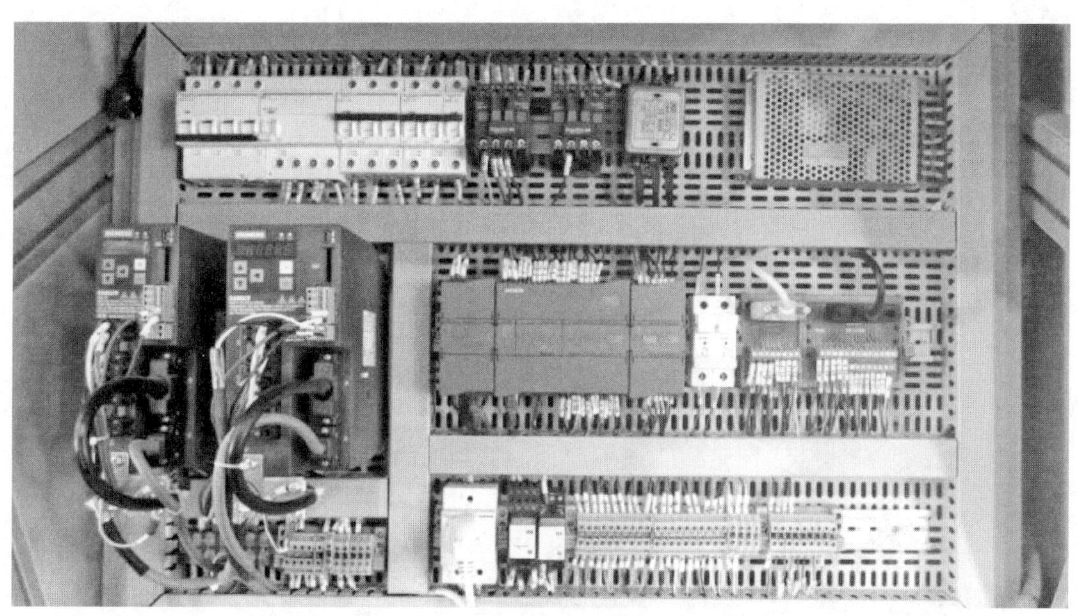

图 4–3–4　智能原材料仓库电路实物图

4. 根据图 4–3–5 完成伺服电动机与伺服驱动器之间的连接。

5. 完成伺服系统的参数设置。伺服系统的参数通过伺服驱动器的操作面板进行设置，西门子 V90 伺服驱动器的操作面板如图 4–3–6 所示，面板的功能及操作方法可参照表 4–3–4。西门子 V90 伺服驱动器的恢复出厂设置（此功能是将所有值恢复到出厂设置，请谨慎操作）操作方法及在本任务中的参数设置方法分别参考图 4–3–7 和图 4–3–8。

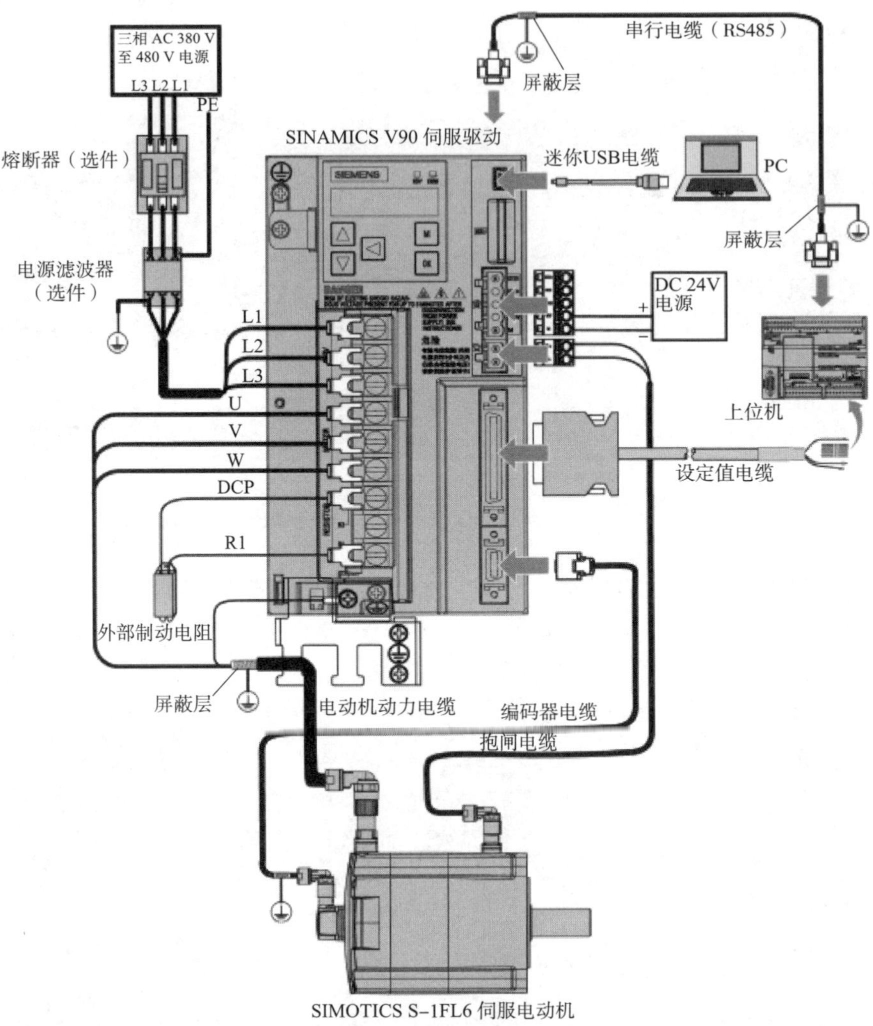

图 4-3-5　伺服驱动器接线图

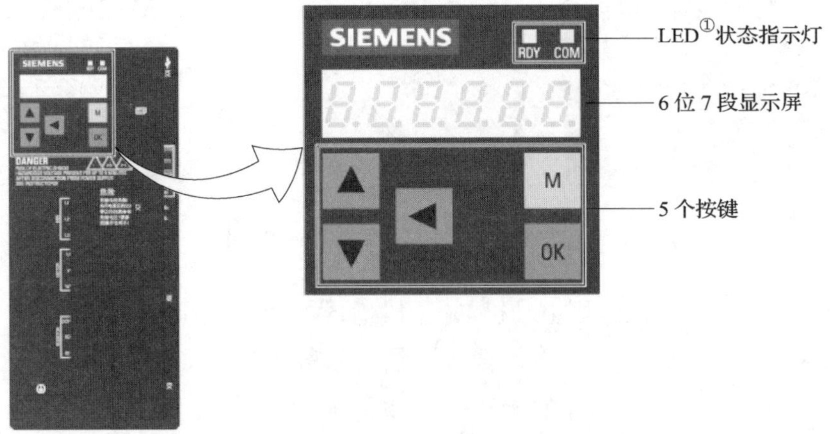

图 4-3-6　西门子 V90 伺服驱动器的操作面板

---

① LED：light emitting diode，发光二极管。

表 4-3-4　　西门子 V90 伺服系统参数设置表

按键	描述	功能
M	M 键	·退出当前菜单 ·在主菜单中进行操作模式的切换
OK	OK 键	短按： ·确认选择或输入 ·进入子菜单 ·清除报警 长按： ·激活辅助功能
▲	“向上”键	·翻至下一菜单项 ·增加参数值 ·顺时针方向 Jog（点动或单步控制）
▼	“向下”键	·翻至上一菜单项 ·减小参数值 ·逆时针方向 Jog（点动或单步控制）
◀	“移位”键	将光标从位移动到位进行独立的位编辑，包括正向/负向标记的位 说明： 当编辑该位时，“_”表示正，“–”表示负
OK + M	长按组合键 4 s 重启驱动	
▲ + ◀	当右上角显示⌜时，向左移动当前显示页，如 00.000⌜	
▼ + ◀	当右下角显示⌟时，向右移动当前显示页，如 0010⌟	

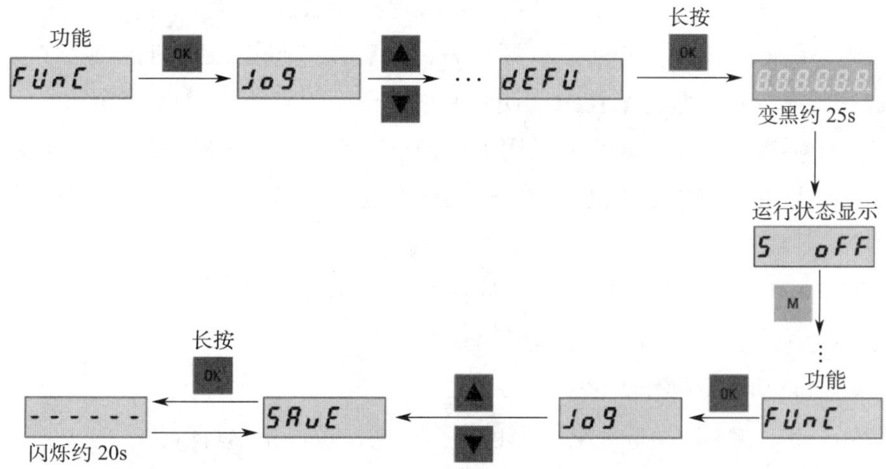

图 4-3-7　西门子 V90 恢复出厂设置操作流程

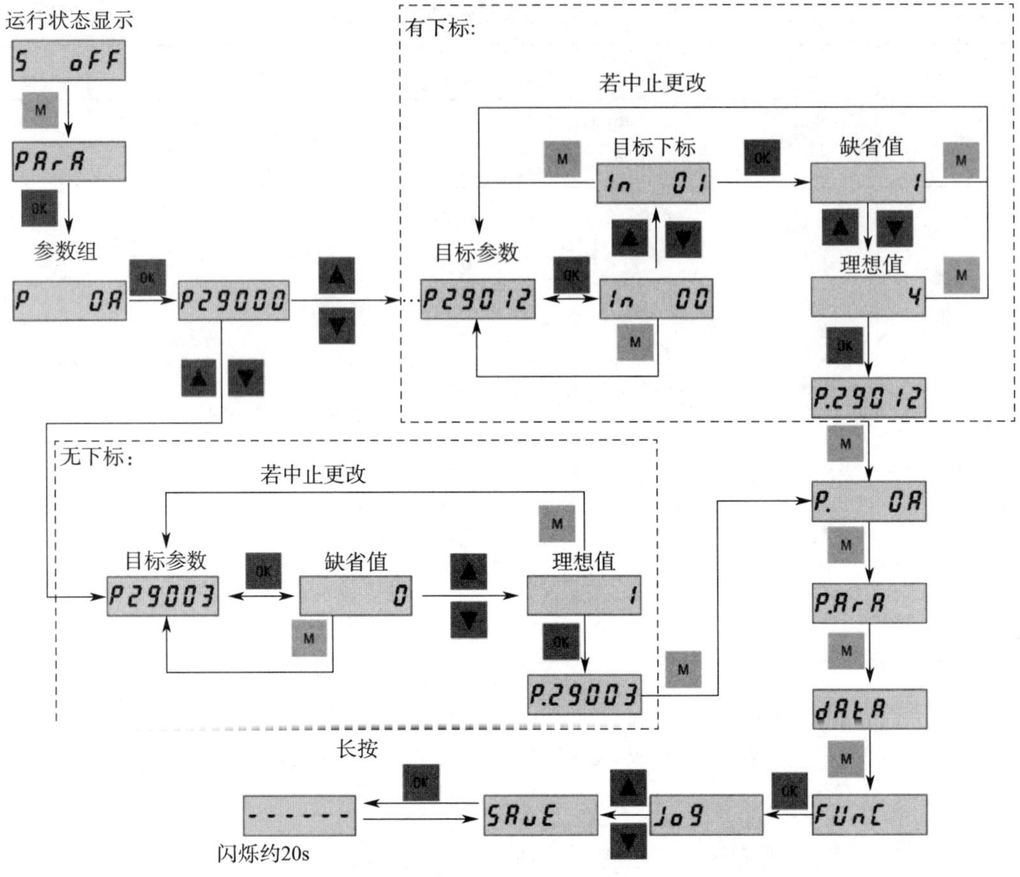

图 4-3-8 西门子 V90 伺服驱动器参数设置流程

6. 智能原材料仓库的运行操作方法：

（1）设备调试前准备工作：检查传送带，确保物料已清走。打开电源和气阀。

（2）单机手动运行操作方法：

1）按“开”按钮，设备上电，绿色指示灯亮，黄色指示灯闪烁。

2）按“单机”按钮，单机指示灯点亮，接着按“停止”按钮，再按“复位”按钮，复位完成时指示灯常亮。注意在使用原材料仓库前必须进行复位操作。

3）如图 4-3-9 所示，此处可以用来修改仓位状态，例如，修改 35B 电动机类型数量为 2 个，则在“35B 电动机”前的对话框内输入“2”，然后按“更改按钮”完成。

4）按“单机手动”按钮。

5）在图 4-3-10 中按“自动中”按钮进入手动调试状态。注意在进行手动调试状态前必须将中控台置于“停止”状态下。

（3）单机自动运行操作方法：

1）按“开”按钮，设备上电，绿色指示灯亮，黄色指示灯闪烁。

2）按“单机”按钮，单机指示灯点亮，接着按“停止”按钮，再按“复位”按钮，复位完成时复位指示灯常亮。

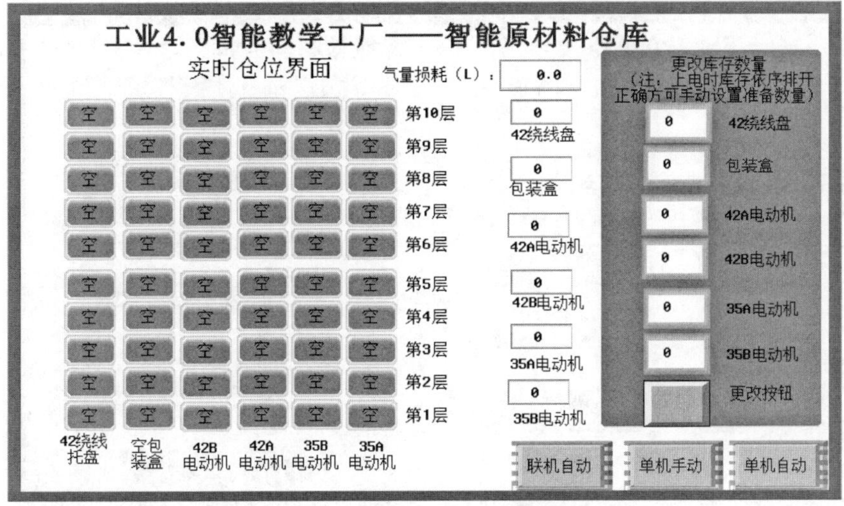

图 4–3–9　智能原材料仓库实时仓位界面

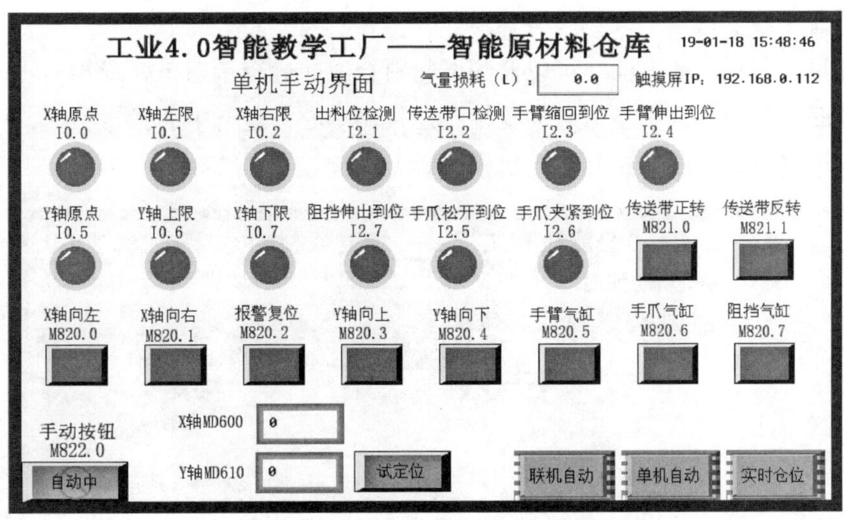

图 4–3–10　智能原材料仓库单机手动调试界面

3）按“单机自动”按钮，进入“单机自动界面”，如图 4–3–11 所示。此处可通过模拟下订单确定单机自动运行需要取工件的类型和数量。

4）设置完成后按“启动”按钮，启动指示灯亮，复位指示灯灭，设备开始运行。

5）在设备运行过程中，随时按“停止”按钮，停止指示灯亮并且启动指示灯灭，设备停止运行。

6）当设备运行过程中遇到紧急状况时，应迅速按“急停”按钮，设备停止运行。

（4）智能原材料仓库的联机运行调试。联机运行是指将智能原材料仓库模块与整个智能工厂进行联合调试，调试步骤如下：

1）确认通信线完好，在“上电”“复位”完成状态下，按“联机”按钮，联机指示灯灯亮，单机指示灯灯灭，进入联机状态。

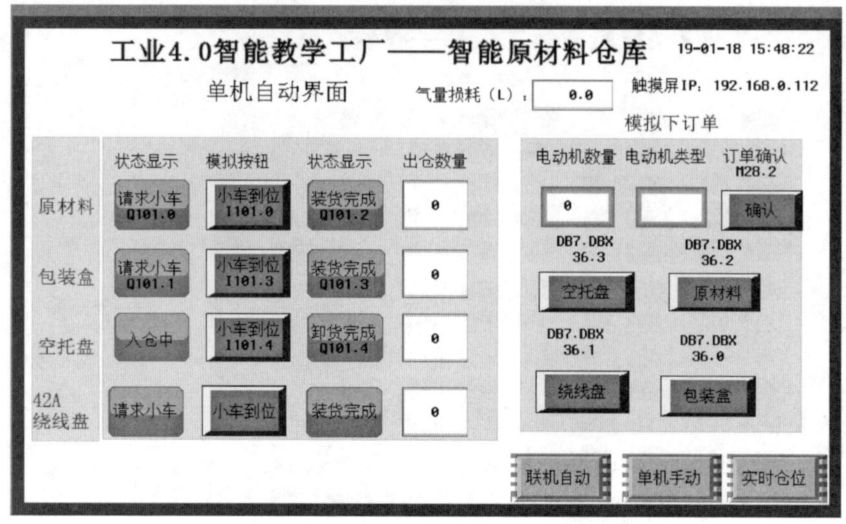

图 4-3-11　智能原材料仓库单机自动运行界面

2）通过主站下达订单。

3）通过“联机自动界面”可以监测原材料仓库的运行状态，如图 4-3-12 所示。

4）在联机状态下，设备的启动受控于总控制中心，运行中遇紧急状况，可按“急停”，此时原材料仓库的控制回到单机模式。

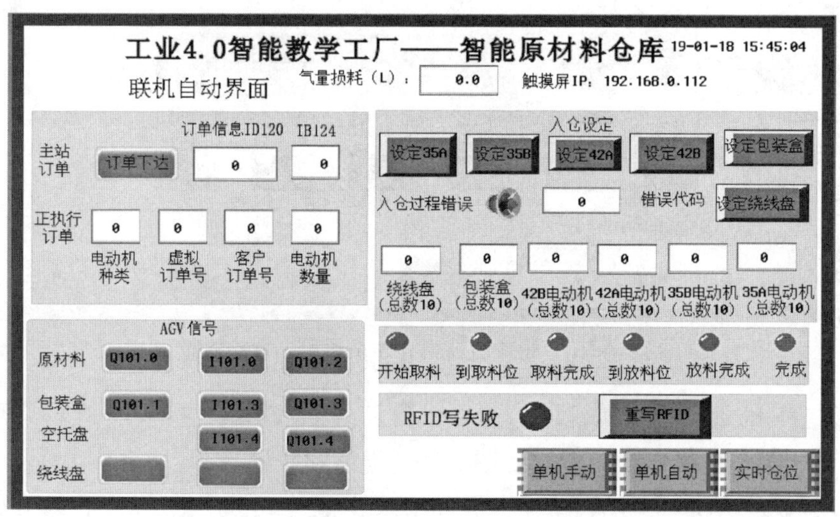

图 4-3-12　智能原材料仓库联机自动运行界面

7. AGV 的操作。图 4-3-13 所示为 AGV 的路径规划图，方形框为工位，圆形为地标卡，线条为 AGV 的行进路线，AGV 在运行时，沿着路线行驶，并通过检测地标卡的位置确认是否到达工作位置。在开始工作前，AGV 首先需要对它的工作路径进行规划，根据路径规划情况 AGV 会自动运行到相应位置。在联机操作时，AGV 自动运行，其自动操作方法如下：

（1）由控制中心设定工作路径，AGV 自动执行所有工序。

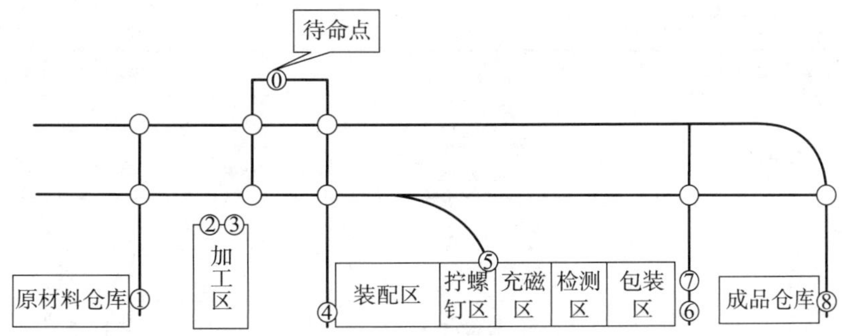

图 4-3-13　AGV 的路径规划图

0—待命点　1—原材料仓库单元　2、3—加工单元　4—装配单元　5—拧螺钉单元
6、7—包装单元　8—成品仓库单元

（2）AGV 执行完当前站点指令，会自行启动去到下一工位站点。

（3）AGV 到达下一工位站点，执行站点指令，执行完站点指令，AGV 会自行启动回到待命点，等待下一次呼叫。

三、智能原材料仓库日常维护及常见故障处理。

1. 日常维护方法：

（1）定期检查传送带及搬运机构是否有异响、松动情况。

（2）定期检查各传感器接线是否松动、各检测位对位是否准确。

2. 会使用故障查询（见表 4-3-5）处理常见故障。

表 4-3-5　　智能原材料仓库常见故障查询表

代码	故障现象	故障原因	解决方法
Er1001	定位气缸不动作	定位传感器异常	调整传感器或更换
		气缸极限位置丢失	调整气缸极限位置
		PLC 无输出信号	检查 PLC 及线路
Er1002	进料传送带不动作	不满足动作条件	检查程序及相应条件
		线路故障	检查线路，排除故障
		电气元件损坏	更换
		机械卡死或电动机损坏	调整结构或更换电动机
Er1003	出料传送带不动作	不满足动作条件	检查程序及相应条件
		线路故障	检查线路，排除故障
		电气元件损坏	更换
		机械卡死或电动机损坏	调整结构或更换电动机
Er1004	伺服报警	三相电缺失	检查三相电线路
		显示报警代码	根据代码含义检查相应项目
Er1005	手臂气缸不动作	气压不足	检查气路
		手臂气缸伸出、缩回传感器异常	检查手臂气缸伸出、缩回传感器及其线路
		线路故障	检查相关线路电气元件

续表

代码	故障现象	故障原因	解决方法
Er1006	手爪气缸不动作	气压不足	检查气路
		手爪气缸传感器异常	检查手爪气缸传感器及其线路
		线路故障	检查相关线路电气元件
Er1007	阻挡气缸不动作	气压不足	检查气路
		阻挡气缸传感器异常	检查阻挡气缸传感器及其线路
		线路故障	检查相关线路电气元件
Er1010	RFID 读写器异常	RFID 读写器读写指示灯不亮	检查线路接线是否正确，连接点接触是否良好
		RFID 读写器读写触发不灵敏	检查、调整机械接近距离
		RFID 读写器损坏	更换新的 RFID 读写器

四、工作总结及评价。

1. 以小组会议方式讨论任务完成情况。

2. 制定工作总结提纲，完成工作总结。

任务测评

在完成本任务的学习后，严格按照表 4-3-6 的要求，完成自我评价、小组评价和教师评价。

表 4-3-6　　测评表

组别		组长		组员			
评价内容				分值	自我评价（30%）	小组评价（30%）	教师评价（40%）
职业素养（30%）	1. 出勤准时率			6			
	2. 学习态度			6			
	3. 承担任务量			8			
	4. 团队协作性			10			
专业能力（70%）	1. 工作准备的充分性			10			
	2. 工作计划的可行性			10			
	3. 功能分析完整、逻辑性强			15			
	4. 总结展示清晰、有新意			15			
	5. 安全文明生产及 7S			20			
总计				100			

续表

评价内容	分值	自我评价（30%）	小组评价（30%）	教师评价（40%）
个人的工作时间	提前完成			
	准时完成			
	滞后完成			
个人认为完成得好的地方				
值得改进的地方				
小组综合评价				
组长签名：	教师签名：			

项目五
智能加工系统的设计与实践

智能加工技术是集数字化设计制造理论与人工智能理论于一体的先进加工技术，是智能制造系统的基础性技术，也是实现质量高、效益佳、控制优的智能制造关键技术。智能加工系统对可能出现的加工情况和效果进行预测，加工时通过先进的仪器装备对加工过程进行实时监测控制，并综合考虑理论知识和人类经验，利用计算机技术模拟制造专家的分析、判断、推理、构思和决策等智能活动，优选加工参数，调整自身状态，从而提高生产系统的适应性，获得最优的加工性能和最佳的加工质量。

SX-TFI4 智能教学工厂的智能加工模块涉及一种常见的智能加工系统，由传送装置、数控机床和工业机器人共同组成，同时包含了多种传感器，在自动加工的基础上可以实现对加工过程的实时监测，由计算机对可能出现的情况做出判断。在完成智能原材料仓库对电动机端盖选型出库后，此模块可以根据不同的电动机类型，选择与之相适应的加工程序，加工步进电动机的前、后端盖。它的上一站为智能原材料仓库，下一站为智能装配系统。通过本项目可以使学员能对智能加工系统的组成和功能有清楚的认识，并能完成智能加工系统的方案设计和操作。

任务 1　智能加工系统的功能需求分析

学习目标

1. 能对智能加工系统进行功能需求分析。
2. 掌握智能加工系统应具备的基本要素和功能。

任务描述

以智能教学工厂智能加工系统为具体实施对象，对智能加工系统的功能进行分析和梳理，总结出一般智能加工系统应具备的功能列表，为后续智能加工系统工艺流程设计、硬件选型及编程等工作打下基础。

知识准备

一、智能加工系统

SX-TFI4 智能教学工厂的智能加工系统是整个系统的九大模块之一，主要由上下料单元、加工单元和清洗单元 3 部分组成，如图 5-1-1 所示。上下料单元由两条传送带和一台工业机器人组成。来料传送带将 AGV 送来的原材料输送进来，停至某个点供工业机器人夹取，然后工业机器人将其夹起并放置在数控车床的卡盘上。待加工完成后，工业机器人再将加工好的零件从数控车床的卡盘内取出来放在清洗单元并用清洗液进行清洗。然后工业机器人将清洗完毕的零件从清洗工作单元夹起来放置在测距模块上，测距模块对加工点数据进行测量并将之传递到主站。最后由工业机器人将零件放置在送料传送带上，送料传送带将零件逆向输送出去，以供 AGV 将之输送至下一个工位。加工单元为一台数控车床，完成原材料的加工工作。清洗单元则包含了清洗槽和吹干气枪两个部分，负责将加工后的零件进行清洗和吹干。

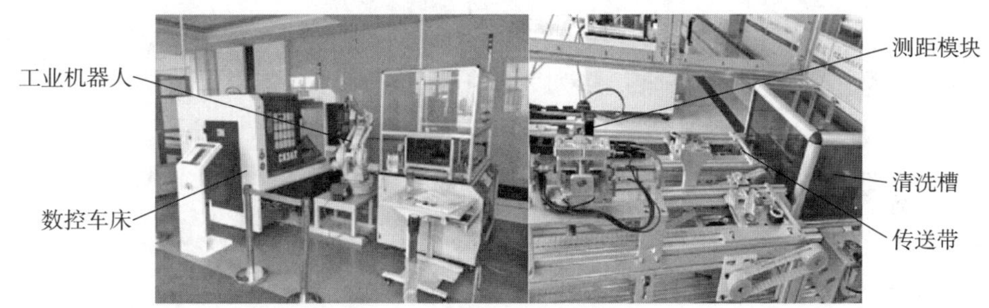

图 5-1-1　智能加工系统的组成

二、数控车床

数控（numerical control，NC）技术是指用数字、文字和符号组成的数字指令来实现一台或多台机械设备动作控制的技术。数控一般是采用通用或专用计算机实现数字程序控制，因此，数控也称为计算机数控（computer numerical control，CNC）。数控技术用计算机按事先存储的控制程序来执行对设备的运动轨迹和外设的操作时序逻辑控制功能。由于采用计算机替代原先用硬件逻辑电路组成的数控装置，使得输入操作指令的存储、处理、运算、逻辑判断等各种控制机能的实现，均可通过计算机软件来完成。

在数控技术的基础上出现了多种数控加工设备，如数控铣床、数控车床、数控加工中心等。其中数控车床是目前国内使用量最大，覆盖面最广的一种数控机床。数控车床主要用于轴类或盘类零件的内、外圆柱面、任意角度的内外圆锥面、复杂回转内外曲面及圆柱、圆锥螺纹等的切削加工，并能进行切槽、钻孔、扩孔、铰孔及镗孔等，特别适合加工形状复杂的零件。

在 SX–TFI4 智能教学工厂中采用的加工设备为广州数控设备有限公司生产的 CK56T 型数控车床，如图 5–1–2 所示。该车床采用了 GSK988TA 系列车床的数控系统，系统操作面板为 8.4 in 液晶屏。数控机床操作面板是操作人员与数控机床进行交互的工具，操作人员可以通过它对数控机床进行操作、编程、调试，对机床参数进行设定和修改，还可以通过它了解、查询数控机床的运行状态，是数控机床特有的一个输入、输出部件。

图 5–1–2　CK56T 数控车床

CK56T 型数控车床属于斜床身系列，配 16 工位刀架。斜床身数控车床属于全能精密型数控车床，精度高、灵活耐用，外观大方，实用性强，具有走刀机与走心机的多重优点。最适合用于航空、电子、钟表等行业的各种高精度、多批量、外形复杂的零件的精密加工。

斜床身数控车床的适用范围及特点如下：

1. 斜床身数控车床主要用于精密复杂的各种回转体零件的多品种、中小批量加工。

2. 可选配液压卡盘及尾座，可实现自动上下料，选配好系统及功能部件，一次夹持可实现车削及铣削功能等。

3. 能满足通常的内圆、外圆、台阶、锥面、球面、沟槽、各种螺纹和复杂曲面的加工。能够满足各类高温合金、钛合金、耐热合金、不锈钢、铸铁、铸钢等材料的铸锻件、毛坯件的粗、精加工。

4. 铸件采用回火消除内应力，*X*、*Z* 轴导轨采用线性导轨，全行程直线度校正，确保机床运动精确度和良好的精度保持性。

5. 斜床身数控车床可靠性好，刚性好，精度高，寿命长，速度快。能可靠稳定地完成各种难加工材料的粗、精加工。

6. 斜床身数控车床主轴拖动扭矩大，主轴转速高。床身由高级铸铁铸成 45°/60° 斜床身，整体铸造成形。

三、工业机器人

工业机器人是面向工业领域的多关节机械手或多自由度的机器装置，它能自动执行工作，是靠自身动力和控制能力来实现各种功能的一种机器。它可以接受人类指挥，也可以按照预先编排的程序运行。随着工业机器人的发展以及机器人智能水平的提高，工业机器人已在众多领域得到了应用。目前，工业机器人已广泛应用于汽车及汽车零部件制造业、机械加工行业、电子电气行业、橡胶及塑料工业、食品工业、木材与家具制造业等领域中。汽车制造是一个技术和资金高度密集的产业，也是工业机器人应用最广泛的行业，几乎占到整个工业机器人的一半以上。在我国，工业机器人最初只是应用于汽车和工程机械行业中。在汽车生产中，工业机器人是一种主要的自动化设备，在整车及零部件生产的弧焊、电焊、喷涂、搬运、涂胶、冲压等操作中均有大量应用。

工业机器人由主体、驱动系统和控制系统三个基本部分组成。主体即机座和执行机构，包括臂部、腕部和手部，有的机器人还有行走机构。大多数工业机器人有 3～6 个运动自由度，其中腕部通常有 1～3 个运动自由度；驱动系统包括动力装置和传动机构，用以使执行机构产生相应的动作；控制系统按照输入的程序对驱动系统和执行机构发出指令信号并进行控制。

工业机器人根据分类方式的不同有很多种分类方法。按臂部的运动形式分为直角坐标型、圆柱坐标型、球坐标型和关节型等；按照程序输入方式区分有编程输入型和示教输入型两类；按执行机构运动的控制机能又可分为点位型和连续轨迹型。

工业机器人是现代制造业的基础设备，它属于自动化制造系统的物理层次。机器人的过去、现在和未来都与制造业发展密切相关。多年的工业机器人使用经验表明：使用工业机器人可以降低废品率和产品成本，提高了机床的利用率，降低了工人误操作带来的残次零件风险等，其带来的一系列效益也是十分明显的，例如，改善劳动条件，逐步提高生产效率；具有更强与可控的生产能力；加快产品更新换代；提高处理零件的能力与产品质量；消除枯燥无味的工作，节约劳动；提供更安全的工作环境，降低工人的劳动强度，减少劳动风险等。

在 SX-TFI4 智能教学工厂中，机床加工及上下料时采用的是 ABB 公司生产的 IRB1410 型六轴工业机器人，而在装配区使用的则是 ABB 公司生产的 IRB120 型六轴工业机器人，如图 5-1-3 所示。ABB 公司的总部在瑞士苏黎世，其致力于研发、生产机器人已有 40 多年的历史。ABB 公司是工业机器人的先行者以及世界领先的机器人制造厂商，在瑞典、挪威和中国等地设有机器人研发、制造和销售基地。该公司于 1969 年售出全球第一台喷涂机器人，稍后于 1974 年发明了世界上第一台工业电动机器人，并拥有当今最多种类、最全面的机器人产品、技术和服务。

IRB1410 是一种多关节型串联机器人，具有六个自由度，承载能力 6 kg，重复定

位精度为 ±0.03 mm，有效到达距离可达 810 mm。标准 IRB1410 机器人能够以任意角度安装在地面上或墙体上，也可以进行悬挂安装，使安排生产线总体布局时具有很大的灵活性。而 IRB120 则是迄今为止 ABB 公司推出的最小的多用途六轴工业机器人，其结构紧凑、敏捷、轻量，其质量仅为 25 kg，承载能力为 3 kg，工作范围可达 580 mm，其重复定位精度可达 ±0.01 mm。更多关于 IRB1410 和 IRB120 的资料登录 ABB 公司官方网站查看。

a）

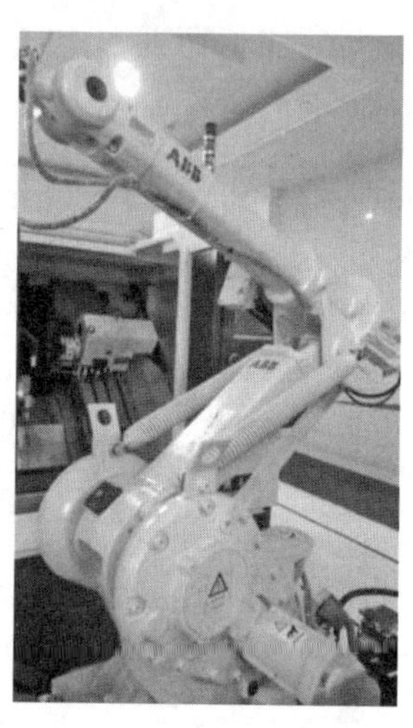

b）

图 5-1-3　ABB 工业机器人

a）IRB120 型　b）IRB1410 型

任务实施

一、接受任务，制订工作计划。

1. 工作组织：教师组织学员分组，每小组由 4～6 名学员组成，选定 1 名组长、1 名安全监督员（负责操作时的安全监督和记录），其余学员的工作由组长安排。

2. 接受任务：教师引导学员阅读工作任务单，完成工作任务单（见表 5-1-1）的填写。

表 5-1-1　工作任务单

<table>
<tr><td colspan="2">SX-TFI4 智能工厂智能加工系统功能需求分析任务单
单号：No.________　　开单部门：________　　开单人：________
开单时间：________　　接单部门：________</td></tr>
<tr><td>任务描述</td><td>以智能教学工厂智能加工系统为具体实施对象，通过现场参观，对智能加工系统的功能进行分析和梳理，总结出一般智能加工系统应具备的功能列表</td></tr>
<tr><td>要求完成时间</td><td></td></tr>
<tr><td>接单人</td><td>签名：　　　　时间：</td></tr>
</table>

3. 工作计划表：制订详细的工作计划，并填入表 5–1–2 中。

表 5–1–2 工作计划

阶段	任务说明	计划工作内容	计划完成时间	责任人

二、参观智能工厂或观看视频（扫描二维码可获得智能加工区视频），学习相关知识，记录参观情况，并完成功能分析表的制作。

智能加工区视频

1. 填写智能加工系统的组成，并分析各组成部分的功能，具体可参照表 5–1–3。

表 5–1–3 智能加工系统功能分析

序号	组成部分	完成功能
1	数控车床	完成步进电动机端盖的机械加工
2	ABB 六轴工业机器人	完成步进电动机端盖的上、下料搬运
3	清洗单元	完成步进电动机端盖的清洗及吹干
4	传送带	来料传送带将 AGV 送来的原材料输送进来；送料传送带将加工、清洗好的零件逆向输送出去，以供 AGV 输送到下一个工位

2. 思考题：工业机器人与数控机床的联动是如何实现的？

三、工作总结及评价。

1. 以小组会议方式讨论任务完成情况。

2. 制定工作总结提纲，完成工作总结。

任务测评

在完成本任务的学习后，严格按照表 5-1-4 的要求，完成自我评价、小组评价和教师评价。

表 5-1-4 测评表

<table>
<tr><td>组别</td><td></td><td>组长</td><td></td><td>组员</td><td colspan="3"></td></tr>
<tr><td colspan="4">评价内容</td><td>分值</td><td>自我评价
（30%）</td><td>小组评价
（30%）</td><td>教师评价
（40%）</td></tr>
<tr><td rowspan="4">职业素养
（30%）</td><td colspan="3">1. 出勤准时率</td><td>6</td><td></td><td></td><td></td></tr>
<tr><td colspan="3">2. 学习态度</td><td>6</td><td></td><td></td><td></td></tr>
<tr><td colspan="3">3. 承担任务量</td><td>8</td><td></td><td></td><td></td></tr>
<tr><td colspan="3">4. 团队协作性</td><td>10</td><td></td><td></td><td></td></tr>
<tr><td rowspan="5">专业能力
（70%）</td><td colspan="3">1. 工作准备的充分性</td><td>10</td><td></td><td></td><td></td></tr>
<tr><td colspan="3">2. 工作计划的可行性</td><td>10</td><td></td><td></td><td></td></tr>
<tr><td colspan="3">3. 功能分析完整、逻辑性强</td><td>15</td><td></td><td></td><td></td></tr>
<tr><td colspan="3">4. 总结展示清晰、有新意</td><td>15</td><td></td><td></td><td></td></tr>
<tr><td colspan="3">5. 安全文明生产及 7S</td><td>20</td><td></td><td></td><td></td></tr>
<tr><td colspan="4">总计</td><td>100</td><td></td><td></td><td></td></tr>
<tr><td colspan="4" rowspan="3">个人的工作时间</td><td>提前完成</td><td colspan="3"></td></tr>
<tr><td>准时完成</td><td colspan="3"></td></tr>
<tr><td>滞后完成</td><td colspan="3"></td></tr>
<tr><td colspan="4">个人认为完成得好的地方</td><td colspan="4"></td></tr>
<tr><td colspan="4">值得改进的地方</td><td colspan="4"></td></tr>
<tr><td colspan="4">小组综合评价</td><td colspan="4"></td></tr>
<tr><td colspan="4">组长签名：</td><td colspan="4">教师签名：</td></tr>
</table>

任务 2　智能加工系统的系统设计

学习目标

1. 通过学习智能加工系统运行工艺流程，掌握加工工艺流程特点与关键工序。

2. 能进行智能加工系统工艺流程设计。

3. 具备依据智能加工系统工艺流程进行硬件选型的能力。

任务描述

以智能教学工厂智能加工系统为具体实施对象，分析其详细工艺流程，并依据流程选择合适的硬件，为后续智能加工系统的组装、调试打下基础。

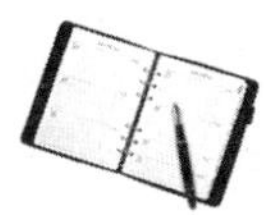

知识准备

一、步进电动机前端盖的加工工艺

步进电动机前端盖图样如图 5–2–1 所示，因为前端盖是模压件，故仅需做以下工序：

1. 人工先去毛刺并加工 4 × M3 孔。

2. 在数控车床上车 $\phi 22_{-0.052}^{\ 0}$ mm 凸台。

3. 进入工业 4.0 系统后，在数控车床上车端面（8.5 ± 0.1）mm 和 $6.8_{-0.05}^{\ 0}$ mm，再车 $\phi 16_{\ 0}^{+0.011}$ mm 和 $\phi 42_{-0.02}^{\ 0}$ mm。

二、智能加工系统的动作流程

1. AGV 将原材料输送到来料传送带上，工业机器人把原材料夹起并放置在数控车床的卡盘上。

2. 数控车床按编制好的加工程序进行机械加工。

3. 工业机器人把加工完成的零件从数控车床的卡盘内取出并放在清洗单元用清洗液进行清洗，然后用气枪吹干净。

4. 工业机器人将零件放置在测距模块工位，测距模块对加工点数据进行测量并反馈至主站。

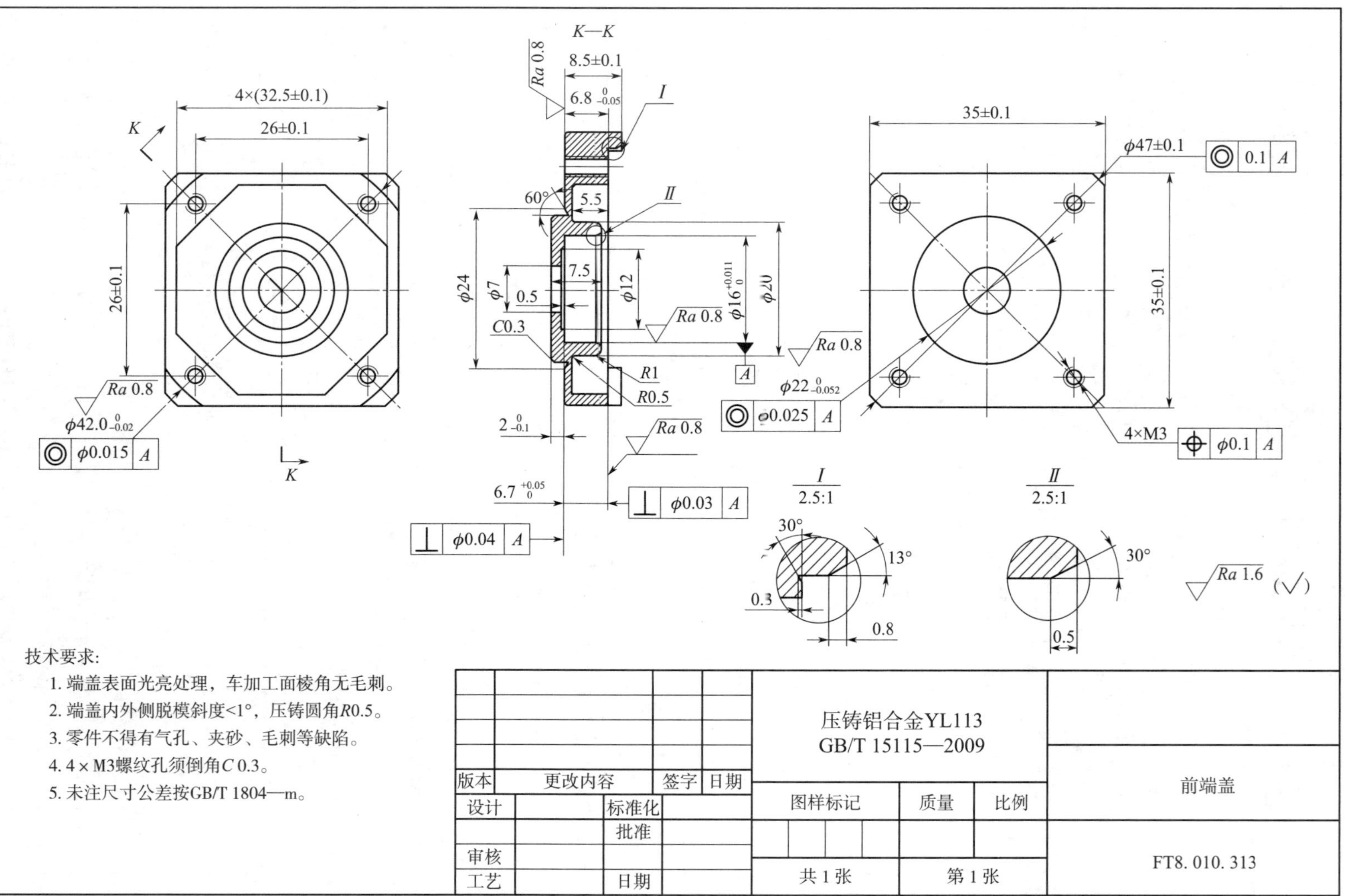

图 5-2-1　步进电动机前端盖图样

5. 工业机器人把零件夹起并放置在送料传送带上，AGV 将零件输送到下一个工位。

任务实施

一、接受任务，制订工作计划。

1. 工作组织：教师组织学员分组，每小组由 4 ~ 6 名学员组成，选定 1 名组长、1 名安全监督员（负责操作时的安全监督和记录），其余学员的工作由组长安排。

2. 接受任务：教师引导学员阅读工作任务单，完成工作任务单（见表 5-2-1）的填写。

表 5-2-1　工作任务单

SX-TFI4 智能教学工厂智能加工系统方案设计任务单 单号：No.＿＿＿＿＿＿　开单部门：＿＿＿＿＿＿　开单人：＿＿＿＿＿＿ 开单时间：＿＿＿＿＿＿　接单部门：＿＿＿＿＿＿	
任务描述	以智能教学工厂智能加工系统为具体实施对象，分析其详细工艺流程，并依据流程选择合适的硬件及进行编程等
要求完成时间	
接单人	签名：　　　　时间：

3. 工作计划表：制订详细的工作计划，并填入表 5-2-2 中。

表 5-2-2　工作计划表

阶段	任务说明	计划工作内容	计划完成时间	责任人

二、根据本项目任务 1 制作的功能分析表的要求设计系统方案。

1. 任务准备：调出本项目任务 1 制作的功能分析表。

2. 根据参观结果，梳理智能加工系统详细工艺流程。具体工艺流程可参照图 5-2-2。

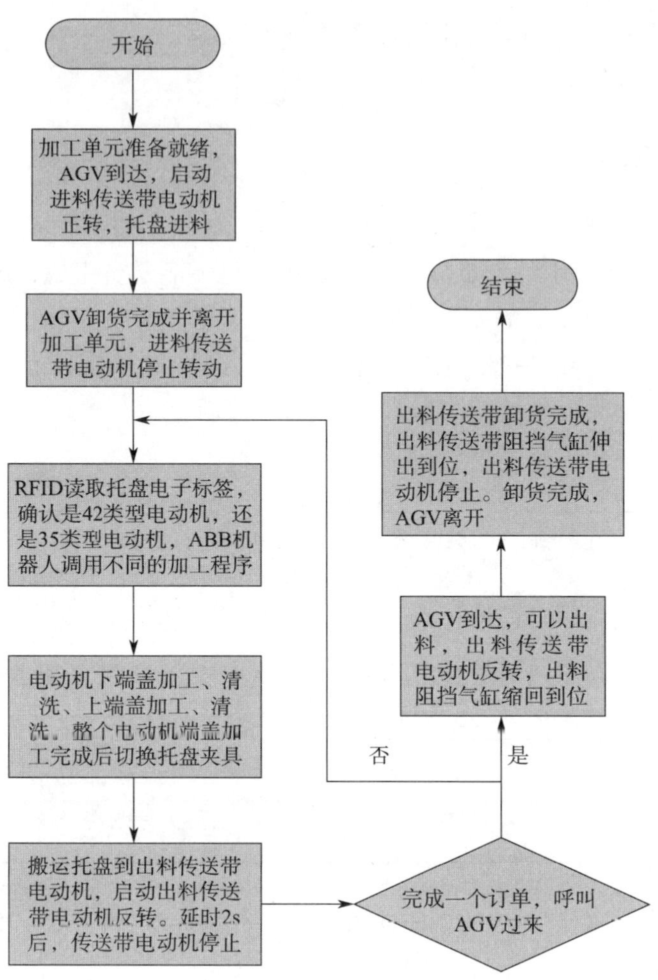

图 5-2-2 步进电动机加工系统工艺流程

3. 智能加工系统方案设计：根据智能加工系统的工艺流程进行系统的构成方案设计，方案设计时列出相应的硬件设备需求及采用的技术。具体设计方案构成可参照表 5-2-3。

表 5-2-3　　智能加工系统方案设计表

编号	功能	对应硬件	涉及技术
1	原材料类型甄别	RFID	RFID 技术
2	上、下料搬运	传送带	PLC 技术、传感技术
		工业机器人	工业机器人编程、PLC 技术、传感技术
3	机械加工	数控车床	数控车床编程
4	清洗单元	清洗槽、气枪	PLC 技术、传感技术、气压传动
5	测距单元	测距传感器	传感技术
6	系统控制	PLC	PLC 技术

4. 主要功能硬件选型：在系统方案设计的基础上，根据功能需求完成系统的硬件选型及编程等。各种硬件的具体选型过程均有相应的方法，此处不再详述。SX–TFI4 智能教学工厂的智能加工系统硬件选型见表 5–2–4。

表 5–2–4　　智能加工系统硬件选型表

编号	设备名称	型号	用途	备注
1	数控车床	CK56T	机械加工	广州数控
2	传送带	6IK120GU–CF	原材料及成型件输送	中大电机
3	六轴工业机器人	IRB1410	上、下料搬运	ABB
4	清洗单元	三向公司自制	清洗及吹干	三向
5	激光位移传感器	CD22–485	测量距离	奥泰斯
6	PLC	CPU314C–2PN/DP	电气程序控制	西门子

三、工作总结及评价。

1. 以小组会议方式讨论任务完成情况。

2. 制定工作总结提纲，完成工作总结。

任务测评

在完成本任务的学习后，严格按照表 5–2–5 的要求，完成自我评价、小组评价和教师评价。

表 5–2–5　　测评表

组别		组长		组员			
评价内容				分值	自我评价（30%）	小组评价（30%）	教师评价（40%）
职业素养（30%）	1. 出勤准时率			6			
	2. 学习态度			6			
	3. 承担任务量			8			
	4. 团队协作性			10			
专业能力（70%）	1. 工作准备的充分性			10			
	2. 工作计划的可行性			10			
	3. 功能分析完整、逻辑性强			15			
	4. 总结展示清晰、有新意			15			
	5. 安全文明生产及 7S			20			
总计				100			

续表

<table>
<tr><th>评价内容</th><th>分值</th><th>自我评价（30%）</th><th>小组评价（30%）</th><th>教师评价（40%）</th></tr>
<tr><td rowspan="3">个人的工作时间</td><td>提前完成</td><td></td><td></td><td></td></tr>
<tr><td>准时完成</td><td></td><td></td><td></td></tr>
<tr><td>滞后完成</td><td></td><td></td><td></td></tr>
<tr><td>个人认为完成得好的地方</td><td colspan="4"></td></tr>
<tr><td>值得改进的地方</td><td colspan="4"></td></tr>
<tr><td>小组综合评价</td><td colspan="4"></td></tr>
<tr><td colspan="2">组长签名：</td><td colspan="3">教师签名：</td></tr>
</table>

任务 3　智能加工系统的操作与维护

学习目标

1. 掌握智能加工系统的操作、维护方法。
2. 掌握智能加工单元各硬件的基本功能与特性。
3. 具备智能加工系统的编程调试与常见故障排除能力。

任务描述

以智能教学工厂智能加工系统为具体实施对象，依据加工工艺流程、硬件选型及编程等进行系统的组装与调试，最终使智能加工系统按预期目标稳定运行，并能结合故障查询表排除常见故障。

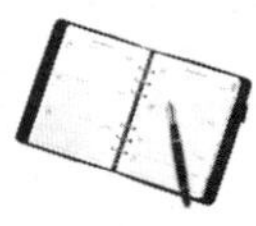

知识准备

一、西门子（SIEMENS）系列 PLC

西门子系列 PLC 为德国西门子公司生产的可编程序控制器，在我国的工业控制中应用相当广泛，如冶金、化工、印刷生产线等领域都有应用。西门子 PLC 产品包括 LOGO、S7 系列等，其中 S7 系列的 PLC 体积小、速度快、标准化，具有网络通信能力，功能更强，可靠性高。S7 系列 PLC 产品可分为小型 PLC（如 S7-200）、中型 PLC

（如 S7-300、S7-1200）和大型 PLC（如 S7-400、S7-1500）。S7-1200 由于性能优越，一般将其当作 S7-200 和 S7-300 的升级版本使用，而 S7-1500 则作为 S7-400 的升级版本使用，其中 S7-300 的应用非常广泛。

S7-300 系列 PLC 是一种通用型 PLC，能适合自动化工程中的各种应用场合，尤其是在生产制造工程中的应用。S7-300 基于模块化、无风扇结构设计，采用 DIN① 标准导轨安装，配置灵活、安装简单、维护容易、扩展方便，各种模块可以进行广泛的组合和扩展。

二、S7-300 PLC 的构成

基于模块化设计的 S7-300 PLC 系统由导轨和各种模块组成，构成系统的主要模块有中央处理单元（CPU）、信号模块（SM）、通信处理模块（CP）、功能模块（FM）；辅助模块有电源模块（PS）、接口模块（IM）；特殊模块有占位模块（DM 370）、仿真模块（SM374）等。

1. 导轨

导轨是安装 S7-300 模块的机架，导轨用螺钉紧固安装在支撑物体上，S7-300 PLC 的所有模块均直接用螺钉紧固在导轨上。导轨采用特制不锈钢异形板（DIN 标准导轨），其长度有 160 mm、483 mm、530 mm、830 mm、2 000 mm 5 种，可根据实际需要选择。

2. 电源模块

电源模块用来将交流 120 V/230 V 电压转换为 24 V 直流工作电压，为 S7-300 CPU 和 24 V 直流负载电路提供电源。S7-300 的电源模块有 PS 305（2 A）、PS 307（2 A）、PS 307（5 A）、PS 307（10 A）4 种。

3. CPU 模块

CPU 模块主要用来执行用户程序，同时还为 S7-300 背板总线提供电源。在 MPI（muliti point interface，多点接口）网络中，通过 MPI 还能与其他 MPI 网络节点进行通信，对于专用 CPU 还有其他一些功能。

4. 信号模块

信号模块使不同的过程信号电平和 S7-300 的内部信号电平相匹配。S7-300 的信号模块有数字量输入模块、数字量输出模块、数字量 I/O 模块、模拟量输入模块、模拟量输出模块、模拟量 I/O 模块等。

---

① DIN 最初为德国工业标准（deutschen industrie-normen；DI-Norm）的略称。1975 年 DNA 改名为德国标准化学会（DIN）后，DIN 遂成“deutsches institut für normung e. V.”的缩写，同时仍作为德国标准（deutschen normen）的代号，但已失去了原来的含义。

5. 功能模块

功能模块用于对时间要求苛刻、存储器容量要求较大的过程信号处理任务，如定位或闭环控制。常用的功能模块有计数器模块、位置控制与位置检测模块、闭环控制模块等。

6. 通信处理模块

通信处理模块用来扩展中央处理单元的通信任务，如 CP342-5 与 PROFIBUS-DP 的连接，其附件为连接电缆。

7. 接口模块

接口模块用于连接各个机架，其附件为连接电缆。

8. 仿真模块

仿真模块用于启动和运行时调试程序。仿真模块上有 16 个开关，可用于传感器信号的仿真；16 个 LED 指示灯可用于指示输出信号的状态。其附件为总线连接器。

9. 占位模块

占位模块用于为尚未参数化的信号模块保留一个槽位。当占位模块被信号模块替换时，整体的配置地址分配均保持不变。

S7-300 PLC 的硬件在安装时，前三个槽位的安装模块是固定不变的，电源模块总是安装在最左边的槽位上（1 号槽位），CPU 模块总是安装在电源右侧的槽位上（2 号槽位），3 号槽位则作为占位模块安装使用，其他模块则可以根据需要安装在其他槽位上。

S7-300 PLC 的信号模块均有相对应的模块地址，其地址范围与模块所在的机架号和槽位号有关，而具体的位地址或通道地址则与信号线接在模块上的端子有关。根据机架上模块的类型，地址可以为输入（I）或输出（O）两种。S7-300 的数字量（或称开关量）I/O 点的地址由地址标识符、地址的字节部分和位部分组成，1 个字节由 0 ~ 7 这 8 位二进制数组成。例如，I3.2 是一个数字量输入点的地址，小数点前面的 3 是地址的字节部分，小数点后面的 2 表示它是字节中的第二位。I3.0 ~ I3.7 组成一个输入字节 IB3。从 0 号字节开始，给每个数字量信号模块分配 4B（4 字节）的地址，相当于 32 个 I/O 点。M 号机架（M=0 ~ 3）的 N 号槽（N=4 ~ 11）的数字量信号模块的起始字节地址为 $32 \times M+(N-4) \times 4$。

模拟量模块以通道为单位，一个通道占一个字或 2 个字节的地址。S7-300 的模拟量模块的字节地址为 IB256 ~ 767。一个模拟量模块最多有 8 个通道，从 256 号字节开始，S7-300 给每个模拟量模块分配 16 B（8 个字）的地址。M 号机架的 N 号槽的模拟量模块的起始字节地址为 $128 \times M+(N-4) \times 16+256$。表 5-3-1 给出了信号模块地址分配的例子。

表 5–3–1 信号模块地址举例

机架号	模块类型	槽号					
		4	5	6	7	8	9
0	模块类型	16 点 DI①	16 点 DI	32 点 DI	32 点 DI	16 点 DO②	8 通道 AI③
	地址	I0.0 ~ I1.7	I4.0 ~ I5.7	I8.0 ~ I11.7	I12.0 ~ I15.7	Q16.0 ~ Q17.7	IW336 ~ IW350
1	模块类型	2 通道 AI	8 通道 AI	2 通道 AO④	8 点 DO	32DO	—
	地址	IW384，IW386	QW400 ~ QW414	QW416，QW418	Q44.0 ~ Q44.7	Q48.0 ~ Q51.7	—

在 STEP 7 的硬件组态工具 HW Config（hardware configure，硬件组态）中对信号模块组态时，将会根据模块所在的机架号和槽号，按上述原则自动地分配模块的默认地址，也可以根据具体接线进行更改。

任务实施

一、接受任务，制订工作计划。

1. 工作组织：教师组织学员分组，每小组由 4 ~ 6 名学员组成，选定 1 名组长、1 名安全监督员（负责操作时的安全监督和记录），其余学员的工作由组长安排。

2. 接受任务：教师引导学员阅读工作任务单，完成工作任务单（见表 5–3–2）的填写。

表 5–3–2 工作任务单

SX–TFI4 智能工厂智能加工系统的操作与维护任务单 单号：No.________ 开单部门：________ 开单人：________ 开单时间：________ 接单部门：________	
任务描述	以智能教学工厂智能加工系统为具体实施对象，依据加工工艺流程及硬件选型及编程等进行系统的组装与调试，最终使智能加工系统按预期目标稳定运行，并能结合故障查询表排除常见故障
要求完成时间	
接单人	签名： 时间：

3. 工作计划表：制订详细的工作计划，并填入表 5–3–3 中。

---

① DI：digital input，数字量输入。
② DO：digital output，数字量输出。
③ AI：analog input，模拟量输入。
④ AO：analog output，数字量输出。

表 5-3-3 工作计划表

阶段	任务说明	计划工作内容	计划完成时间	责任人

二、完成系统的硬件连接和参数设置，并进行调试。

1. 根据智能加工系统的具体功能及硬件组成，定义智能加工系统的输入 / 输出地址分配表，见表 5-3-4 ~ 表 5-3-7。

表 5-3-4 智能加工系统的输入 / 输出地址分配表

序号	地址	功能	备注
1	I0.1	出料传送带启动位检测	
2	I0.2	出料传送带停止位检测	
3	I0.5	进料末端阻挡气缸伸出到位	
4	I0.6	出料前端	
5	I0.7	出料末端	
6	I1.0	进料前端	
7	I1.1	进料末端	
8	I1.2	启动	
9	I1.3	停止	
10	I1.4	复位	
11	I1.5	单机 / 联机选择	
12	Q0.0	上料传送带电动机正转输出	
13	Q0.1	出料传送带电动机反转输出	
14	Q0.2	清洁吹气	
15	Q0.3	进料阻挡气缸伸出	
16	Q0.4	出料阻挡气缸伸出	
17	Q0.5	三色灯（红灯）报警	
18	Q0.6	启动指示灯	
19	Q0.7	停止指示灯	
20	Q1.0	复位指示灯	
21	Q1.1	机器人报警输出	

续表

序号	地址	功能	备注
22	Q1.2	机床报警输出	
23	Q1.3	35_DW_ 加工	
24	Q1.4	35_UP_ 加工	
25	Q1.5	三色灯（黄灯）复位停止	
26	Q1.6	三色灯（绿灯）运行	

表 5-3-5　智能加工系统工业机器人的输入 / 输出变量配置表（PN 通信）

序号	机器人变量名称	机器人变量占用中间地址	对应 PLC 地址	类型	备注
1	取料位待加工	M50.0	写数据块 DB1.DBB0	输入	
2	放托盘位空	M50.1	写数据块 DB1.DBB0	输入	
3	Motor On（电动机上电）	M50.2	写数据块 DB1.DBB0	输入	
4	Motor On and Start（电动机上电及启动）	M50.3	写数据块 DB1.DBB0	输入	
5	启动机器人程序	M50.4	写数据块 DB1.DBB0	输入	
6	机器人异常复位	M50.5	写数据块 DB1.DBB0	输入	
7	Motor Off（电动机断电）	M50.6	写数据块 DB1.DBB0	输入	
8	停止机器人程序	M50.7	写数据块 DB1.DBB0	输入	
9	主程序启动（Start at Main）	M51.0	写数据块 DB1.DBB1	输入	
10	机床报警输入	M51.4	写数据块 DB1.DBB1	输入	
11	托盘可以放下	M51.6	写数据块 DB1.DBB1	输入	
12	托盘松开	M51.7	写数据块 DB1.DBB1	输入	
13	电动机类型输入	MB53	写数据块 DB1.DBB3	输入	
14	回安全点	M55.0	读数据块 DB2.DBB0	输出	
15	托盘搬运请求	M55.1	读数据块 DB2.DBB0	输出	
16	托盘放下完成	M55.2	读数据块 DB2.DBB0	输出	
17	35_ 加工类型前 _ 后	M55.4	读数据块 DB2.DBB0	输出	
18	自动模式	M55.5	读数据块 DB2.DBB0	输出	
19	程序运行	M55.6	读数据块 DB2.DBB0	输出	
20	机器人急停	M55.7	读数据块 DB2.DBB0	输出	
21	42_ 加工类型前 _ 后	M56.0	读数据块 DB2.DBB1	输出	

续表

序号	机器人变量名称	机器人变量占用中间地址	对应 PLC 地址	类型	备注
22	到达吹气点输出	M56.3	读数据块 DB2.DBB1	输出	
23	机床报警	M56.6	读数据块 DB2.DBB1	输出	
24	42_up_jiagong（42 系列上端盖加工）	M56.7	读数据块 DB2.DBB1	输出	
25	35_dw_jiagong（35 系列下端盖加工）	M57.1	读数据块 DB2.DBB2	输出	
26	35_up_jiagong（35 系列上端盖加工）	M57.2	读数据块 DB2.DBB2	输出	
27	42_dw_jiagong（42 系列下端盖加工）	M57.3	读数据块 DB2.DBB2	输出	
28	电动机加工类型	MB58	读数据块 DB2.DBB3	输出	

表 5-3-6　智能加工系统工业机器人的输入 / 输出变量配置表（I/O 通信）

序号	机器人变量名称	对应机器人的通信地址	备注
1	告诉机器人机床报警	INP_0	
2	工件夹具座检测	INP_1	
3	托盘夹具座检测	INP_2	
4	手爪气缸夹紧到位检测	INP_4	
5	手爪气缸松开到位检测	INP_5	
6	告诉机器人卡盘已夹紧	INP_7	
7	告诉机器人自动门已打开	INP_10	
8	告诉机器人自动门已关闭	INP_12	
9	告诉机器人送料	INP_13	
10	告诉机器人卡盘已松开	INP_14	
11	快换夹具电磁阀	OUT_0	
12	夹紧、松开电磁阀	OUT_9	
13	机器人报警	OUT_11	
14	机器人触发启动程序	OUT_12	
15	机械人控制卡盘松开	OUT_13	
16	机械人控制卡盘夹紧	OUT_14	
17	告诉系统自动门关闭	OUT_15	

表 5–3–7　智能加工系统数控车床改造的输入 / 输出变量配置表（I/O 通信）

序号	数控车床变量名称	对应车床的通信地址	备注
1	防护门开到位检测信号	X100.0	
2	防护门关到位检测信号	X100.1	
3	卡盘夹紧到位信号（外卡）	X103.3	
4	卡盘松开到位信号（外卡）	X103.4	
5	I/O 选择程序	X100.4	
6	I/O 选择程序	X102.3	
7	I/O 选择程序	X102.5	
8	I/O 选择程序	X103.5	
9	I/O 选择程序	X104.7	
10	机器人报警	X102.7	
11	手爪气缸控制机床循环启动	X100.2	
12	手爪气缸控制卡盘松开	X103.6	
13	手爪气缸控制卡盘夹紧	X103.7	
14	手爪气缸控制自动门关闭	X100.3	
15	自动门打开（M80）	Y101.0	
16	自动门关闭（M81）	Y101.1	
17	外卡夹紧（M12）	Y101.4	
18	外卡松开（M13）	Y101.5	
19	黄灯（常态）	Y102.2	
20	绿灯（运行）	Y102.3	
21	红灯（报警）	Y102.4	
22	机床准备就绪	Y102.5	
23	自动门关闭到位	Y103.0	
24	自动门打开到位	Y103.1	
25	卡盘夹紧到位	Y103.2	
26	卡盘松开到位	Y103.3	
27	机床报警	Y103.4	
28	吹气	Y102.7	

2. 结合所选元件与 I/O 定义，绘制智能加工系统电气原理图，如图 5–3–1 所示。

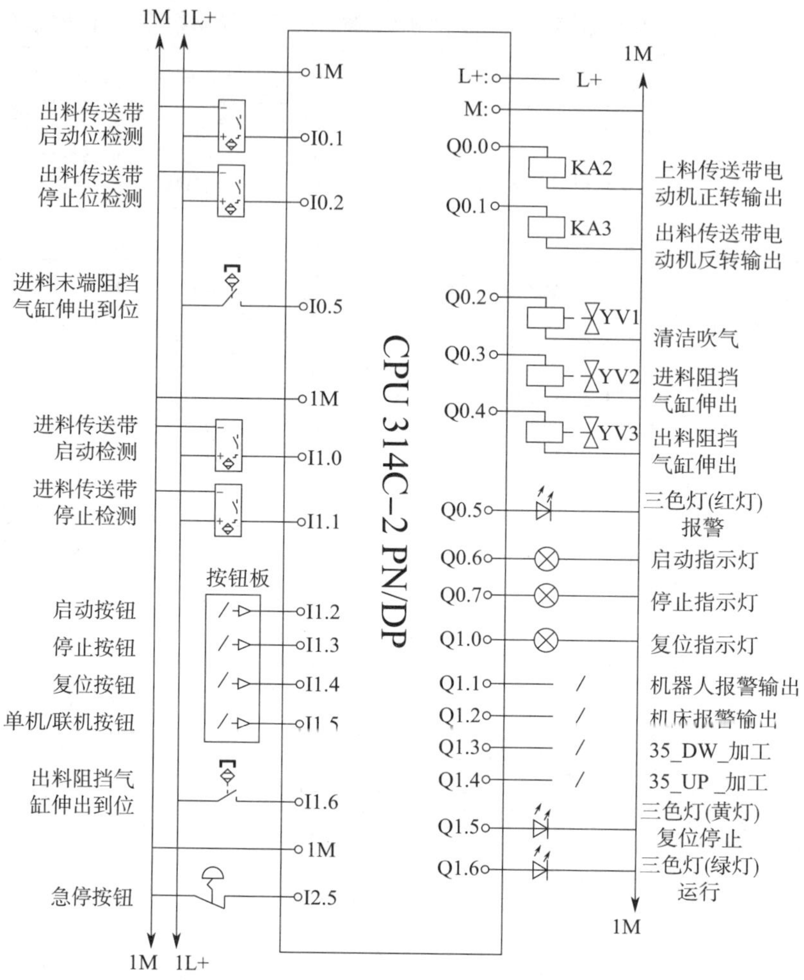

图 5-3-1 智能加工系统电气原理图

3. 根据接线原理图完成电气元件的连接，连接好的实物图如图 5-3-2 所示。

图 5-3-2 智能加工系统电气连接实物图

4. 开机前检查事项：

（1）观察机构上各元件外表是否有明显移位、松动或损坏等现象；传送带上是否放置了物料盒，如果存在以上现象，及时放置、调整、紧固或更换元件。

（2）按照图 5–3–1 检查桌面和挂板接线是否正确，检查线路是否有短路、断路现象，特别需检查 PLC 各 24 V 输入、输出信号是否对 220 V 短路。

（3）接通气路，打开气源，手动按电磁阀，确认各气缸及传感器的原始状态。

5. 智能加工系统运行操作方法：

（1）自动运行前准备工作：

1）确保加工机器人"自动 / 手动"钥匙开关已在"自动"状态。

2）确保机器人夹具已经卸载，并确保各夹具正确放置于对应的夹具座上。

3）确保传送带上物料已清走，各加工位没有电动机及异物。

4）留意托盘物料摆放位置的方向性，缺口方向性、放置托盘的物料是否有错漏。

5）准备好要加工的电动机端盖并正确放置在对应的托盘上。

（2）单机自动运行操作方法：

1）按"开"按钮，设备上电，绿色指示灯亮，黄色指示灯闪烁。

2）按"单机"按钮，单机指示灯亮，接着按"停止"按钮，再按"复位"按钮，复位指示灯常亮。

3）复位成功后按"启动"按钮，启动指示灯亮，复位指示灯灭，设备开始运行。

4）智能加工系统小车界面如图 5–3–3 所示。单机运行时需要模拟小车的送料和出料过程。把已放置电动机端盖的托盘放于传送带入口处，按"小车到达进料口"按钮，进料电动机正转。接着按"模拟送到数量 MW32"，假设在弹出的界面中输入"2"确认。

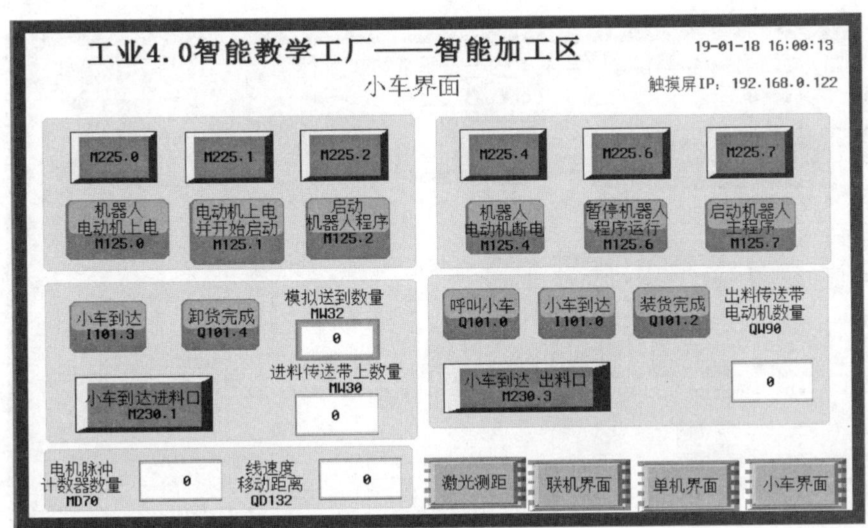

图 5–3–3　智能加工系统小车界面

5）当托盘运输到进料传送带停止位时，传送带停止运转。RFID 读写器读取托盘的电子标签，判定、分辨电动机的型号。智能加工系统 RFID 读写器读取界面如图 5-3-4 所示。

6）如果 RFID 读写器标签读取失败，界面闪烁报警，这时需要人工干预，输入电动机型号，假设输入“4”后按“确认”按钮，阻挡气缸伸出。用气缸固定好托盘，加工机器人动作，抓取工件夹具，为下端盖、上端盖加工做准备。

7）加工机器人将完成一系列动作：搬运下端盖、上端盖，翻面，清洗。加工机器人还回工件夹具。加工机器人抓取托盘夹具，阻挡气缸复位。

8）清洗完成后，加工机器人会将零件放置在测距工位，激光测距传感器会对每个零件的 4 个位置进行测量，如图 5-3-5 所示。同时也可以通过此界面对测距传感器进

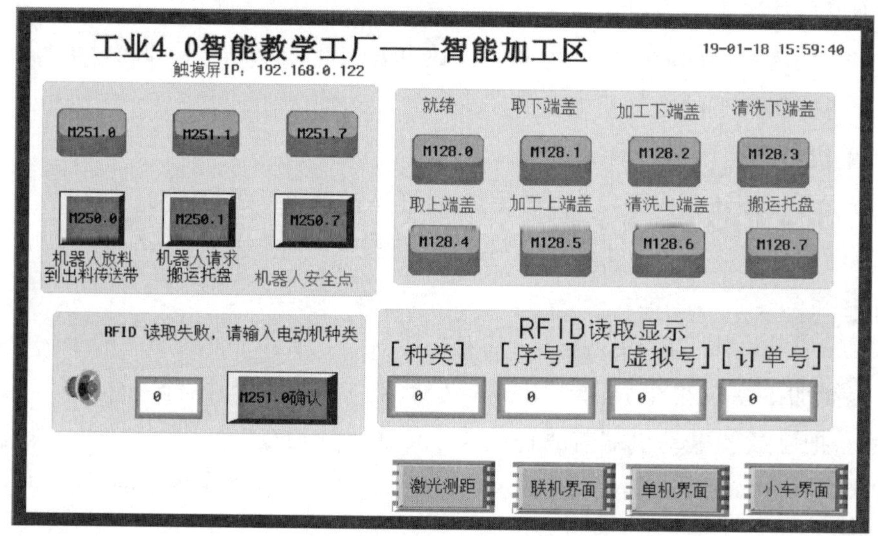

图 5-3-4　智能加工系统 RFID 读写器读取界面

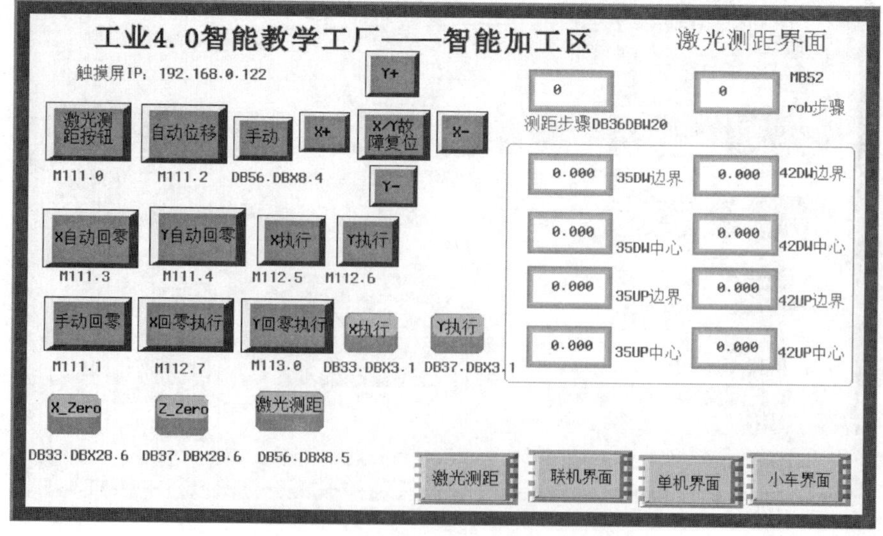

图 5-3-5　智能加工系统激光测距界面

行参数设置。

9）测距完成后，机器人将零件放置在托盘上，并将整个托盘夹取搬运到出料传送带，出料传送带电动机反转启动。运行 3 s 后传送带停止转动。加工机器人还回托盘夹具，加工机器人回到初始化原点状态。

10）完成订单后，在图 5–3–3 中按“小车到达出料口”按钮，出料阻挡气缸缩回到位，启动出料传送带电动机反转输出。完成出料数量，出料阻挡气缸伸出到位，传送带电动机运转停止。

（3）联机自动运行操作方法：

1）按“开”按钮，设备上电，绿色指示灯亮，黄色指示灯闪烁。

2）按“停止”按钮，再按“复位”按钮，复位指示灯常亮。

3）复位完成状态下，按“联机”按钮，联机指示灯亮，单机指示灯灭，进入联机状态，如图 5–3–6 所示。

4）在联机状态下，设备的启动受控于总控制中心，当设备出现异常报警后，启动权限自动交给本站。

5）当设备在运行过程中出现异常状况时，可根据需要随时按“停止”或“急停”按钮。

6）在联机状态下，设备的运行监控切换同单机模式相类似，可监控当前加工电动机类型；小车界面可监控进料传送带电动机的数量及出料传送带电动机的数量。

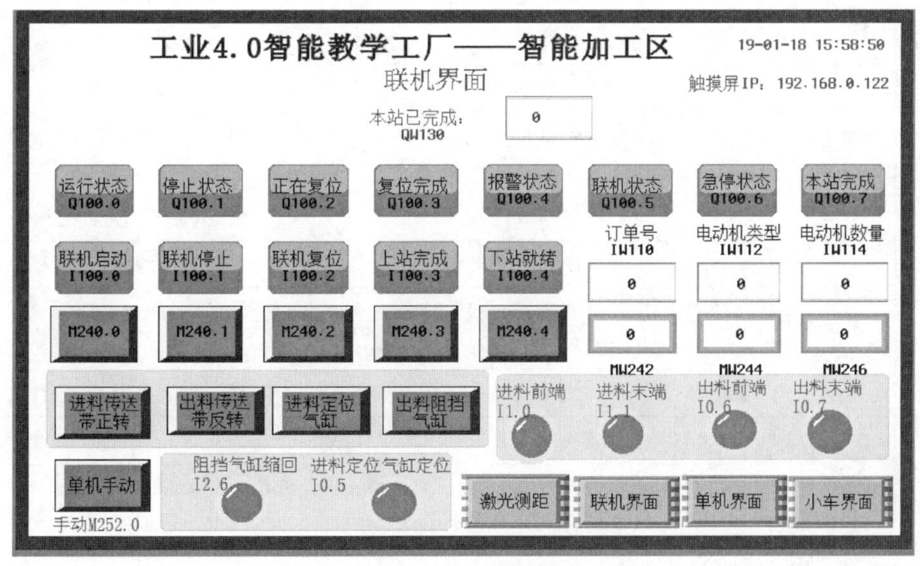

图 5–3–6　智能加工系统联机界面

三、智能加工系统日常维护与常见故障处理。

1. 日常维护方法：

（1）定期检查传送带、各装配工位是否有异响、松动等情况。

（2）定期检查各传感器接线是否松动、各检测位对位是否准确等。

（3）定期检查机器人底座是否松动、零点位置是否变化等。

2. 常见故障参照表 5–3–8 进行处理。

表 5–3–8　　智能加工系统常见故障查询表

代码	故障现象	故障原因	解决方法
Er5001	定位气缸不动作	定位传感器异常	调整传感器或更换
		气缸极限位置丢失	调整气缸极限位置
		PLC 无输出信号	检查 PLC 及线路
Er5002	进料传送带不动作	不满足动作条件	检查程序及相应条件
		线路故障	检查线路，排除故障
		电气元件损坏	更换
		机械卡死或电动机损坏	调整结构或更换电动机
Er5003	出料传送带不动作	不满足转动条件	检查程序及相应条件
		线路故障	检查线路，排除故障
		电气元件损坏	更换
		机械卡死或电动机损坏	调整结构或更换电动机
Er5005	阻挡气缸不动作	气压不足	检查气路
		阻挡气缸没有下降到位或下降位传感器异常	检查阻挡气缸机构、相应传感器及其线路
		线路故障	检查相关线路电气元件
Er5006	防护门气缸不动作	气压不足	检查气路
		防护门没有关到位或开到位，防护门关到位或开到位传感器异常	检查防护门机构、相应传感器及其线路
		线路故障	检查相关线路电气元件
Er5007	卡盘松开或夹紧到位故障	液压压力不足	检查卡盘液压压力
		卡盘夹紧或松开没有到位，卡盘夹紧到位或卡盘松开到位传感器异常	检查卡盘夹紧或者松开机构、相应传感器及其线路
		线路故障	检查相关线路电气元件
Er5010	工件夹紧/松开气缸（手爪气缸）不动作	气压不足	检查气路
		工件夹紧或松开没有到位，工件夹紧到位或松开到位传感器异常	检查气缸机构、相应传感器及其线路
		线路故障	检查相关线路电气元件

四、工作总结及评价。

1. 以小组会议方式讨论任务完成情况。

2. 制定工作总结提纲，完成工作总结。

 任务测评

在完成本任务的学习后，严格按照表 5–3–9 的要求，完成自我评价、小组评价和教师评价。

表 5–3–9　　测评表

<table>
<tr><td>组别</td><td></td><td>组长</td><td></td><td>组员</td><td colspan="3"></td></tr>
<tr><td colspan="4">评价内容</td><td>分值</td><td>自我评价
（30%）</td><td>小组评价
（30%）</td><td>教师评价
（40%）</td></tr>
<tr><td rowspan="4">职业素养（30%）</td><td colspan="3">1. 出勤准时率</td><td>6</td><td></td><td></td><td></td></tr>
<tr><td colspan="3">2. 学习态度</td><td>6</td><td></td><td></td><td></td></tr>
<tr><td colspan="3">3. 承担任务量</td><td>8</td><td></td><td></td><td></td></tr>
<tr><td colspan="3">4. 团队协作性</td><td>10</td><td></td><td></td><td></td></tr>
<tr><td rowspan="5">专业能力（70%）</td><td colspan="3">1. 工作准备的充分性</td><td>10</td><td></td><td></td><td></td></tr>
<tr><td colspan="3">2. 工作计划的可行性</td><td>10</td><td></td><td></td><td></td></tr>
<tr><td colspan="3">3. 功能分析完整、逻辑性强</td><td>15</td><td></td><td></td><td></td></tr>
<tr><td colspan="3">4. 总结展示清晰、有新意</td><td>15</td><td></td><td></td><td></td></tr>
<tr><td colspan="3">5. 安全文明生产及 7S</td><td>20</td><td></td><td></td><td></td></tr>
<tr><td colspan="4">总计</td><td>100</td><td></td><td></td><td></td></tr>
<tr><td colspan="4" rowspan="3">个人的工作时间</td><td>提前完成</td><td colspan="3"></td></tr>
<tr><td>准时完成</td><td colspan="3"></td></tr>
<tr><td>滞后完成</td><td colspan="3"></td></tr>
<tr><td colspan="4">个人认为完成得好的地方</td><td colspan="4"></td></tr>
<tr><td colspan="4">值得改进的地方</td><td colspan="4"></td></tr>
<tr><td colspan="4">小组综合评价</td><td colspan="4"></td></tr>
<tr><td colspan="4">组长签名：</td><td colspan="4">教师签名：</td></tr>
</table>

项目六
智能装配系统的设计与实践

SX-TFI4 智能教学工厂的智能装配系统由传送装置、工业机器人和 PLC 等共同组成，同时包含了多种传感器，可以完成电动机零部件的装配过程。智能装配系统由两个单元组成：电动机装配单元和拧螺钉单元，一个完成轴承及整机的装配，另一个则完成拧螺钉及外表检测的任务。在本项目中将对两个单元分别进行介绍。智能装配系统的上一站为智能加工系统，下一站为智能检测系统。通过本项目的学习使学员对智能装配系统的组成和功能有清楚的认识，并能完成智能装配系统的方案设计及操作。

任务 1　智能装配系统电动机装配单元的功能需求分析

学习目标

1. 能对智能装配系统的电动机装配单元进行功能需求分析。
2. 掌握智能装配系统电动机装配单元应具备的基本要素和功能。

任务描述

以智能教学工厂智能装配系统中的电动机装配单元为具体实施对象，对电动机装配单元的功能进行分析和梳理，从而总结出一般智能装配系统电动机装配应具备的功能列表，为后续智能装配系统电动机装配工艺流程设计、硬件选型及编程等工作打下基础。

知识准备

一、步进电动机简介

步进电动机是一种专门用于位置和速度控制的特种电动机，常用于定长送料、轨迹描述、点位运动、角度分割等需要精确定位的场合。步进电动机能将脉冲信号直接转换成角位移（或直线位移），每接收一个电脉冲，在驱动电源的作用下，步进电动机转子就转过一个相应的步距角，只要控制输入电脉冲的数量、频率以及电动机绕组通电相序，即可获得所需的转角、转速及转向，转子角位移的大小及转速分别与输入的控制电脉冲数及其频率成正比。由于步进电动机的角位移是一个步距一个步距（对应一个脉冲）移动的，所以称为步进电动机。当步进电动机的结构和控制方式确定后，步距角的大小为一固定值，可以对它进行开环控制。由于步进电动机工作原理易学易用，成本低廉（相对于伺服），非常适合于微型机算机和单片机控制，因此，近年来在各行各业的控制设备中获得了越来越广泛的应用。

步进电动机在构造上有三种主要类型：反应式、永磁式、混合式。

反应式：定子上有绕组，转子由软磁材料制成。结构简单、成本低、步距角小，可达 1.2°，但动态性能差、效率低、发热大，可靠性难保证。

永磁式：永磁式步进电动机的转子用永磁材料制成，转子的极数与定子的极数相同。其特点是动态性能好、输出转矩大，但这种电动机精度差，步距角大（一般为 7.5° 或 15°）。

混合式：混合式步进电动机综合了反应式和永磁式的优点，其定子上有多相绕组，转子上采用永磁材料，转子和定子上均有多个小齿以提高步距精度。其特点是输出转矩大、动态性能好，步距角小，但结构复杂、成本相对较高。

步进电动机按定子上绕组来分主要有二相、三相、五相等系列。其中占市场份额最大、最受欢迎的是两相混合式步进电动机，其原因是性价比高，配上细分驱动器后效果良好。该种电动机的基本步距角为 1.8°，配上半步驱动器后，步距角减小，为 0.9°，配上细分驱动器后其步距角可细分达 256 分之一（0.007°）。由于摩擦力和制造精度等原因，实际控制精度略低。电动机按驱动方式分有整步、半步、细分三种。同一部电动机可配不同细分的驱动器以改变精度和效果。

1. 步进电动机工作过程

图 6–1–1 所示为反应式步进电动机结构简图。其定子有六个均匀分布的磁极，磁极上缠绕励磁绕组，每两个相对磁极组成一组，称为一相，六个定子磁极可组成 A–A′、B–B′、C–C′ 三组，即有 A 相、B 相、C 相三相。

三相单三拍工作顺序如图 6–1–2 所示，假定转子具有均匀分布的 4 个齿，齿宽及间距一致。故齿距为 360°/4=90°，三对磁极上的齿（即齿距）也为 90° 均布，但在圆

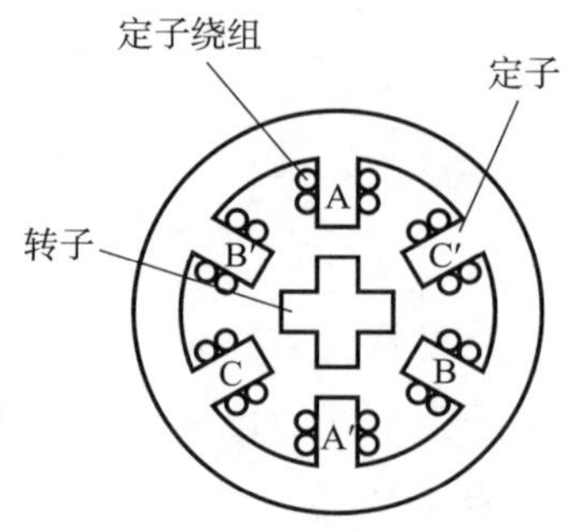

图 6–1–1 反应式步进电动机结构简图

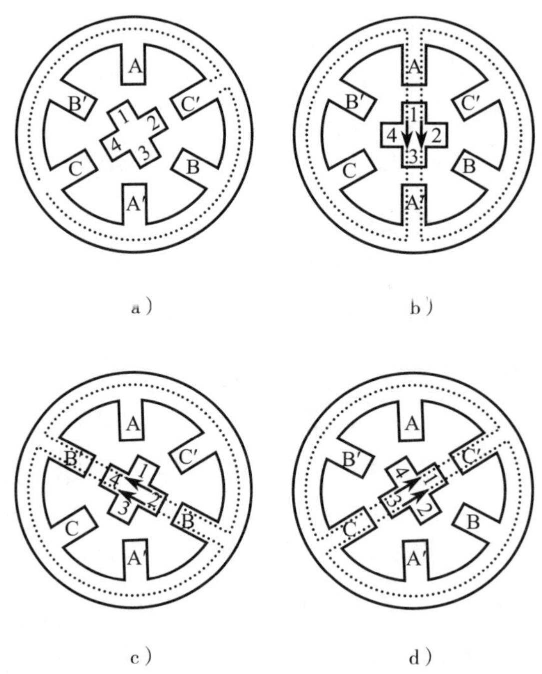

图 6–1–2 三相单三拍工作顺序

a）未通电 b）A 相通电 c）B 相通电 d）C 相通电

周方向依次错过 1/3 齿距（即 30°）。

当定子绕组未通电时，转子处于自由状态。假如电动机当前处于图 6–1–2a 所示状态，此时将电脉冲加到 A 相励磁绕组，定子 A 相磁极就产生磁通，并对转子产生磁吸力，转子离 A 相磁极最近的两个齿 1 和 3 与定子的 A 相磁极对齐，如图 6–1–2b 所示。此时 B 相相对于转子齿 2 和 4 所在直线在顺时针方向错过了 30°。当 A 相断电，再将电脉冲通入 B 相励磁绕组，在磁吸力的作用下，转子离 B 相最近的两个齿 2 和 4 将与定子的 B 相磁极对齐，如图 6–1–2c 所示。此时，转子相较于图 6–1–2b 中的状态沿着顺时针方向转过了 30° 角。然后给 B 相断电，C 相通电时，转子顺时针再转过 30° 角，如图 6–1–2d 所示。如此按照 A–B–C–A 的顺序通电，转子则沿顺时针方向一步步地转动，每步转过 30°，这个角度就叫步距角。显然，单位时间内通入的电脉冲数越多，即电脉冲频率越高，电动机转速越高。如果按照 A–C–B–A 的顺序通电，步进电动机则沿逆时针方向一步步地转动。从一相通电换到另一相通电称为一拍，每一拍转子转动一个步距角。像上述的步进电动机，三相励磁绕组依次单独通电运行，换接三次完成一个通电循环，称为三相单三拍通电方式。

如果使两相励磁绕组同时通电，即按 AB–BC–CA–AB……顺序通电，这种通电方式称为三相双三拍，其步距角仍为 30°。步进电动机还可以按三相单、双六拍通电方式工作，即按 A–AB–B–BC–C–CA……顺序通电，换接六次完成一个通电循环，这种通电方式的步距角为 15°，是三相通电时的一半。步进电动机的步距角越小，意味着所能达到的位置控制精度越高。

2. 步进电动机的特点

根据上述工作过程，可以看出步进电动机具有以下几个基本特点：

（1）步进电动机受数字脉冲信号控制，输出角位移与输入脉冲数成正比，即

$$\theta = N\beta$$

式中 θ——电动机转过的角度，单位为（°）；

N——控制脉冲数；

β——步距角，单位为（°）。

（2）步进电动机的转速与输入的脉冲频率成正比。即

$$n=(\beta/360)\times 60f=\beta f/6$$

式中 n——电动机转速，单位为 r/min；

f——控制脉冲频率，单位为 Hz。

（3）步进电动机的步距角大小与通电方式和转子齿数有关，其大小可按下式计算

$$\beta = \frac{360°}{zm}$$

式中 z——转子齿数；

m——运行拍数，通常等于相数或相数的整数倍。

（4）步进电动机的转向可以通过改变通电顺序来改变。

（5）步进电动机具有自锁能力，一旦停止输入脉冲，只要维持绕组通电，电动机就可以保持在该固定位置。

（6）步进电动机工作状态不易受各种干扰因素（如电源电压的波动、温度等）影响。

（7）步进电动机的步距角有误差，转子转过一定步数以后也会出现累积误差，但转子转过一转以后，其累积误差为“零”，不会长期积累。

因此，步进电动机被广泛应用于开环控制的机电一体化系统，使系统简化，并可靠地获得较高的位置精度。

二、步进电动机整机组装流程

由前述步进电动机的工作原理的介绍可知，步进电动机包含定子、转子、前端盖、后端盖、波纹垫片、定位垫片、轴承等零部件，如图 6–1–3 所示。因此，在进行步进电动机的装配时，首先完成转子与轴承的装配，然后再进行整机装配，其大体的装配流程如下：

1. 装配前设备检查。
2. 机器人抓取转子至安装位。
3. 机器人分别装配左、右轴承。
4. 安装左、右定位垫片，并压紧轴承。
5. 将托盘运送至整机装配抓取工位。
6. 机器人抓取转子组件至装配工位。
7. 机器人安装波纹垫片。
8. 安装前端盖。
9. 安装定子。
10. 安装后端盖。
11. 机器人抓取组装完成的电动机组件放回托盘。

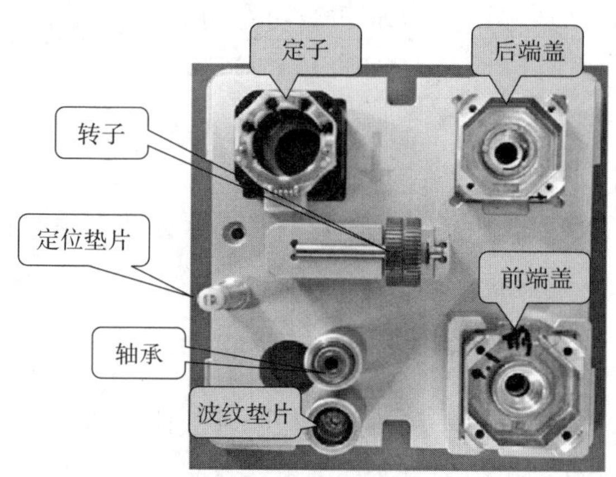

图 6–1–3　步进电动机组成

任务实施

一、接受任务，制订工作计划。

1. 工作组织：教师组织学员分组，每小组由 4 ~ 6 名学员组成，选定 1 名组长、1 名安全监督员（负责操作时的安全监督和记录），其余学员的工作由组长安排。

2. 接受任务：教师引导学员阅读工作任务单，完成工作任务单（见表 6–1–1）的填写。

表 6-1-1　　工作任务单

<table>
<tr><td colspan="2">SX-TFI4 智能教学工厂电动机装配单元功能需求分析任务单
单号：No.______　开单部门：______　开单人：______
开单时间：______　接单部门：______</td></tr>
<tr><td>任务描述</td><td>以智能教学工厂智能装配系统中的电动机装配单元为具体实施对象，对电动机装配单元的功能进行分析和梳理，从而总结出一般智能装配系统电动机装配应具备的功能列表</td></tr>
<tr><td>要求完成时间</td><td></td></tr>
<tr><td>接单人</td><td>签名：　　　　时间：</td></tr>
</table>

3. 工作计划表：制订详细的工作计划，并填入表 6-1-2 中。

表 6-1-2　　工作计划表

阶段	任务说明	计划工作内容	计划完成时间	责任人

二、任务实施：参观智能工厂或观看视频（扫描二维码可获得电动机装配视频），学习相关知识，记录参观情况，并完成功能分析表（见表 6-1-3）的制作。电动机转子与轴承的装配单元、电动机整机装配单元的实物图分别如图 6-1-4 和图 6-1-5 所示。

电动机装配视频

表 6-1-3　　电动机装配单元组成部分功能分析表

序号	组成部分（名称）	功能

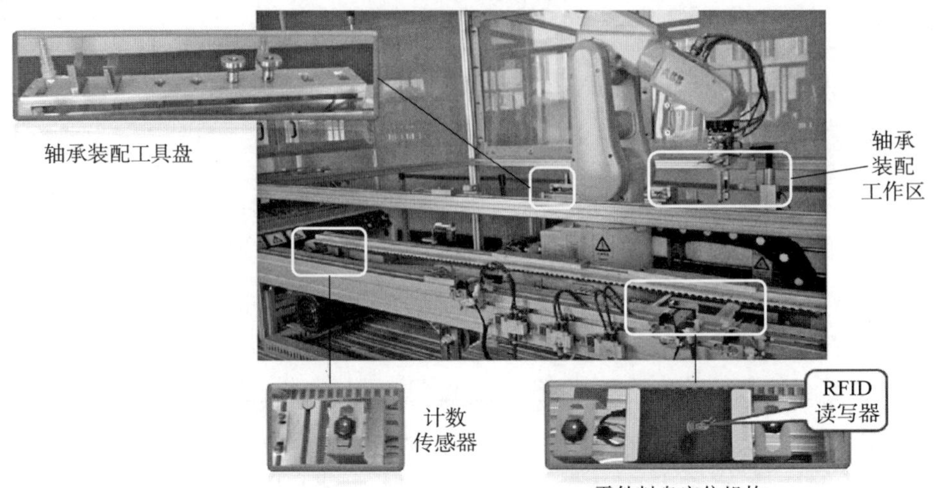

图 6–1–4　电动机转子与轴承的装配单元

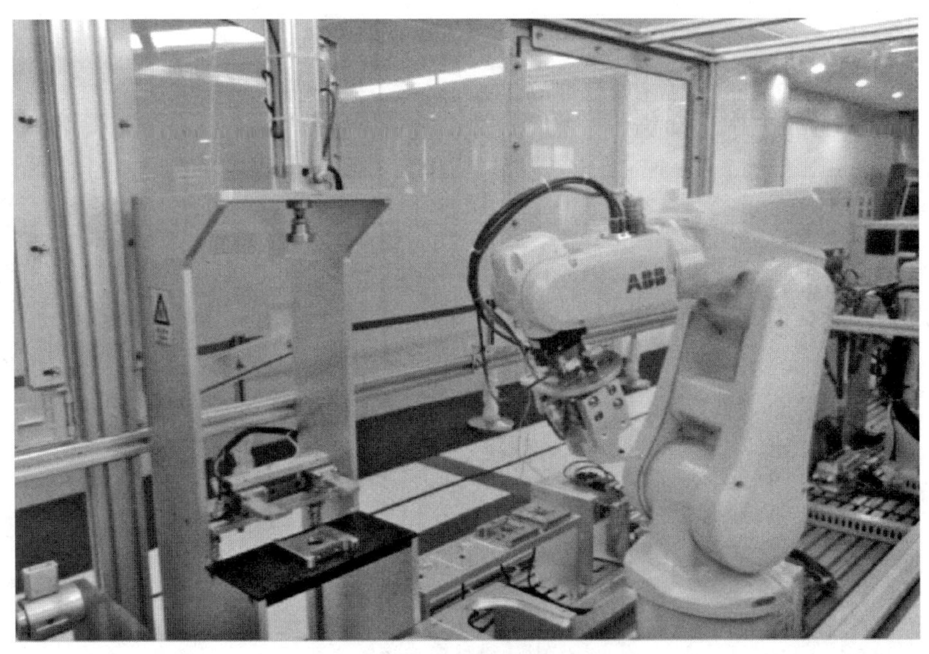

图 6–1–5　电动机整机装配单元

三、工作总结及评价。

1. 以小组会议方式讨论任务完成情况。

2. 制定工作总结提纲，完成工作总结。

任务测评

在完成本任务的学习后，严格按照表 6–1–4 的要求，完成自我评价、小组评价和教师评价。

表 6-1-4　　测评表

组别		组长		组员			
评价内容				分值	自我评价（30%）	小组评价（30%）	教师评价（40%）
职业素养（30%）	1. 出勤准时率			6			
	2. 学习态度			6			
	3. 承担任务量			8			
	4. 团队协作性			10			
专业能力（70%）	1. 工作准备的充分性			10			
	2. 工作计划的可行性			10			
	3. 功能分析完整、逻辑性强			15			
	4. 总结展示清晰、有新意			15			
	5. 安全文明生产及 7S			20			
总计				100			
个人的工作时间				提前完成			
				准时完成			
				滞后完成			
个人认为完成得好的地方							
值得改进的地方							
小组综合评价							
组长签名：					教师签名：		

任务 2　智能装配系统电动机装配单元的系统设计

学习目标

1. 通过学习电动机装配单元运行工艺流程，掌握装配单元的工艺流程特点与关键工序。

2. 能进行电动机装配单元的系统方案设计。

3. 具备依据电动机装配单元工艺流程进行硬件选型及编程等的能力。

任务描述

以智能教学工厂智能装配系统的电动机装配单元为具体实施对象，分析其详细工艺流程并依据流程选择合适的硬件及编程等，以达到设计要求与预期目标，为后续系统的组装、调试做前期必要的规划与准备。

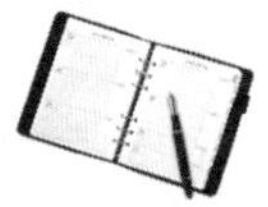

知识准备

步进电动机转子与轴承的装配过程可以描述如下：

一、装有电动机零件的料盘通过传送带送到定位机构，装在定位机构中的 RFID 读写器读取电动机装配信息，通过 PLC 输出信息，机器人接收信息并选择合理的装配程序。

二、机器人根据装配信息，将机器人夹具运动到电动机转子夹具放置处，并通过 DO 口输出信号，以夹紧电动机转子夹具。

三、机器人根据装配信息，从轴承装配工具盘中选择合适的 V 形块放置在轴承装配工作区，并通过 DO 口输出信号给 PLC，PLC 控制轴承装配区的 V 形块固定气缸固定 V 形块。

四、机器人从电动机零件料盘上抓取电动机转子，放置在 V 形块上，并通过 DO 口输出信号给 PLC，PLC 控制轴承装配工作区的转子固定装置固定电动机转子。

五、机器人根据装配信息，将机器人夹具运动到轴承夹具放置处，并通过 DO 口输出信号，以夹紧电动机轴承夹具。

六、机器人从电动机零件料盘上分别抓取两个轴承，并放置在轴承相应的装配位置。

七、机器人根据装配信息，将机器人夹具运动到垫片夹具处，并通过 DO 口输出信号，以夹紧垫片夹具。

八、机器人从电动机零件料盘上分别夹起两个定位垫片，并安装在转子相应的轴上。

九、机器人通过 DO 口输出信号给 PLC，PLC 控制轴承装配工作区完成轴承装配工作，完成后 PLC 输出轴承装配完成信号给机器人。

十、机器人把装配好的电动机转子组件搬到电动机零件料盘指定位置，并通过 DO 口输出电动机转子与轴承装配完成信号给 PLC。

任务实施

一、接受任务，制订工作计划。

1. 工作组织：教师组织学员分组，每小组由 4 ~ 6 名学员组成，选定 1 名组长、1名安全监督员（负责操作时的安全监督和记录），其余学员的工作由组长安排。

2. 接受任务：教师引导学员阅读工作任务单，完成工作任务单（见表6–2–1）的填写。

表6–2–1　　工作任务单

<table>
<tr><td colspan="2">SX–TFI4智能教学工厂电动机装配单元方案设计任务单
单号：No.________　　开单部门：________　　开单人：________
开单时间：________　　接单部门：________</td></tr>
<tr><td>任务描述</td><td>以智能教学工厂智能装配系统的电动机装配单元为具体实施对象，分析其详细工艺流程并依据流程选择合适的硬件及编程，以达到设计要求与预期目标</td></tr>
<tr><td>要求完成时间</td><td></td></tr>
<tr><td>接单人</td><td>签名：　　　　时间：</td></tr>
</table>

3. 工作计划表：制订详细的工作计划，并填入表6–2–2中。

表6–2–2　　工作计划表

阶段	任务说明	计划工作内容	计划完成时间	责任人

二、根据本项目任务1制作的功能分析表的要求设计系统方案。

1. 任务准备：调出本项目任务1制作的功能分析表。

2. 根据参观结果，梳理电动机装配详细工艺流程。具体工艺流程可参照图6–2–1～图6–2–3。

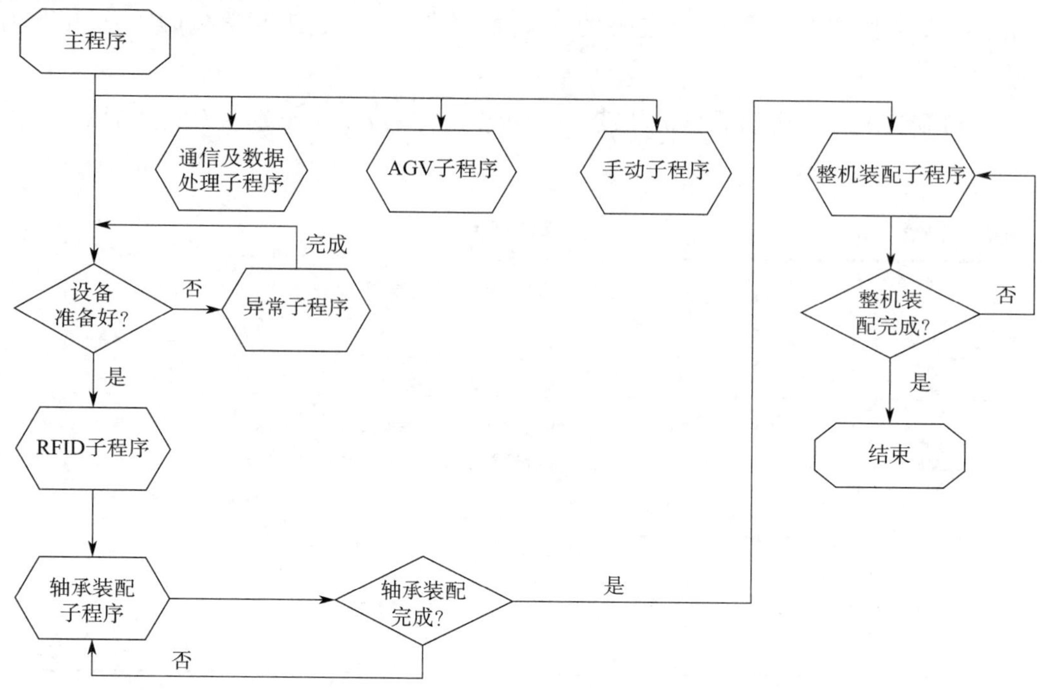

图 6-2-1　电动机装配单元工艺流程

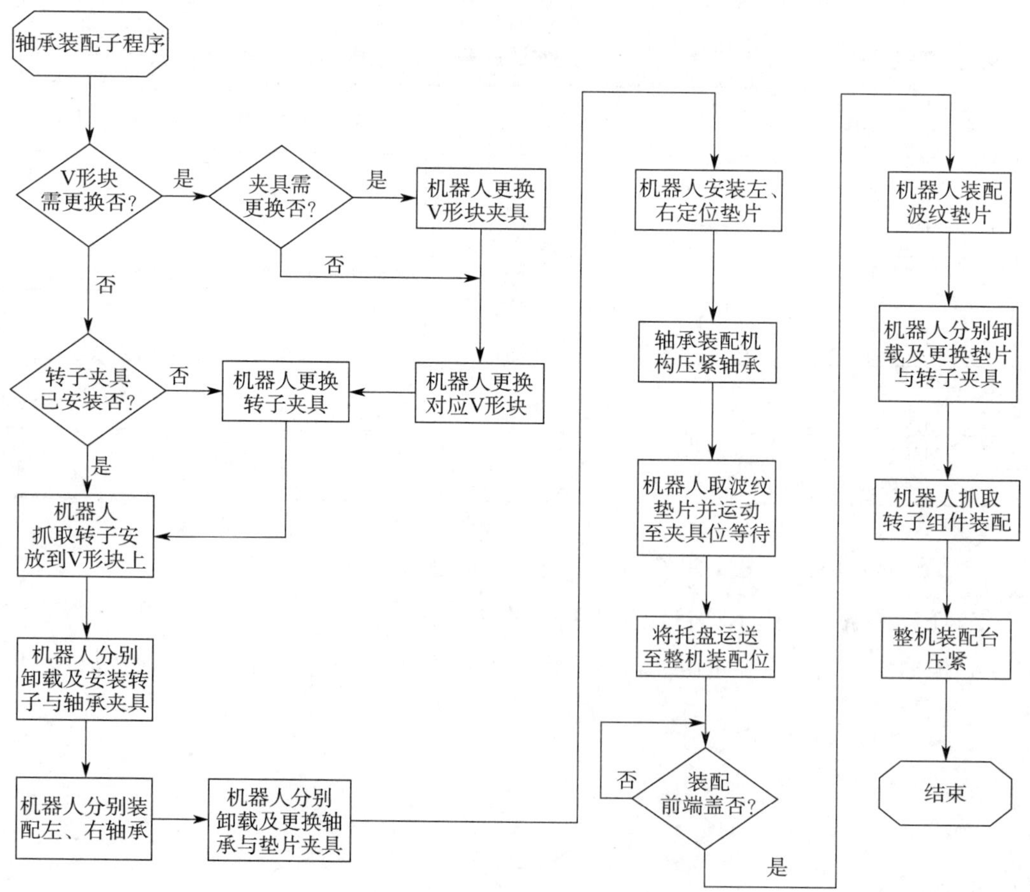

图 6-2-2　轴承装配工艺流程

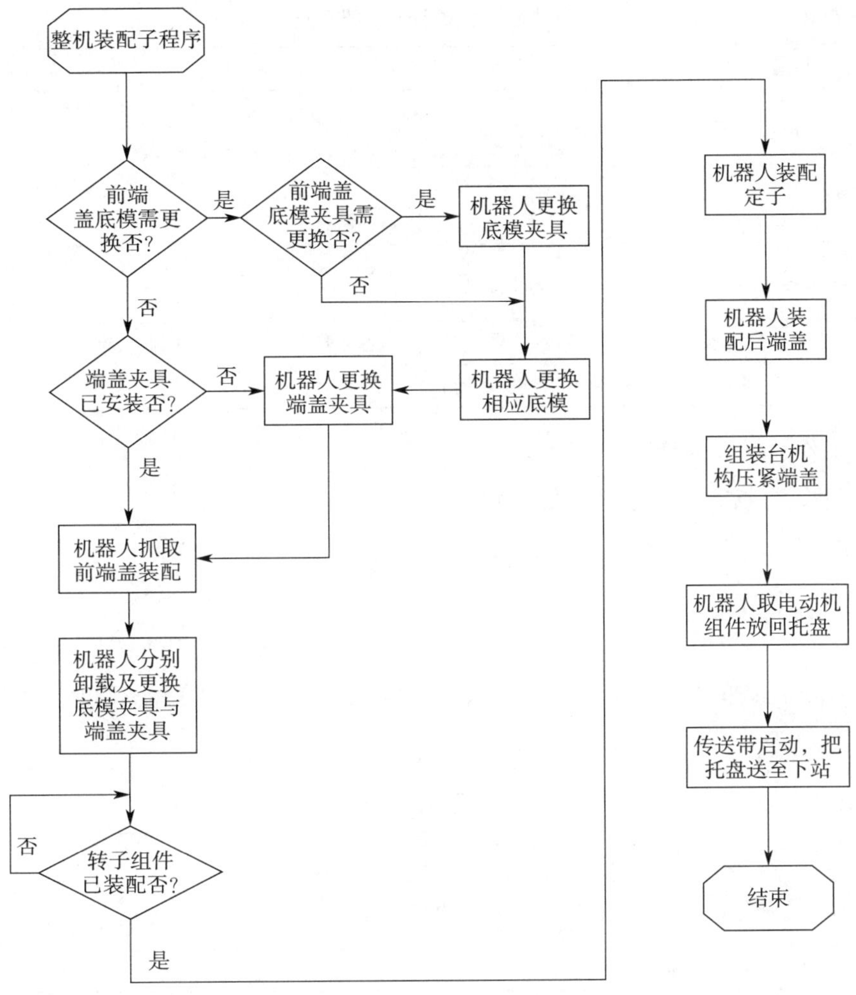

图 6-2-3　整机装配工艺流程

3. 系统构成方案设计：根据电动机装配单元的工艺流程进行系统的构成方案设计。具体设计方案构成可参照表 6-2-3。

表 6-2-3　电动机装配单元方案设计表

编号	需求设备	主要完成功能
1	1 号六轴工业机器人	主要完成步进电动机定子、转子、端盖、垫片的搬运及安装
2	2 号六轴工业机器人	主要完成步进电动机轴承的搬运及安装
3	电动机转子装配装置	主要完成步进电动机转子、端盖、垫片的安装
4	轴承装配装置	主要完成步进电动机轴承的安装

4. 主要硬件选型：在系统方案设计的基础上，根据功能需求完成系统的硬件选型及编程等。各种硬件的具体选型过程均有相应的方法，此处不再详述。SX-TFI4 智能教学工厂的电动机装配单元所采用的硬件选型见表 6-2-4。

表 6-2-4　　　　电动机装配单元硬件选型表

编号	设备名称	型号	用途	备注
1	1 号六轴工业机器人	ABB IRB120	主要完成步进电动机定子、转子、端盖、垫片的搬运及安装	ABB
2	2 号六轴工业机器人	ABB IRB120	主要完成步进电动机轴承的搬运及安装	ABB
3	电动机转子装配装置	三向公司自制	主要完成步进电动机转子、端盖、垫片的安装	三向
4	轴承装配装置	三向公司自制	主要完成步进电动机轴承的安装	三向
5	PLC	SIMATIC S7-1200	完成电气程序控制	西门子

三、工作总结及评价。

1. 以小组会议方式讨论任务完成情况。

2. 制定工作总结提纲，完成工作总结。

任务测评

在完成本任务的学习后，严格按照表 6-2-5 的要求，完成自我评价、小组评价和教师评价。

表 6-2-5　　　　测评表

<table>
<tr><td>组别</td><td></td><td>组长</td><td></td><td>组员</td><td colspan="3"></td></tr>
<tr><td colspan="4">评价内容</td><td>分值</td><td>自我评价（30%）</td><td>小组评价（30%）</td><td>教师评价（40%）</td></tr>
<tr><td rowspan="4">职业素养（30%）</td><td colspan="3">1. 出勤准时率</td><td>6</td><td></td><td></td><td></td></tr>
<tr><td colspan="3">2. 学习态度</td><td>6</td><td></td><td></td><td></td></tr>
<tr><td colspan="3">3. 承担任务量</td><td>8</td><td></td><td></td><td></td></tr>
<tr><td colspan="3">4. 团队协作性</td><td>10</td><td></td><td></td><td></td></tr>
<tr><td rowspan="5">专业能力（70%）</td><td colspan="3">1. 工作准备的充分性</td><td>10</td><td></td><td></td><td></td></tr>
<tr><td colspan="3">2. 工作计划的可行性</td><td>10</td><td></td><td></td><td></td></tr>
<tr><td colspan="3">3. 功能分析完整、逻辑性强</td><td>15</td><td></td><td></td><td></td></tr>
<tr><td colspan="3">4. 总结展示清晰、有新意</td><td>15</td><td></td><td></td><td></td></tr>
<tr><td colspan="3">5. 安全文明生产及 7S</td><td>20</td><td></td><td></td><td></td></tr>
<tr><td colspan="4">总计</td><td>100</td><td></td><td></td><td></td></tr>
<tr><td colspan="4" rowspan="3">个人的工作时间</td><td>提前完成</td><td colspan="3"></td></tr>
<tr><td>准时完成</td><td colspan="3"></td></tr>
<tr><td>滞后完成</td><td colspan="3"></td></tr>
<tr><td colspan="4">个人认为完成得好的地方</td><td colspan="4"></td></tr>
<tr><td colspan="4">值得改进的地方</td><td colspan="4"></td></tr>
<tr><td colspan="4">小组综合评价</td><td colspan="4"></td></tr>
<tr><td colspan="4">组长签名：</td><td colspan="4">教师签名：</td></tr>
</table>

任务 3　智能装配系统电动机装配单元的操作与维护

学习目标

1. 掌握电动机装配单元各硬件的基本功能与特性。
2. 掌握电动机装配单元的操作、维护方法。
3. 能结合故障查询表排除基本故障。

任务描述

以智能教学工厂智能装配系统中的电动机装配单元为具体实施对象，依据装配工艺流程、硬件选型及编程等进行系统的组装与调试，最终使电动机装配单元按预期目标稳定运行，并能结合故障查询表排除常见故障。

任务实施

一、接受任务，制订工作计划。

1. 工作组织：教师组织学员分组，每小组由 4 ~ 6 名学员组成，选定 1 名组长、1 名安全监督员（负责操作时的安全监督和记录），其余学员的工作由组长安排。

2. 接受任务：教师引导学员阅读工作任务单，完成工作任务单（见表 6–3–1）的填写。

表 6–3–1　工作任务单

SX–TFI4 智能教学工厂电动机装配单元操作与维护任务单 单号：No.______　开单部门：______　开单人：______ 开单时间：______　接单部门：______	
任务描述	以智能教学工厂智能装配系统中的电动机装配单元为具体实施对象，依据装配工艺流程、硬件选型及编程等进行系统的组装与调试，最终使电动机装配单元按预期目标稳定运行，并能结合故障查询表排除常见故障
要求完成时间	
接单人	签名：　　时间：

3. 工作计划表：制订详细的工作计划，并填入表 6–3–2 中。

表 6-3-2 工作计划表

阶段	任务说明	计划工作内容	计划完成时间	责任人

二、完成系统的硬件连接和参数设置，并进行调试。

1. 根据电动机装配单元的具体功能及硬件组成，进行电动机装配单元输入 / 输出地址分配、轴承装配机器人输入 / 输出变量配置，具体设置可以参照表 6-3-3 ~ 表 6-3-5。

表 6-3-3 输入 / 输出地址分配表

序号	地址	功能	备注
1	I0.0	伺服脉冲反馈	
2	I0.1	启动	
3	I0.2	停止	
4	I0.3	复位	
5	I0.4	单机 / 联机选择	
6	I0.5	急停	
7	I0.6	伺服准备就绪	
8	I0.7	伺服报警信号	
9	I1.0	伺服原点	
10	I1.1	伺服左限位	
11	I1.2	伺服右限位	
12	I1.3	轴承装配传送带物料入口检测	
13	I1.4	轴承装配传送带料盘定位	
14	I1.5	定位气缸缩回到位	
15	I2.0	轴承装配传送带前挡板气缸缩回到位	
16	I2.1	轴承压入气缸缩回到位	
17	I2.2	轴承压入气缸伸出到位	
18	I2.3	V 形块固定气缸缩回到位	
19	I2.4	V 形块固定气缸伸出到位	

续表

序号	地址	功能	备注
20	I2.5	轴承台旋转气缸松开	
21	I2.6	轴承台旋转气缸夹紧	
22	I2.7	轴承装配夹具气缸松开	
23	I3.0	轴承装配夹具气缸夹紧	
24	I4.0	35 号 V 形块到位	
25	I4.1	42 号 V 形块到位	
26	I4.3	整机装配传送带物料入口检测	
27	I4.4	整机装配传送带物料出口检测	
28	I4.5	整机装配传送带定位气缸伸出到位	
29	I4.6	整机装配传送带定位气缸缩回到位	
30	I4.7	转子夹紧气缸夹紧	
31	I5.0	转子夹紧气缸松开	
32	I5.1	压紧气缸缩回到位	
33	I5.2	压紧气缸伸出到位	
34	I5.3	整机装配夹具松开	
35	I5.4	整机装配夹具夹紧	
36	I5.6	35 号端盖底模到位	
37	I5.7	42 号端盖底模到位	
38	I6.2	轴承夹具座到位	
39	I6.3	垫片夹具座到位	
40	I6.4	转子 V 形块夹具座到位	
41	I6.6	端盖定子夹具座到位	
42	I6.7	端盖底模夹具座到位	
43	I7.0	轴承装配传送带后挡板气缸缩回到位	
44	I7.1	整机装配传送带挡板气缸缩回到位	
45	I7.2	轴承装配传送带前挡板气缸伸出到位	
46	Q0.0	伺服脉冲	
47	Q0.1	伺服方向	
48	Q0.2	伺服使能	
49	Q0.3	伺服复位	
50	Q0.4	轴承装配传送带电动机启动	
51	Q0.5	整机装配传送带电动机启动	

续表

序号	地址	功能	备注
52	Q0.6	伺服 STO（safe torque off，安全扭矩关闭）	
53	Q0.7	设备急停	
54	Q2.0	轴承装配传送带定位气缸伸出	
55	Q2.1	轴承压入气缸伸出	
56	Q2.2	V 形块紧固气缸伸出	
57	Q2.3	轴承台旋转气缸伸出	
58	Q2.4	轴承装配夹具气缸松开	
59	Q2.5	轴承装配机器人夹具夹紧	
60	Q2.6	整机装配传送带定位气缸伸出	
61	Q2.7	转子夹紧气缸伸出	
62	Q3.0	压紧气缸伸出	
63	Q3.1	整机装配夹具气缸松开	
64	Q3.2	整机装配机器人夹具夹紧	
65	Q3.3	运行指示灯	
66	Q3.4	停止指示灯	
67	Q3.5	复位指示灯	
68	Q3.6	故障指示灯	
69	Q3.7	轴承装配传送带前挡板气缸伸出	
70	Q4.6	轴承装配传送带后挡板气缸伸出	
71	Q4.7	整机装配传送带挡板气缸伸出	

表 6-3-4　轴承装配机器人输入 / 输出变量配置表（PN 通信）

机器人变量名称	对应 PLC 地址	类型	注释
Di08Estop_Rest	Q665.0	输入	急停复位
Di09Error_Rest	Q665.1	输入	报警状态复位
Di10StartAt_Main	Q665.2	输入	主程序启动
Di11Motor_On	Q665.3	输入	电动机上电
Di12Start	Q665.4	输入	程序启动
Di13Stop	Q665.5	输入	程序停止
Di14E_Stop	Q665.6	输入	设备急停
Do08E_Stop	I669.0	输出	急停状态输出
Do09Auto_On	I669.1	输出	自动状态输出
Do10Error	I669.2	输出	报警状态输出

表 6-3-5　　　　轴承装配机器人输入 / 输出变量配置表（I/O 通信）

机器人变量名称	机器人变量占用地址	对应 PLC 地址	类型	注释
in64	0 ~ 7	QB664	输入	接收 PLC 工作流程变量
inOpen	16	Q666.0	输入	夹具松开传感器信号反馈
inClose	17	Q666.1	输入	夹具夹紧传感器信号反馈
inSZQG	18	Q666.2	输入	轴承台旋转气缸缩回反馈
inZCTQG	19	Q666.3	输入	轴承台 V 形块固定气缸缩回反馈
inSFVGongZuoWei	20	Q666.4	输入	伺服定位到达 V 形块工作位反馈
inSFZhuZhuangwei	21	Q666.5	输入	伺服定位到达组装工作位反馈
inSFJiaJuWei	22	Q666.6	输入	伺服定位到达夹具更换工作位反馈
inZJZuZhuangTOpen	23	Q666.7	输入	整机装配台转子夹紧气缸松开反馈
inZJZuZhuangTClose	24	Q667.0	输入	整机装配台转子夹紧气缸夹紧反馈
inZQDuanGaiWC	25	Q667.1	输入	整机装配安装前端盖完成反馈
inZJGongZhong	26	Q667.2	输入	整机机器人位置在安全区反馈
inVjiaJu	27	Q667.3	输入	转子 V 形块夹具座传感器反馈
inDianPianJiaJu	28	Q667.4	输入	垫片夹具座传感器反馈
inZhouChengJiaJu	29	Q667.5	输入	轴承夹具座传感器反馈
in35V	30	Q667.6	输入	35V 形块座传感器反馈
in42V	31	Q667.7	输入	42V 形块座传感器反馈
out68	0 ~ 7	IB668	输出	向 PLC 反馈工作流程变量
outDianCF	16	I670.0	输出	夹具松开、夹紧指令
outZiSuo	17	I670.1	输出	机器人夹具的松开、夹紧指令
outSZQG	18	I670.2	输出	轴承台旋转气缸松开、夹紧指令
outFanHuiOpen	19	I670.3	输出	轴承台 V 形块气缸松开、夹紧指令
outHome	20	I670.4	输出	在原点位置反馈
outSFVGongZuoWei	21	I670.5	输出	V 形块工作位位置定位指令
outSFZuZhuangWei	22	I670.6	输出	组装工作位位置定位指令
outSFJiaJuWei	23	I670.7	输出	更换夹具工作位位置定位指令
outZJZuZhuangTClose	24	I671.0	输出	装配台转子夹紧指令
outSFHuiYuanDian	25	I671.1	输出	回原点
outDongZuoFA	26	I671.2	输出	完成装配转子动作反馈

2. 在编写机器人程序时，建议将每个子功能单独写成一个子程序。在主程序运行时，如果需要相应的功能，直接调用子程序即可。编写轴承装配机器人程序时可以参考表 6-3-6 中给出的子程序。

表 6-3-6　轴承装配机器人子程序

子程序名称	注释	子程序名称	注释
zZhuanZiJiaJu	安装转子 V 形块夹具	DingWeiDP_Rig35A	装配 35A 电动机右定位垫片
zZhouChengJiaJu	安装轴承夹具	DingWeiDP_Rig35B	装配 35B 电动机右定位垫片
zDianPianJiaJu	安装垫片夹具	DingWeiDP_Left42A	装配 42A 电动机左定位垫片
sZhuanZiJiaJu	卸载转子 V 形块夹具	DingWeiDP_Left42B	装配 42B 电动机左定位垫片
sZhouChengJiaJu	卸载轴承夹具	DingWeiDP_Rig42A	装配 42A 电动机右定位垫片
sDianPianJiaJu	卸载垫片夹具	DingWeiDP_Rig42B	装配 42B 电动机右定位垫片
z35V	安装 35 系列电动机 V 形块	ZhouCheng_Left	装配 35 系列电动机左轴承
z42V	安装 42 系列电动机 V 形块	ZhouCheng_Rig	装配 35 系列电动机右轴承
s35V	卸载 35 系列电动机 V 形块	ZhouCheng_42Left	装配 42 系列电动机左轴承
s42V	卸载 42 系列电动机 V 形块	ZhouCheng_42Rig	装配 42 系列电动机右轴承
ZhuanZi	装配转子	BoWenDP	装配 35 系列电动机波纹垫片
DingWeiDP_Left35A	装配 35A 电动机左定位垫片	BoWenDP42	装配 42 系列电动机波纹垫片
DingWeiDP_Left35B	装配 35B 电动机左定位垫片	ZhuanZiZuJian	装配 35 系列电动机转子组件
		ZhuanZiZuJian42	装配 42 系列电动机转子组件

3. 整机装配机器人输入 / 输出变量配置见表 6-3-7 和表 6-3-8，编写整机装配机器人程序时可以参考表 6-3-9 中给出的子程序。

表 6-3-7　整机装配机器人输入 / 输出变量配置（PN 通信）

机器人变量名称	对应 PLC 地址	类型	注释
Di08Estop_Rest	Q801.0	系统输入	急停复位
Di09Error_Rest	Q801.1	系统输入	报警状态复位
Di10StartAt_Main	Q801.2	系统输入	主程序启动
Di11Motor_On	Q801.3	系统输入	电动机上电
Di12Start	Q801.4	系统输入	程序启动
Di13Stop	Q801.5	系统输入	程序停止
Di14E_Stop	Q801.6	系统输入	设备急停
Do08E_Stop	I801.0	系统输出	急停状态输出
Do09Auto_On	I801.1	系统输出	自动状态输出
Do10Error	I801.2	系统输出	报警状态输出

表 6-3-8 整机装配机器人输入 / 输出变量配置（I/O）

机器人变量名称	机器人变量占用地址	对应 PLC 地址	类型	注释
in202	0～7	QB800	输入	接收 PLC 工作流程变量
inOpen	16	Q802.0	输入	夹具松开传感器信号反馈
inClose	17	Q802.1	输入	夹具夹紧传感器信号反馈
inZuZhuangTOpen	18	Q802.2	输入	整机装配台压紧气缸松开反馈
inDaJinHuiQG	19	Q802.3	输入	整机装配台压紧气缸回位反馈
inDGDiMoJiaJu	20	Q802.4	输入	底模夹具座传感器反馈
inQDuanGaiJiaJu	21	Q802.5	输入	端盖定子夹具座传感器反馈
in35DiMo	22	Q802.6	输入	35 底模座传感器反馈
in42DiMo	23	Q802.7	输入	42 底模座传感器反馈
out202	0～7	IB800	输出	向 PLC 反馈工作流程变量
outDianCF	16	I802.0	输出	夹具松开、夹紧指令
outZiSuo	17	I802.1	输出	机器人夹具松开、夹紧指令
outHome	18	I802.2	输出	在原点位置反馈
outDaJinHuiQG	19	I802.3	输出	整机装配台压紧气缸松开指令
outDaJinDaQG	20	I802.4	输出	整机装配台压紧气缸压紧指令

表 6-3-9 整机装配机器人子程序表

子程序名称	注释	子程序名称	注释
zDGMoJuJiaJu	安装端盖底模夹具	QianDuanGai42	装配 42 系列电动机前端盖
zDuanGaiJiaJu	安装端盖夹具	DingZi	装配 35 系列电动机定子
sDGMoJuJiaJu	卸载端盖底模夹具	DingZi42	装配 42 系列电动机定子
sDuanGaiJiaJu	卸载端盖夹具	HouDuanGai35A	装配 35A 电动机后端盖
z35DGDiMo	安装 35 系列电动机端盖底模	HouDuanGai35B	装配 35B 电动机后端盖
z42DGDiMo	安装 42 系列电动机端盖底模	HouDuanGai42A	装配 42A 电动机后端盖
s35DGDiMo	卸载 35 系列电动机端盖底模	HouDuanGai42B	装配 42B 电动机后端盖

续表

子程序名称	注释	子程序名称	注释
s42DGDiMo	卸载 42 系列电动机端盖底模	CPDianJi	取组装完成 35 系列成品电动机放于托盘上
QianDuanGai	装配 35 系列电动机前端盖	CPDianJi42	取组装完成 42 系列成品电动机放于托盘上

4. 结合所选元件的 I/O 定义，绘制电动机整机装配单元控制原理图，如图 6-3-1 所示。

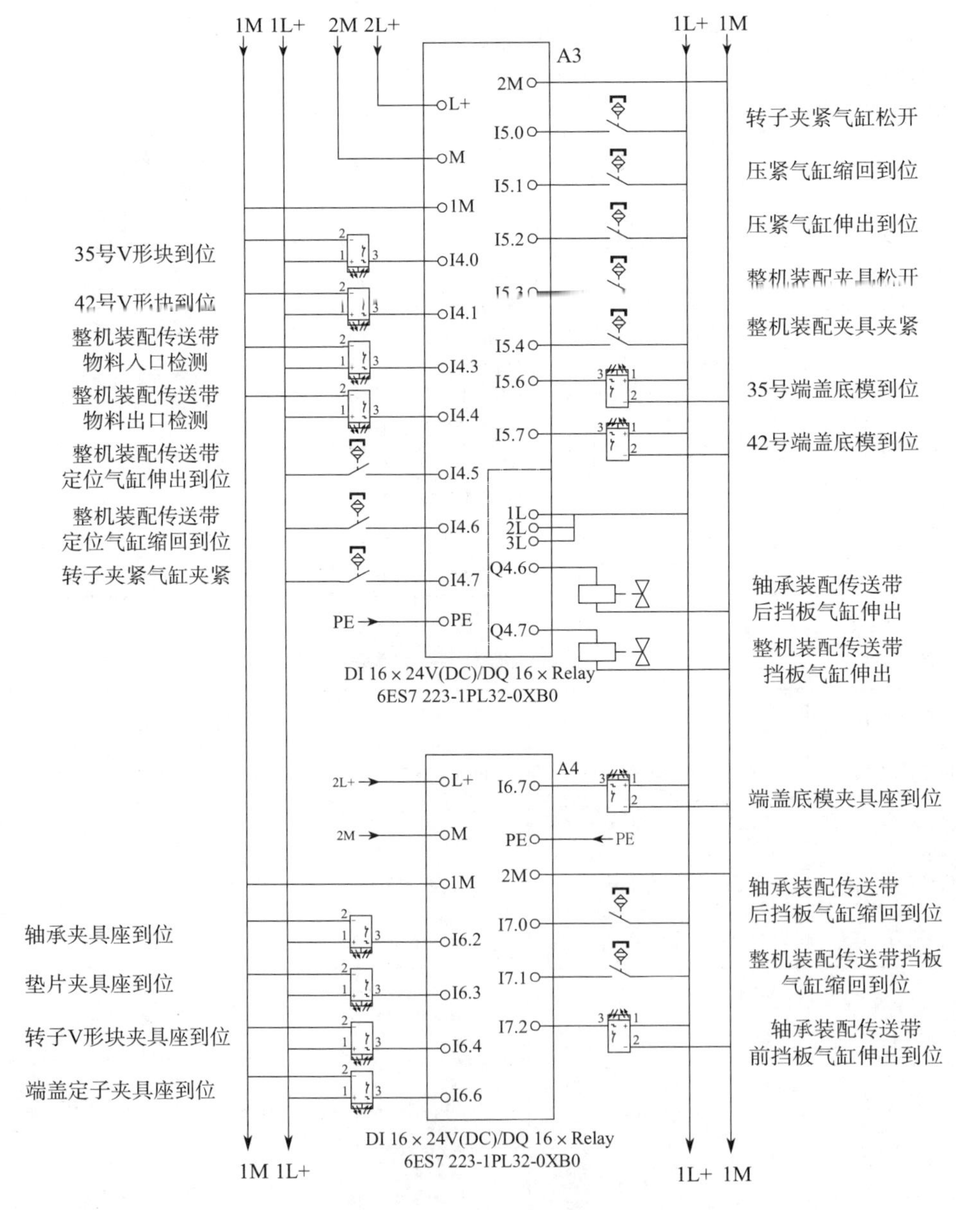

a）

A1
1M 1L+
L+
M
2L+ 24V
2M 0V
1M
A1
伺服脉冲反馈
I0.0
按钮板
启动按钮
I0.1
停止按钮
I0.2
复位按钮
I0.3
单机/联机按钮
I0.4
急停按钮
I0.5
KA6
伺服准备就绪
I0.6
KA7
伺服报警
I0.7
伺服原点
I1.0
伺服左限位
I1.1
伺服右限位
I1.2
轴承装配传送带物料入口检测
I1.3
轴承装配传送带料盘定位
I1.4
定位气缸缩回到位
I1.5
1M 1L+
CPU 1214C DC/DC/DC
6ES7 214-1AG40-0XB0
五口交换机
U8
总交换机
触摸屏
轴承机器人
整机机器人
1M 1L+
3L+
3M
伺服驱动器
Q0.0 A_24P 伺服脉冲
Q0.1 B_24P 伺服方向
Q0.2 SON 伺服使能
Q0.3 RESET 伺服复位
Q0.4 KA2 轴承装配传送带电动机启动
Q0.5 KA3 整机装配传送带电动机启动
Q0.6 KA4 伺服STO
Q0.7 KA5 设备急停
1M 1L+
RFID读写器
485+
RS485模板
485−
RFID 读写器

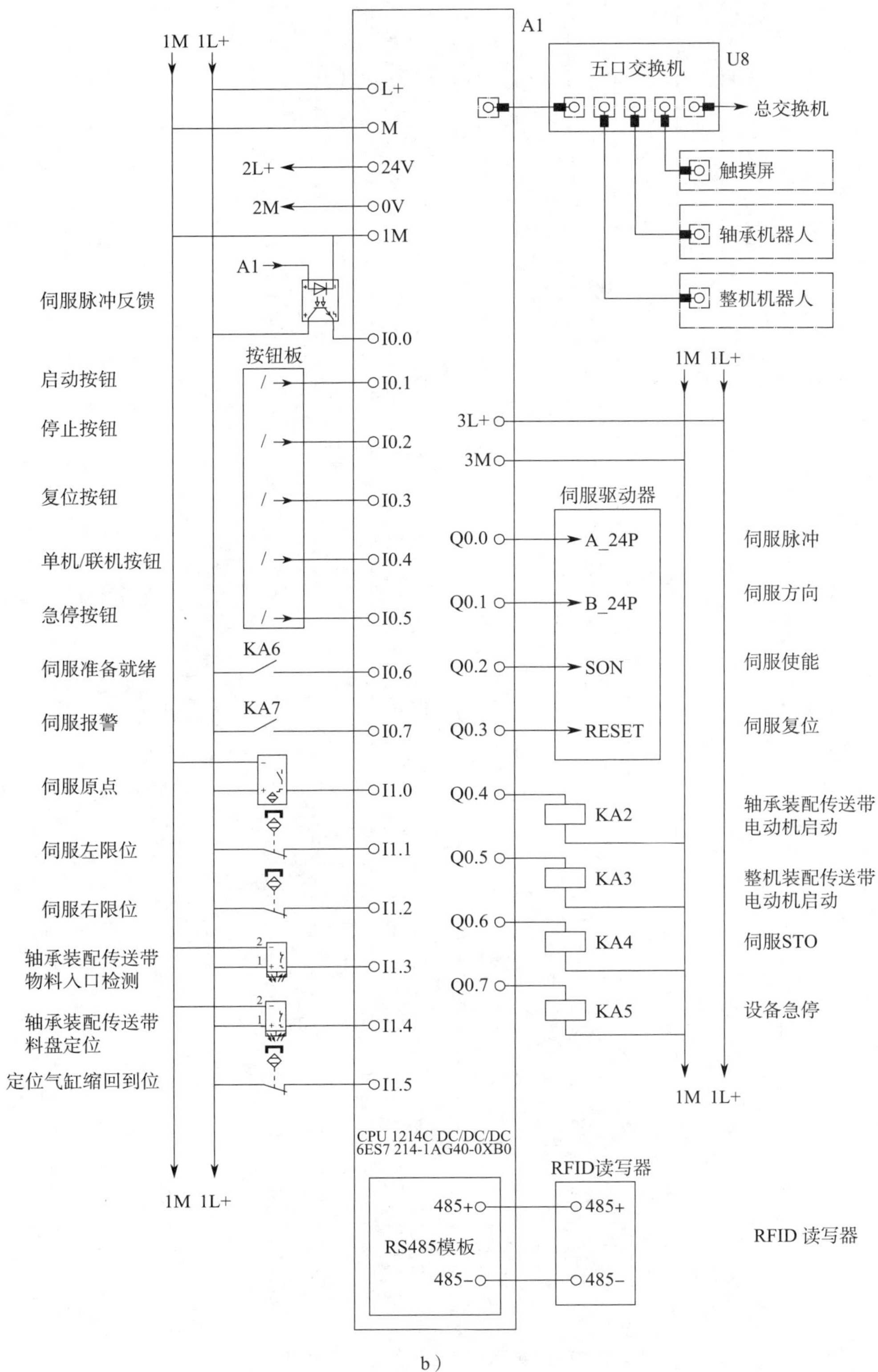

b）

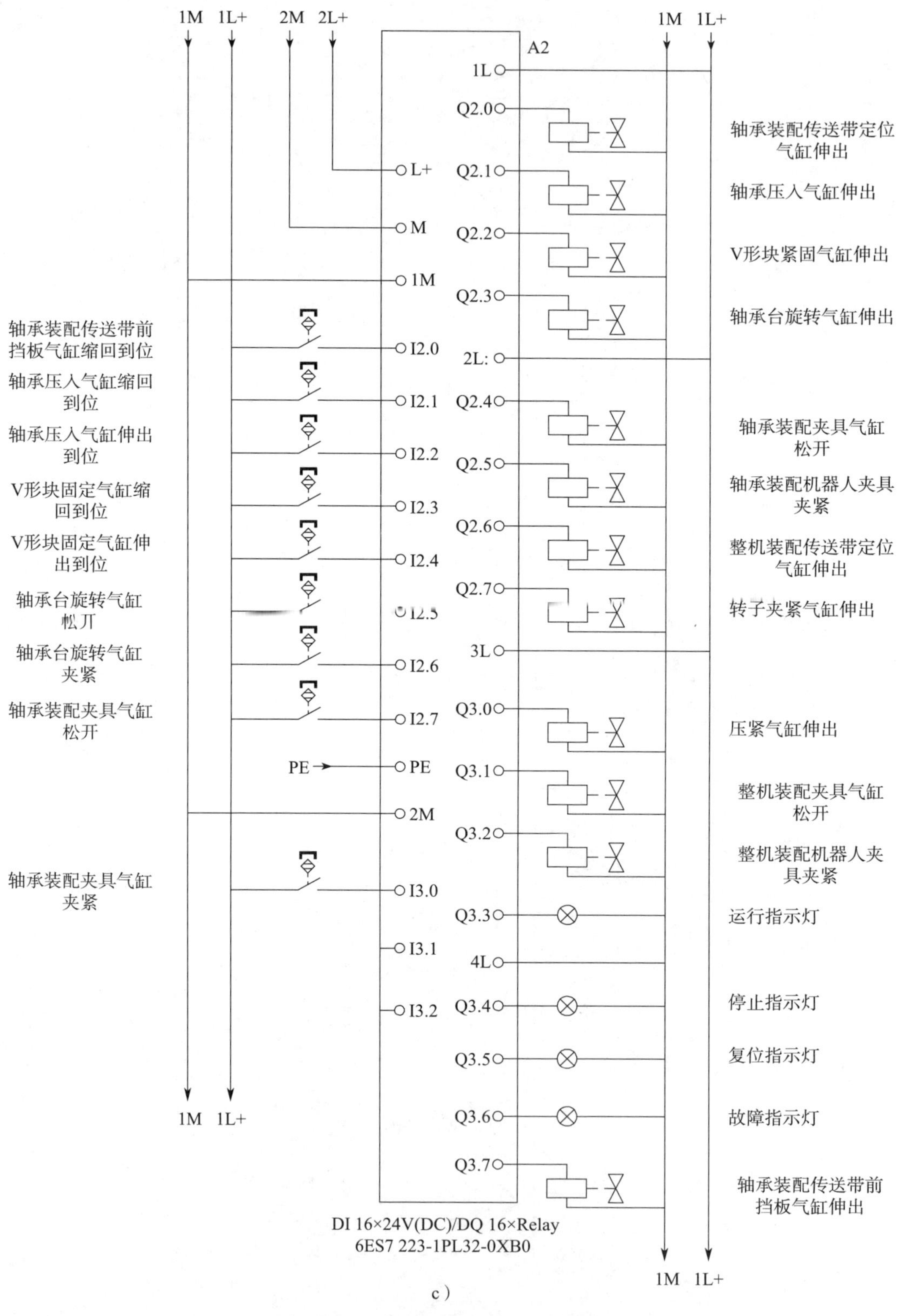

c）

图 6-3-1 电动机装配单元电气原理图

a）电动机装配单元电气原理图（1）

b）电动机装配单元电气原理图（2）

c）电动机装配单元电气原理图（3）

5. 根据图 6–3–1 所示的控制原理图完成电气元件的连接，连接好的实物图如图 6–3–2 所示。

图 6–3–2　电动机装配单元电气连接实物图

6. 开机及注意事项。

打开总电源，打开气压阀，按“开”按钮，设备上电，机器人上电自检，如果机器人不在原点（轴承装配机器人原点为“p80”坐标点，整机装配机器人原点为“mHome”坐标点），示教仪提示“please move robot to home in manual mode”，这时需要把机器人控制器“自动 / 手动”钥匙开关打到“手动”模式，手动操控机器人回到所设定的原点后，再把控制器打到“自动模式”。在各机器人已回原点且在单机状态下，长按“复位”按钮，轴承机器人导轨伺服电动机转动，带动轴承机器人本体回到导轨原点，伺服电动机停止转动，此时松开“复位”按钮，复位完成。

（1）开机前请注意以下事项：

1）确保传送带上物料已清走，各装配位没有遗留装配配件及异物。

2）确保机器人夹具已经卸载，并确保各夹具正确放置于对应的夹具座上。

3）确保各 V 形块分别已正确放置于对应的 V 形块座上。

4）确保各端盖底模分别已正确放置于对应的底模座上。

5）确保气压供给正常。

（2）智能装配系统电动机装配单元运行操作方法：

1）开机前准备工作：正确放置需装配配件托盘，对应托盘需事先写上电动机的类型。

2）手动运行操作方法如下：

在主操作界面按“自动”按钮，按钮变成“手动”，并调出维护调试界面，如图 6–3–3 所示，根据需要调试维护界面所示选项。

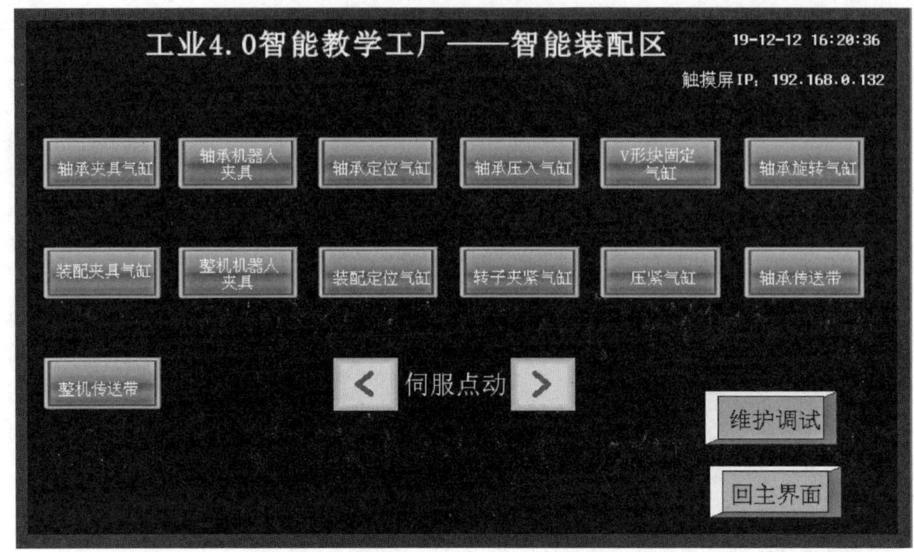

图 6–3–3 装配台面维护调试界面

3）单机自动运行操作方法：

① 复位成功后按“单机”按钮，单机指示灯亮，按“启动”按钮，运行指示灯亮，设备开始运行。

② 把准备好的托盘按正确方向放置于传送带入口处（严禁直接把托盘直接放置于入口传感器后面）。传送带传送托盘经过入口传感器并自动计数。

③ 传送带把托盘传送至定位位置，传送带停止转动，设备自动读取电动机类型，机器人开始装配。

④ 成轴承装配和整机装配后传送带将电动机输送至整机输送出口，电动机装配工序完成。

⑤ 当设备在运行过程中出现异常时，可根据需要随时按“停止”或“急停”按钮，具体操作方法参阅本部分“7. 装配过程中出现异常的操作方法。”内容。

4）联机自动运行操作方法：

① 复位成功后按“联机”按钮，联机指示灯亮，设备进入联机状态。

② 联机状态下，设备的启动受控于总控制中心，当设备出现异常报警后，启动权限自动交给本站。

③ 当设备在运行过程中出现异常状况时，可根据需要随时按“停止”或“急停”按钮，具体操作方法参阅本部分“7. 装配过程中出现异常的操作方法。”内容。

7. 装配过程中出现异常的操作方法。

（1）装配过程中“停止”或“急停”按钮的使用及注意事项：

1）装配过程中，按“停止”按钮，设备暂停运行，待处理好需处理的故障（例如，装配异常时，需暂停手工纠正或手动操作机器人）后，按“启动”按钮，设备继续暂停前的工序。

2）当设备出现报警时，设备自动暂停，待处理完报警，按“启动”按钮，设备继续报警前的工序。

3）如果是在轴承装配机器人导轨伺服电动机正在转动的情况下按“停止”按钮（尽量避免在该情况下按“停止”按钮），则需长按“复位”按钮，直到轴承机器人回到导轨原点后，按“启动”按钮，机器人导轨伺服电动机根据暂停前的工序重新定位，设备继续暂停前的工序。

4）在装配过程中，如出现危及安全的事故时，应按“急停”按钮，设备完全停止，需手动清空各装配位及传送带上的配件，把各夹具、模具复位，并手动控制机器人回到导轨原点，再长按“复位”按钮复位。重新按照自动运行操作方法开始操作。

（2）当设备完成某装配工序后，处于一直等待状态没有继续下一工序动作时：

1）在这种情况下应先按“停止”按钮，再做进一步检查，严禁没有按“停止”按钮就进行设备检查。

2）这种情况一般为某一条件没有满足而使设备没有进行下一工序装配，应调出“轴承装配台面信号状态”与“整机装配台面信号状态”的操作界面，并结合待装配工序应满足条件的信号进行检查，如图 6–3–4 和图 6–3–5 所示。

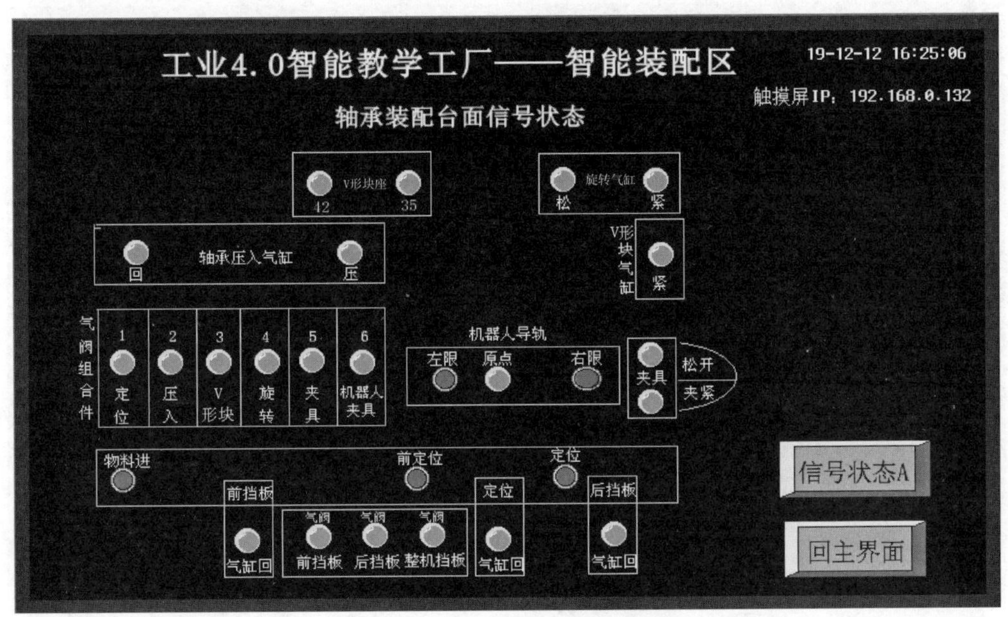

图 6–3–4　轴承装配台面信号状态

（3）装配过程中出现报警的处理：

1）当设备出现报警时，红色灯闪烁，触摸屏界面出现报警警示，设备暂停运行。连续按“主界面”按钮，调出报警界面。排除故障后，按相应“复位”按钮进行复位，红色灯停止闪烁。按“启动”按钮后，设备继续报警前的工序，如图 6–3–6 所示。

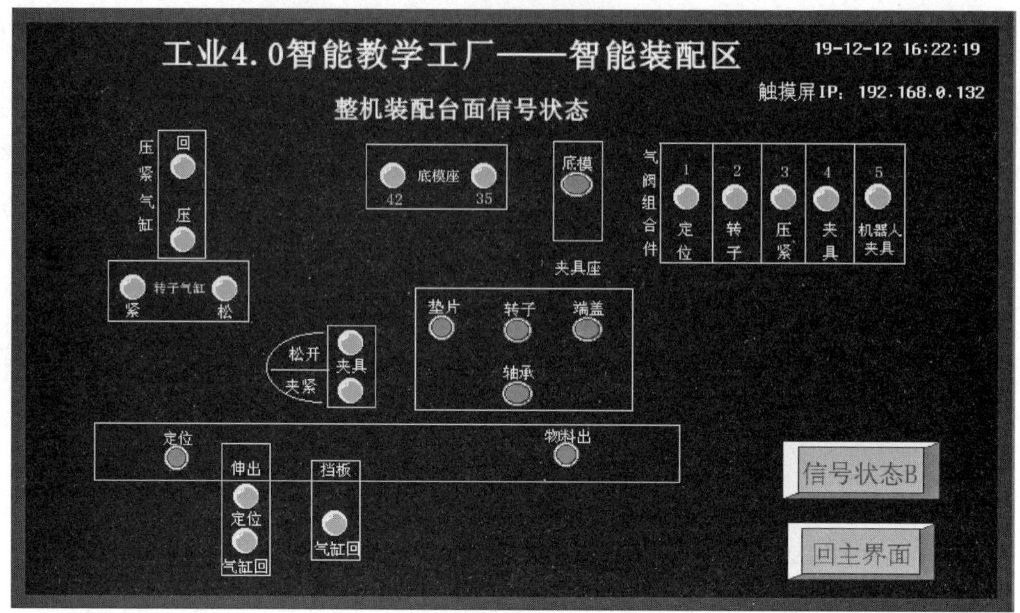

图 6-3-5　整机装配台面信号状态

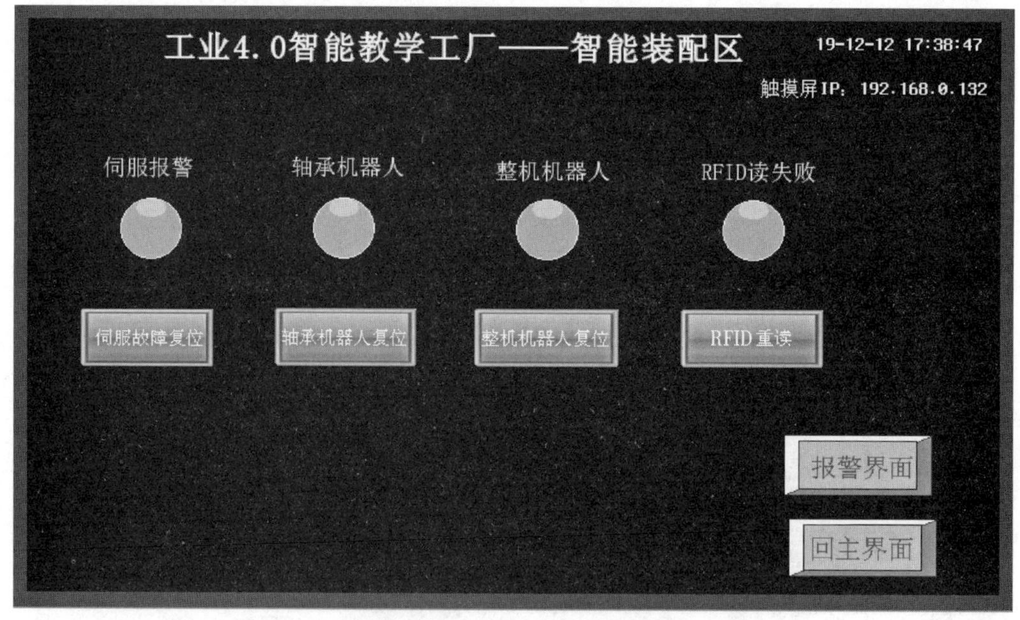

图 6-3-6　装配台面报警状态

2）伺服出现报警时，请参考伺服说明书相应故障进行处理。处理完成后，按“伺服故障复位”按钮，然后按“启动”按钮，设备继续报警前的工序。

3）机器人出现报警时，如果是因为装配过程中装配异常引起机器人本体过载，需手动操作机器人排除故障。（手动操作机器人时需注意机器人手臂移动幅度不能超过报警前坐标位极限，应尽量接近上一坐标点，否则按“启动”按钮后机器人会发生其他报警。处理完成后，按“轴承机器人复位”或“整机机器人复位”按钮，然后按“启动”按钮，设备继续报警前的工序。

4)RFID 读失败报警时，请按“RFID 重读”按钮，当读取成功时，报警停止闪烁，按“启动”按钮，设备继续报警前的工序，否则请查阅故障表做相应处理。

三、装配单元日常维护与常见故障处理。

1. 日常维护方法：

（1）定期检查传送带、各装配位是否有异响、松动情况。

（2）定期检查机器人底座及移动导轨是否有松动情况。

（3）定期检查各传感器接线是否松动、各检测位对位是否准确等。

2. 常见故障排除方法：

处理故障注意事项及过程请参阅“装配过程中出现异常的操作方法”内容并结合表 6-3-10 进行处理。

表 6-3-10　　电动机装配单元故障代码表

代码	故障现象	故障原因	解决方法
Er3001	定位气缸不动作	定位传感器异常	调整传感器或更换
		气缸极限位置丢失	调整气缸极限位置
		PLC 无输出信号	检查 PLC 及线路
Er3002	传送带不动作	不满足动作条件	检查程序及相应条件
		线路故障	检查线路，排除故障
		电气元件损坏	更换
		机械卡死或电动机损坏	调整结构或更换电动机
Er3003	机器人报警	机器人不在导轨原点报警	手动操作机器人回到导轨原点
		机器人过载报警	排除引起机器人过载的原因
		其他报警代码出现	参阅机器人相关手册
Er3004	伺服报警	三相电缺失	检查三相电线路
		显示报警代码	根据代码含义检查相应项目
Er3005	FRID 阅读失败	干扰或相关元件损坏	按“RFID 重读”按钮或更换相关元件
Er3006	设备完成某装配工序后一直处于等待状态，没有继续下一工序的动作	某一条件的信号没有满足	调出“轴承装配台面信号状态”与“整机装配台面信号状态”的操作界面，并结合待装配工序应满足条件的信号进行检查

四、工作总结及评价。

1. 以小组会议方式讨论任务完成情况。

2. 制定工作总结提纲，完成工作总结。

任务测评

在完成本任务的学习后，严格按照表 6–3–11 的要求，完成自我评价、小组评价和教师评价。

表 6–3–11 测评表

<table>
<tr><td>组别</td><td></td><td>组长</td><td></td><td>组员</td><td colspan="3"></td></tr>
<tr><td colspan="4">评价内容</td><td>分值</td><td>自我评价（30%）</td><td>小组评价（30%）</td><td>教师评价（40%）</td></tr>
<tr><td rowspan="4">职业素养（30%）</td><td colspan="3">1. 出勤准时率</td><td>6</td><td></td><td></td><td></td></tr>
<tr><td colspan="3">2. 学习态度</td><td>6</td><td></td><td></td><td></td></tr>
<tr><td colspan="3">3. 承担任务量</td><td>8</td><td></td><td></td><td></td></tr>
<tr><td colspan="3">4. 团队协作性</td><td>10</td><td></td><td></td><td></td></tr>
<tr><td rowspan="5">专业能力（70%）</td><td colspan="3">1. 工作准备的充分性</td><td>10</td><td></td><td></td><td></td></tr>
<tr><td colspan="3">2. 工作计划的可行性</td><td>10</td><td></td><td></td><td></td></tr>
<tr><td colspan="3">3. 功能分析完整、逻辑性强</td><td>15</td><td></td><td></td><td></td></tr>
<tr><td colspan="3">4. 总结展示清晰、有新意</td><td>15</td><td></td><td></td><td></td></tr>
<tr><td colspan="3">5. 安全文明生产及 7S</td><td>20</td><td></td><td></td><td></td></tr>
<tr><td colspan="4">总计</td><td>100</td><td></td><td></td><td></td></tr>
<tr><td colspan="4" rowspan="3">个人的工作时间</td><td>提前完成</td><td colspan="3"></td></tr>
<tr><td>准时完成</td><td colspan="3"></td></tr>
<tr><td>滞后完成</td><td colspan="3"></td></tr>
<tr><td colspan="4">个人认为完成得好的地方</td><td colspan="4"></td></tr>
<tr><td colspan="4">值得改进的地方</td><td colspan="4"></td></tr>
<tr><td colspan="4">小组综合评价</td><td colspan="4"></td></tr>
<tr><td colspan="4">组长签名：</td><td colspan="4">教师签名：</td></tr>
</table>

任务 4 智能装配系统拧螺钉单元的功能需求分析

学习目标

1. 能对智能拧螺钉单元进行功能需求分析。
2. 掌握拧螺钉单元应具备的基本要素和功能。

任务描述

以智能教学工厂装配系统中的拧螺钉单元为具体实施对象，对智能拧螺钉单元的功能进行分析和梳理，从而总结出一般拧螺钉单元应具备的功能列表，为后续拧螺钉单元工艺流程设计、硬件选型及编程等工作做好准备。

知识准备

一、SCARA 工业机器人

SCARA 是 selective compliance assembly robot arm 的缩写，意思是一种应用于装配作业的机器人手臂。SCARA 机器人有 4 个关节，其中 3 个关节是旋转关节，其轴线相互平行，在平面内进行定位和定向；第 4 个关节是移动关节，用于完成末端件在与底平面垂直方向的运动，其主要结构如图 6-4-1 所示。这类机器人结构轻便、响应快，比一般关节式机器人快数倍。它最适用于平面定位、垂直方向进行装配的作业。

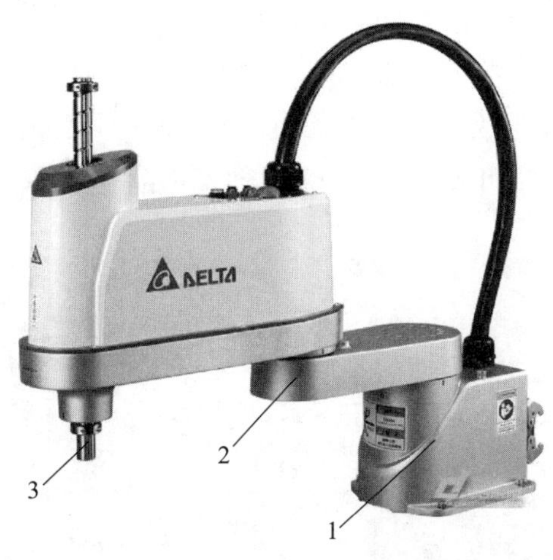

图 6-4-1 台达 DRS40L 型 SCARA 机器人

1—第 1 个轴 2—第 2 个轴 3—第 3 个轴和第 4 个轴

SCARA 系统在 X、Y 方向上具有顺应性，而在 Z 轴方向具有良好的刚度，此特性特别适合于装配工作，如将一个圆头针插入一个圆孔，故 SCARA 系统首先大量用于装配印制电路板和电子零部件。另外，由于 SCARA 是串接的两杆结构，类似人的手臂，可以伸进有限空间中作业然后收回，故适合于搬动和取放物件，如集成电路板等。如今 SCARA 机器人还广泛应用于塑料工业、汽车工业、电子产品工业、药品工业和食品工业等领域。它的主要职能是搬取零件和装配工作。它的第一个轴和第二个轴具有转动特性，第三个和第四个轴可以根据工作需要的不同，制造成相应多种不同的形态，并且一个具有转动、另一个具有线性移动的特性。由于其具有特定的形状，决定了其工作范围类似于一个扇形区域。

近几年来，"3C"（Computer、Communication、Consumer electronics，计算机类、通信类、消费类电子产品）、新能源等新兴行业市场的快速发展，特别是在电子制造等轻、小型快速消费品制造领域对机器人的精度、速度均有所要求，带动了 SCARA 机器人销量持续上升，SCARA 机器人在国内销售市场中的外资占比超 70%，常见的 SCARA 机器人品牌有爱普生、发那科、三菱、雅马哈、欧姆龙、东芝、台达等。

电动机装配系统采用的是台达 DRS40L 型 SCARA 工业机器人。台达 SCARA 工业机器人 DRS40L 系列最大负载为 3 kg，臂长 400 mm，适合应用于重复性高、精度要求高的轻工业。DRS40L 系列具备优越的速度、重复精度、线性度和垂直度的性能，并提供免感知器的顺应控制功能，可顺应组件与孔位间的偏差，快速精准地完成插件、组装、拧螺钉、移载、搬运、包装等相关应用需求。DRS40L 系列同时也提供加工轨迹自动规划功能，适用于追踪同步进行中的应用需求，如涂胶、去毛边、焊锡等。

二、智能拧螺钉单元概述

智能拧螺钉单元如图 6-4-2 所示。电动机整机装配完成后，经由传送带输送，并由机械手将电动机放至拧螺钉工作位。智能拧螺钉单元根据不同的电动机类型，选择与之相对应的拧螺钉程序，对步进电动机进行拧螺钉工作。拧螺钉后的产品将通过传送带输送至视觉系统进行外观检测，以区分合格品与不良品。合格品则流入下一道工序，不良品则分拣出来，呼叫 AGV 将之输送到不良品仓库中。

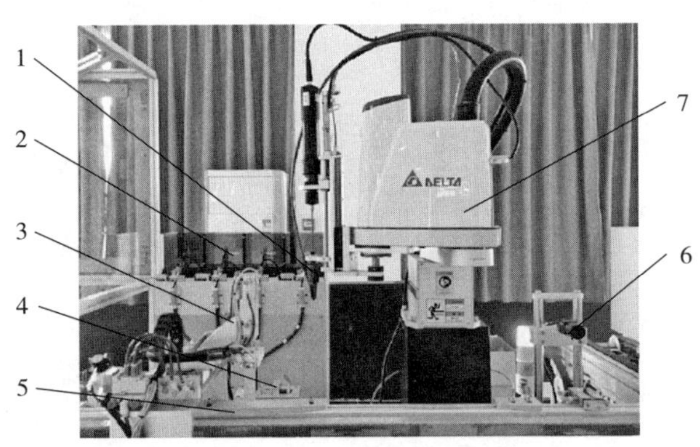

图 6-4-2　智能拧螺钉单元

1—电动旋具　2—螺钉供应单元　3—机械手　4—装配工位
5—传送带　6—视觉检测系统　7—台达机器人

智能拧螺钉单元主要由螺钉供应机构、台达 SCARA 机器人、传动系统和视觉检测系统四部分组成。螺钉供应机构能够根据 PLC 输出信号把不同类型的螺钉从自动螺钉供应机构输送螺钉给抓取机构。台达 SCARA 机器人用来执行拧螺钉操作。传动系统包括传送带和机械手，传送带用来完成产品的运输任务，机械手用来将电动机抓取至工作位。视觉检测系统则完成对电动机外观进行检测的任务，如图 6-4-3 所示。

图 6-4-3　装配单元视觉检测系统
1—摄像头　2—机械手　3—传送带

任务实施

一、接受任务，制订工作计划。

1. 工作组织：教师组织学员分组，每小组由 4 ~ 6 名学员组成，选定 1 名组长、1 名安全监督员（负责操作时的安全监督和记录），其余学员的工作由组长安排。

2. 接受任务：教师引导学员阅读工作任务单，完成工作任务单（见表 6-4-1）的填写。

表 6-4-1　工作任务单

SX-TFI4 智能教学工厂智能拧螺钉单元功能需求分析任务单

单号：No.________　开单部门：________　开单人：________
开单时间：________　接单部门：________

任务描述	以智能教学工厂装配系统中的拧螺钉单元为具体实施对象，对智能拧螺钉单元的功能进行分析和梳理，从而总结出一般拧螺钉单元应具备的功能列表
要求完成时间	
接单人	签名：　　时间：

3. 工作计划表：制订详细的工作计划，并填入表 6-4-2 中。

表 6-4-2　工作计划表

阶段	任务说明	计划工作内容	计划完成时间	责任人

二、参观智能工厂或观看视频（扫描二维码可获得智能拧螺钉单元视频），记录参观情况，分析该单元的构成和功能，并填入表 6–4–3 中。

智能拧螺钉单元视频

表 6–4–3　智能拧螺钉单元组成部分功能表

序号	组成部分（名称）	功能

三、工作总结及评价。

1. 以小组会议方式讨论任务完成情况。

2. 制定工作总结提纲，完成工作总结。

任务测评

在完成本任务的学习后，严格按照表 6–4–4 的要求，完成自我评价、小组评价和教师评价。

表 6–4–4　测评表

<table>
<tr><td>组别</td><td></td><td>组长</td><td></td><td>组员</td><td colspan="3"></td></tr>
<tr><td colspan="4">评价内容</td><td>分值</td><td>自我评价（30%）</td><td>小组评价（30%）</td><td>教师评价（40%）</td></tr>
<tr><td rowspan="4">职业素养（30%）</td><td colspan="3">1. 出勤准时率</td><td>6</td><td></td><td></td><td></td></tr>
<tr><td colspan="3">2. 学习态度</td><td>6</td><td></td><td></td><td></td></tr>
<tr><td colspan="3">3. 承担任务量</td><td>8</td><td></td><td></td><td></td></tr>
<tr><td colspan="3">4. 团队协作性</td><td>10</td><td></td><td></td><td></td></tr>
</table>

续表

评价内容		分值	自我评价（30%）	小组评价（30%）	教师评价（40%）
专业能力（70%）	1. 工作准备的充分性	10			
	2. 工作计划的可行性	10			
	3. 功能分析完整、逻辑性强	15			
	4. 总结展示清晰、有新意	15			
	5. 安全文明生产及 7S	20			
总计		100			
个人的工作时间		提前完成			
		准时完成			
		滞后完成			
个人认为完成得好的地方					
值得改进的地方					
小组综合评价					
组长签名：			教师签名：		

任务 5　智能装配系统拧螺钉单元的系统设计

学习目标

1. 掌握智能拧螺钉单元工艺流程的特点与关键工序。
2. 了解智能拧螺钉单元的设计方法和步骤。
3. 能结合生产实际进行系统方案设计、硬件选型及编程等。

任务描述

以智能教学工厂智能装配系统的拧螺钉单元为具体实施对象，分析其详细工艺流程，并依据流程选择合适的硬件，以达到设计要求与预期目标，为后续系统的组装、调试做前期规划与准备。

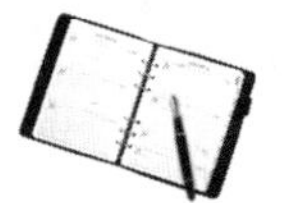

知识准备

一、任务要求

当传感器检测到电动机整机到达拧螺钉工作位后，拧螺钉机器人依次拧紧电动机上的四个螺钉。如图 6–5–1 所示为拧螺钉前，如图 6–5–2 所示为拧螺钉后，由图中变化可知，此步骤中共有四个螺钉需要拧紧。拧螺钉步骤完成后，还需要通过视觉系统对装配好的电动机进行外观检测，以区分合格品和不良品。

图 6–5–1 拧螺钉前的步进电动机

图 6–5–2 拧螺钉后的步进电动机

二、工作过程

步进电动机的拧螺钉单元的工作过程可以描述如下：

1. 传感器检测料盘到位后将到位信号传递到 PLC。

2. PLC 输出信号到定位机构固定料盘，搬运机构搬运电动机至拧螺钉平台，同时通过检测系统判断电动机的型号并将信号输出至 PLC。

3. PLC 根据以上的反馈，按照电动机的类型螺钉输送机构输送对应的螺钉型号，并由拧螺钉机器人完成拧螺钉操作。

4. 拧螺钉机器人工作完成后，输出信号给 PLC，搬运机构将电动机从拧螺钉平台送回料盘。

5. 传送带带动料盘前进，到达检测系统工位时，传感器检测料盘到位的信号并输送至 PLC。

6. PLC 输出信号到抓取机构，抓取机构抓起电动机进行视觉检测。

7. 视觉检测系统检测产品是否合格，并将是否合格的信号输入 PLC 进行处理，合格则送到充磁区，不合格则送到废品区。

8. 不合格产品通过 PLC 的反馈，推料机构中的计数传感器检测料盘到位时，根据 PLC 对不合格品的反馈推料机构底盘升高，推杆把料盘推往废品传送带。

9. 废品区发出的信号传输给 AGV，AGV 将废品运走。

任务实施

一、接受任务，制订工作计划。

1. 工作组织：教师组织学员分组，每小组由 4～6 名学员组成，选定 1 名组长、1 名安全监督员（负责操作时的安全监督和记录），其余学员的工作由组长安排。

2. 接受任务：教师引导学员阅读工作任务单，完成工作任务单（见表 6–5–1）的填写。

表 6–5–1　工作任务单

<table>
<tr><td colspan="2">SX–TFI4 智能教学工厂智能装配系统拧螺钉单元方案设计任务单
单号：No.________　开单部门：________　开单人：________
开单时间：________　接单部门：________</td></tr>
<tr><td>任务描述</td><td>以智能教学工厂智能装配系统的拧螺钉单元为具体实施对象，分析其详细工艺流程并依据流程选择合适的硬件及编程等，以达到设计要求与预期目标</td></tr>
<tr><td>要求完成时间</td><td></td></tr>
<tr><td>接单人</td><td>签名：　　　　　　时间：</td></tr>
</table>

3. 工作计划表：制订详细的工作计划，并填入表 6–5–2 中。

表 6–5–2　工作计划表

阶段	任务说明	计划工作内容	计划完成时间	责任人

二、根据本项目任务 4 制作的功能分析表的要求设计系统方案。

1. 任务准备：调出本项目任务 4 制作的功能分析表。

2. 根据参观结果，梳理智能装配系统拧螺钉单元详细工艺流程。具体工艺流程可参照图 6–5–3。

主程序
完成
设备
准备就绪?
否
异常子
程序
通信及数据
处理子程序
手动子程序
是
电动机到达并
判断电动机类型
拧螺钉
子程序
螺钉拧紧
力矩异常?
是
否
外观检测子
程序
外观检测
合格否?
否
废品处理
结束
是
否
下一站是否已
准备好?
是
托盘传送至
下一站

a）

拧螺钉子程序
缺螺钉否?
是
启动螺钉
供给
否
搬运电动机
至拧螺钉台
根据电动机类型
供给相应螺钉
机器人选择
相应轨迹拧螺钉
搬运电动机至
传送带托盘上
螺钉拧紧力矩
正常否?
否
是
传送电动机至
外观检测位
废品处理
外观检测
子程序
结束

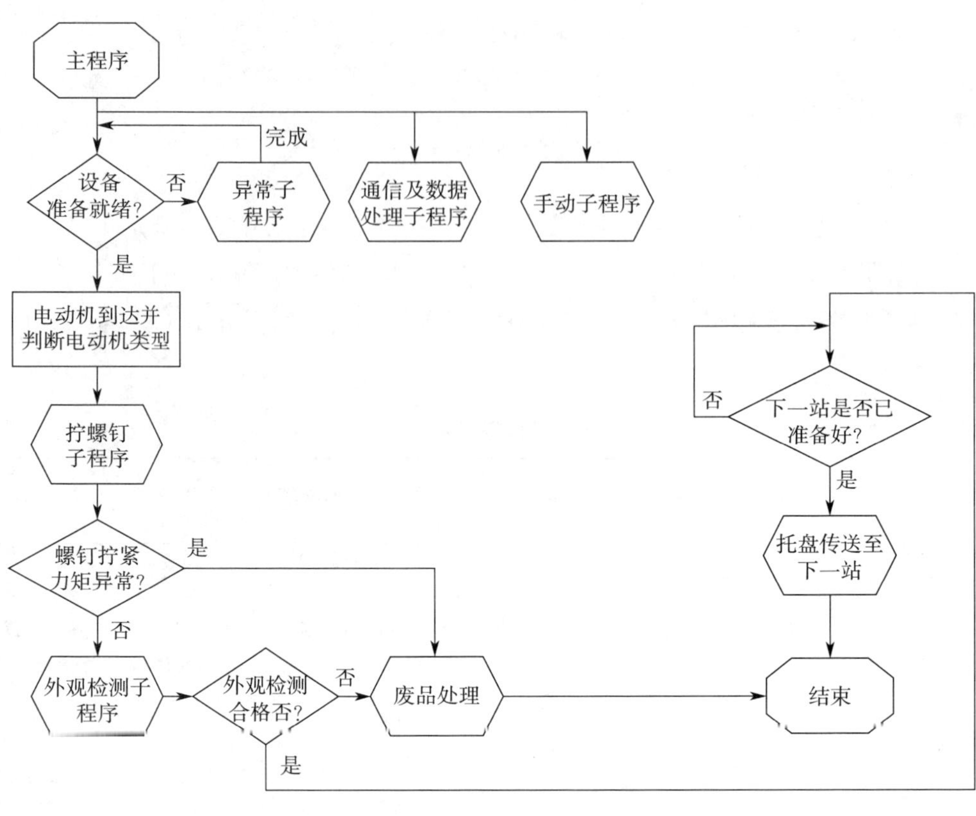

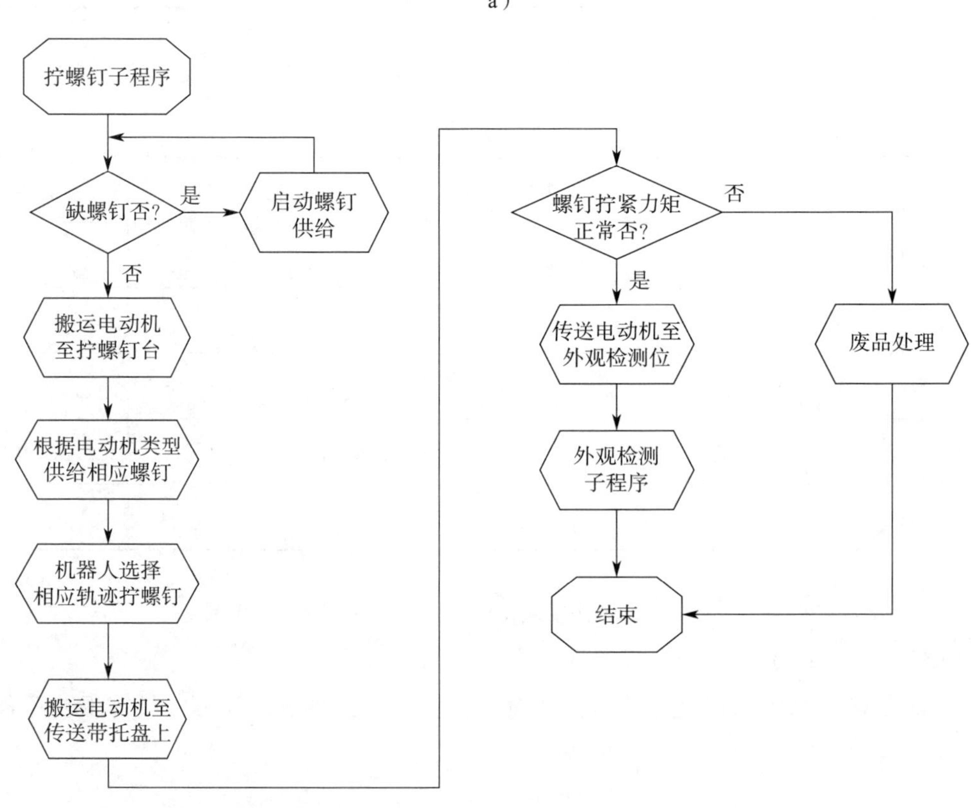

b）

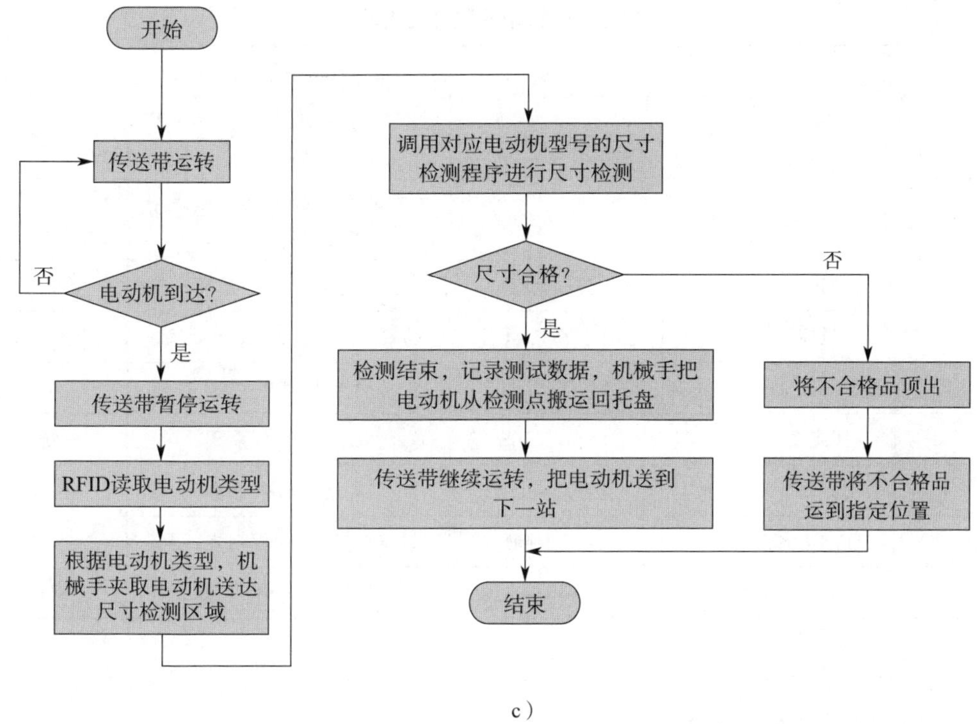

c）

图 6–5–3　步进电动机拧螺钉单元工艺流程

a）拧螺钉单元总工艺流程

b）拧螺钉子单元工艺流程

c）外形检测子单元工艺流程

3. 系统构成方案设计：根据拧螺钉单元的工艺流程进行系统的构成方案设计。具体设计方案构成可参照表 6–5–3。

表 6–5–3　　拧螺钉单元方案设计表

编号	需求设备	主要完成功能
1	螺钉旋具	主要完成步进电动机端盖螺钉的拧紧
2	台达 SCARA 工业机器人	主要完成步进电动机端盖螺钉的抓取
3	自动螺钉供应机构	主要完成步进电动机端盖螺钉的储备及供应
4	传动系统	主要完成将合格步进电动机送到智能检测区，不合格步进电动机分拣出来
5	视觉检测系统	主要完成外观合格品和不良品的检测

4. 主要硬件选型：在系统方案设计的基础上，根据功能需求完成系统的硬件选型及编程等。各硬件的具体选型过程均有相应的方法，此处不再详述。SX–TFI4 智能教学工厂的拧螺钉单元所采用的硬件选型见表 6–5–4。

表 6-5-4　　智能拧螺钉单元硬件选型表

编号	设备名称	型号	用途	备注
1	台达 SCARA 工业机器人	DRS40L	主要完成步进电动机端盖螺钉的抓取	台达
2	自动螺钉供应机构	三向公司自制	主要完成步进电动机端盖螺钉的储备及供应	三向
3	PLC	S7-1200	完成电气程序控制	西门子
4	传送带系统	6IK120GU-CF	传送步进电动机到工作位	中大电机
5	RFID	LWR-1204	电动机型号识别	NBDE
6	固定气缸	TN10×20S	托盘定位与紧固	亚德克
7	电动机手爪气缸	MHF2-8D2	步进电动机抓取	SMC
8	DMV 视觉系统	DMV1000	外形检测与判定	台达
9	产品顶出气缸	CY3RG10-250	尺寸不合格品顶出	SMC

三、工作总结及评价。

1. 以小组会议方式讨论任务完成情况。

2. 制定工作总结提纲，完成工作总结。

任务测评

在完成本任务的学习后，严格按照表 6-5-5 的要求，完成自我评价、小组评价和教师评价。

表 6-5-5　　测评表

组别		组长		组员		
评价内容				分值	自我评价（30%）	小组评价（30%）	教师评价（40%）
职业素养（30%）	1. 出勤准时率			6			
	2. 学习态度			6			
	3. 承担任务量			8			
	4. 团队协作性			10			
专业能力（70%）	1. 工作准备的充分性			10			
	2. 工作计划的可行性			10			
	3. 功能分析完整、逻辑性强			15			
	4. 总结展示清晰、有新意			15			
	5. 安全文明生产及 7S			20			
总计				100			

续表

评价内容	分值	自我评价（30%）	小组评价（30%）	教师评价（40%）
个人的工作时间	提前完成			
	准时完成			
	滞后完成			
个人认为完成得好的地方				
值得改进的地方				
小组综合评价				
组长签名：	教师签名：			

任务 6　智能装配系统拧螺钉单元的操作与维护

学习目标

1. 掌握智能拧螺钉单元各硬件的基本功能与特性。
2. 掌握智能拧螺钉单元的操作、维护方法。
3. 能结合故障查询表排除常见故障。

任务描述

以智能教学工厂拧螺钉单元为具体实施对象，依据装配工艺流程、硬件选型及编程等进行系统的组装与调试，最终使智能拧螺钉单元按预期目标稳定运行，并能结合故障查询表排除常见故障。

任务实施

一、接受任务，制订工作计划。

1. 工作组织：教师组织学员分组，每小组由 4～6 名学员组成，选定 1 名组长、1 名安全监督员（负责操作时的安全监督和记录），其余学员的工作由组长安排。

2. 接受任务：教师引导学员阅读工作任务单，完成工作任务单（见表 6–6–1）的填写。

表 6-6-1　　工作任务单

<table>
<tr><td colspan="2">SX-TFI4 智能教学工厂拧螺钉单元的维护与操作任务单
单号：No.________　　开单部门：________　　开单人：________
开单时间：________　　接单部门：________</td></tr>
<tr><td>任务描述</td><td>以智能教学工厂智能装配系统中的拧螺钉单元为具体实施对象，依据装配工艺流程、硬件选型及编程等进行系统的组装与调试，最终使智能拧螺钉单元按预期目标稳定运行，并能结合故障查询表排除常见故障</td></tr>
<tr><td>要求完成时间</td><td></td></tr>
<tr><td>接单人</td><td>签名：　　　　时间：</td></tr>
</table>

3. 工作计划表：制订详细的工作计划，并填入表 6-6-2 中。

表 6-6-2　　工作计划表

阶段	任务说明	计划工作内容	计划完成时间	责任人

二、完成系统的硬件连接和参数设置，并进行调试。

1. 根据拧螺钉单元工艺流程分配的拧螺钉单元输入 / 输出地址及功能见表 6-6-3。

表 6-6-3　　拧螺钉单元的输入 / 输出地址分配表

序号	地址	功能	备注
1	I0.1	启动	
2	I0.2	停止	
3	I0.3	复位	
4	I0.4	单机 / 联机选择	
5	I0.5	急停	
6	I0.6	传送带拧螺钉位电动机搬运位定位	
7	I0.7	传送带视觉位定位	
8	I1.0	传送带废品位定位	
9	I1.1	废品出口位	
10	I1.2	1 号螺钉槽螺钉检测	
11	I1.3	2 号螺钉槽螺钉检测	
12	I1.4	3 号螺钉槽螺钉检测	
13	I1.5	4 号螺钉槽螺钉检测	
14	I3.2	吹气密封气缸缩回到位	

续表

序号	地址	功能	备注
15	I3.3	传送带螺钉位电动机搬运定位气缸伸出到位	
16	I3.4	传送带螺钉位电动机搬运定位气缸缩回到位	
17	I3.5	电动机搬运支架左移到位	
18	I3.6	电动机搬运支架右移到位	
19	I3.7	电动机搬运手爪上升到位	
20	I4.0	电动机搬运手爪下降到位	
21	I4.1	电动机搬运手爪松开到位	
22	I4.2	电动机搬运手爪夹紧到位	
23	I4.3	拧螺钉台夹具松开到位	
24	I4.4	拧螺钉台夹具夹紧到位	
25	I4.5	视觉位定位气缸伸出到位	
26	I4.6	视觉位定位气缸缩回到位	
27	I4.7	视觉位手爪气缸夹紧到位	
28	I5.0	视觉位手爪气缸松开到位	
29	I5.1	视觉位气缸上升到位	
30	I5.2	视觉位气缸下降到位	
31	I5.3	视觉位气缸左旋转到位	
32	I5.4	视觉位气缸右旋转到位	
33	I5.5	废品顶料气缸上升到位	
34	I5.6	废品顶料气缸下降到位	
35	I5.7	废品推料气缸推出到位	
36	I6.0	废品推料气缸缩回到位	
37	I6.1	1 号螺钉槽气缸顶到位	
38	I6.2	2 号螺钉槽气缸顶到位	
39	I6.3	3 号螺钉槽气缸顶到位	
40	I6.4	4 号螺钉槽气缸顶到位	
41	I6.7	吹料密封气缸伸出到位	
42	I7.0	1 号螺钉位供给到位	
43	I7.1	2 号螺钉位供给到位	
44	I7.2	3 号螺钉位供给到位	
45	I7.3	4 号螺钉位供给到位	
46	I7.6	视觉输出结果	
47	I7.7	视觉取像完成	
48	I9.0	拧螺钉动作结束	

续表

序号	地址	功能	备注
49	I9.1	拧螺钉动作中	
50	I9.2	错误反馈信号	
51	I9.3	螺钉旋具错误代码反馈信号	
52	I9.4		
53	I9.5		
54	I9.6		
55	I10.0	*X* 轴机器人回原点完成	
56	I10.1	*X* 轴机器人报警	
57	I10.2	*Y* 轴机器人回原点完成	
58	I10.3	*Y* 轴机器人报警	
59	I10.4	*Z* 轴机器人回原点完成	
60	I10.5	*Z* 轴机器人报警	
61	I10.6	拧螺钉锁付气缸上升到位	
62	I10.7	拧螺钉浮锁检测气缸下降到位	
63	I11.0	废料口挡板气缸上升到位	
64	Q0.0	*X* 轴机器人输入脉冲	
65	Q0.1	*X* 轴机器人运动方向控制	
66	Q0.2	*Y* 轴机器人输入脉冲	
67	Q0.3	*Y* 轴机器人方向控制	
68	Q0.4	传送带启动	
69	Q0.5	废品传送带启动	
70	Q0.6	电动机搬运水平移动	
71	Q0.7	电动机搬运升降	
72	Q1.0	电动机搬运手爪松开	
73	Q1.1	拧螺钉台夹具松开	
74	Q2.0	*Z* 轴机器人输入脉冲	
75	Q2.1	*Z* 轴机器人方向控制	
76	Q3.0	电动机搬运定位气缸伸出	
77	Q3.1	视觉位手爪升降	
78	Q3.2	视觉位手爪松开	
79	Q3.3	视觉位旋转气缸伸出	
80	Q3.4	废品上升气缸伸出	
81	Q3.5	废品推料气缸伸出	
82	Q3.6	1 号螺钉槽分拣气缸伸出	

续表

序号	地址	功能	备注
83	Q3.7	2 号螺钉槽分拣气缸伸出	
84	Q4.0	3 号螺钉槽分拣气缸伸出	
85	Q4.1	4 号螺钉槽分拣气缸伸出	
86	Q4.4	螺钉位供给密封气缸伸出	
87	Q4.5	螺钉位供给吹气	
88	Q4.6	1 号螺钉位供给气缸伸出	
89	Q4.7	2 号螺钉位供给气缸伸出	
90	Q5.0	3 号螺钉位供给气缸伸出	
91	Q5.1	4 号螺钉位供给气缸伸出	
92	Q5.4	运行指示灯	
93	Q5.5	停止指示灯	
94	Q5.6	复位指示灯	
95	Q5.7	视觉菜单转换使能	
96	Q6.0	拧螺钉气缸伸出	
97	Q6.1	视觉检测触发	
98	Q6.2	视觉菜单组合	
99	Q6.3		
100	Q6.4		
101	Q6.5		
102	Q6.7	视觉位气缸定位	
103	Q9.0	拧螺钉拧紧力矩组合菜单	
104	Q9.1		
105	Q9.2		
106	Q9.3		
107	Q9.4	控制螺钉旋具锁紧螺钉动作	
108	Q9.5	控制螺钉旋具松开螺钉动作	
109	Q9.6	控制螺钉旋具旋转	
110	Q10.0	X 轴机器人使能	
111	Q10.1	X 轴机器人回原点	
112	Q10.2	X 轴机器人报警复位	
113	Q10.3	Y 轴机器人使能	
114	Q10.4	Y 轴机器人回原点	
115	Q10.5	Y 轴机器人报警复位	
116	Q10.6	Z 轴机器人使能	

续表

序号	地址	功能	备注
117	Q10.7	Z 轴机器人回原点	
118	Q11.0	Z 轴机器人报警复位	
119	Q11.1	废料口挡板气缸上升	

2. 结合所选元件的 I/O 定义，绘制电动机拧螺钉单元控制原理图，如图 6–6–1 所示。

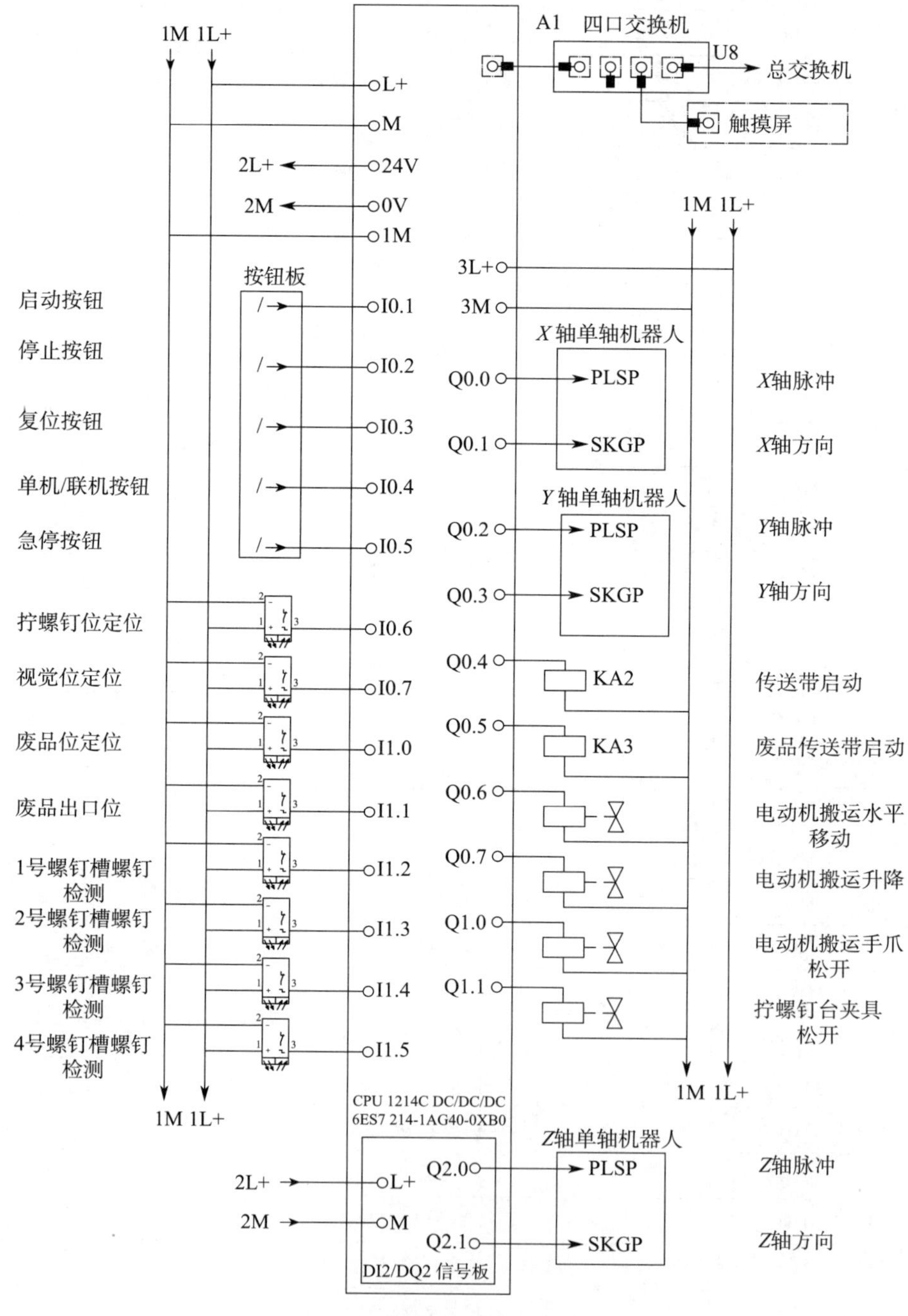

a）

1M 1L+ 2M 2L+
1M 1L+
A2
1L:
L+
M
1M
Q3.0
Q3.1
Q3.2
Q3.3
2L:
Q3.4
Q3.5
Q3.6
Q3.7
3L
Q4.0
Q4.1
4L
Q4.4
Q4.5
Q4.6
Q4.7
I3.2
I3.3
I3.4
I3.5
I3.6
I3.7
PE
PE
2M
I4.0
I4.1
I4.2
I4.3
I4.4
I4.5
I4.6
I4.7
吹气密封气缸缩回到位
电动机搬运定位气缸伸出到位
电动机搬运定位气缸缩回到位
电动机搬运支架左移到位
电动机搬运支架右移到位
电动机搬运手爪上升到位
电动机搬运手爪下降到位
电动机搬运手爪松开到位
电动机搬运手爪夹紧到位
拧螺钉台夹具松开到位
拧螺钉台夹具夹紧到位
视觉位定位气缸伸出到位
视觉位定位气缸缩回到位
视觉位手爪气缸夹紧到位
电动机搬运定位气缸伸出
视觉位手爪升降
视觉位手爪松开
视觉位旋转气缸伸出
废品上升气缸伸出
废品推料气缸伸出
1号螺钉槽气缸伸出
2号螺钉槽气缸伸出
3号螺钉槽气缸伸出
4号螺钉槽气缸伸出
螺钉位供给密封气缸伸出
螺钉位供给吹气
1号螺钉位供给气缸伸出
2号螺钉位供给气缸伸出
DI 16×24V(DC)/DQ 16×Relay
6ES7 223-1PL32-0XB0
1M 1L+
1M 1L+
b）

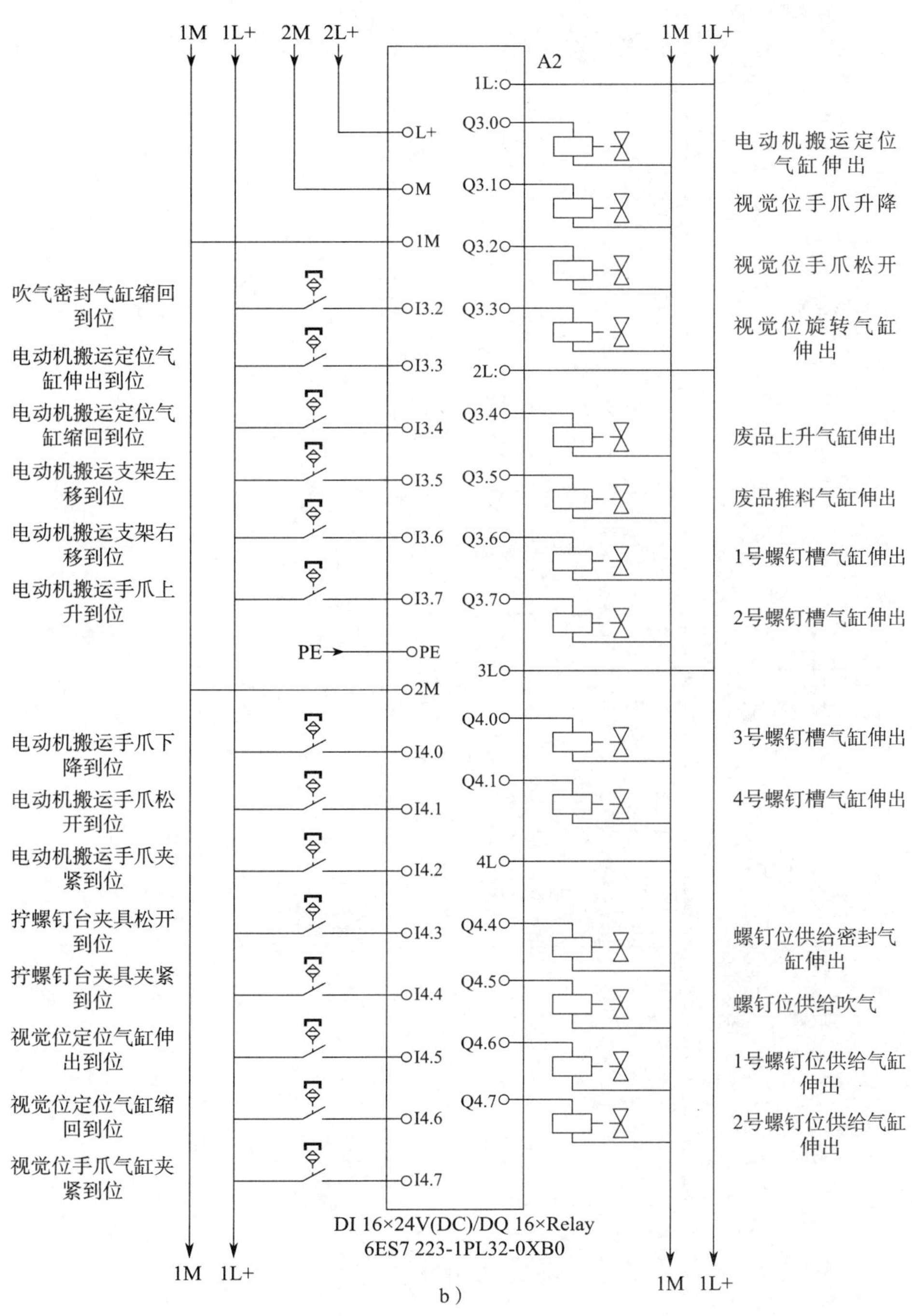

1M 1L+ 2M 2L+
A3
1L
L+
M
1M
2L
Q5.0
Q5.1
3号螺钉位供给气缸伸出
4号螺钉位供给气缸伸出
视觉位手爪气缸松开到位
I5.0
Q5.4
运行指示灯
视觉位气缸上升到位
I5.1
Q5.5
停止指示灯
视觉位气缸下降到位
I5.2
Q5.6
复位指示灯
视觉位气缸左旋转到位
I5.3
Q6.0
拧螺钉气缸伸出
视觉位气缸右旋转到位
I5.4
3L
视觉控制器
废品顶料气缸上升到位
I5.5
Q5.7
FCH
视觉菜单转换使能
废品顶料气缸下降到位
I5.6
Q6.1
TRIG1
视觉检测触发
废品推料气缸推出到位
I5.7
Q6.2
IN1
PE
Q6.3
IN2
2M
视觉菜单组合
4L
废品推料气缸缩回到位
I6.0
Q6.4
IN3
1号螺钉槽气缸顶到位
I6.1
Q6.5
IN4
2号螺钉槽气缸顶到位
I6.2
3号螺钉槽气缸顶到位
I6.3
Q6.7
视觉位气缸定位
4号螺钉槽气缸顶到位
I6.4
吹料密封气缸伸出到位
I6.7
DI 16 × 24V（DC）/DQ 16 × Relay
6ES7 223-1PL32-0XB0
1M 1L+

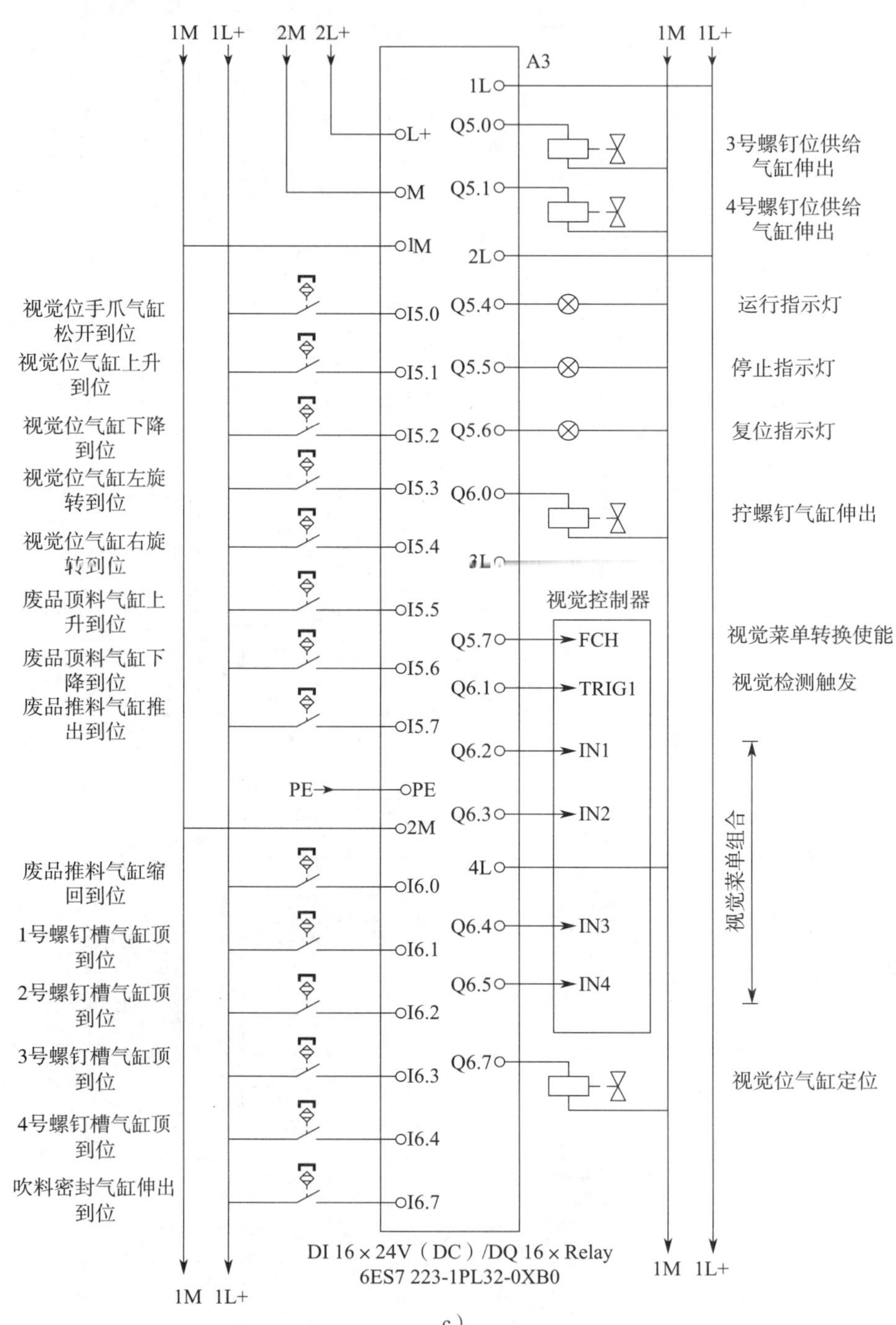

c）

1L+
1M
1M
1L+
A4
PE
L+
M
2M:
1号螺钉位供给到位
2号螺钉位供给到位
3号螺钉位供给到位
4号螺钉位供给到位
I7.0
I7.1
I7.2
I7.3
I7.6
I7.7
KA4
KA5
视觉输出结果
视觉取像完成
SM 1221 DI16×24 V(DC)
6ES7 221-1BH32-0XB0

d）

1L+
2M
2L+
1M
A5
PE:
PE
L+
1L:
M
智能螺钉旋具
1M
Q9.0
SEL0
拧螺钉动作结束
END
I9.0
Q9.1
SEL1
拧螺钉动作中
BUS
I9.1
Q9.2
SEL2
错误反馈信号
ERR
I9.2
Q9.3
SEL3
拧螺钉拧紧力矩组合菜单
智能螺钉旋具控制器反馈信号
螺钉旋具错误代码反馈信号
ERR0
I9.3
2L:
ERR1
I9.4
Q9.4
FSN(正)
控制螺钉旋具锁紧螺钉动作
ERR2
I9.5
Q9.5
LSN(反)
控制螺钉旋具松开螺钉动作
ERR3
I9.6
Q9.6
RTN
控制螺钉旋具旋转
SM 1223 DI8/DQ8×Relay
6ES7 223-1PH32-0XB0

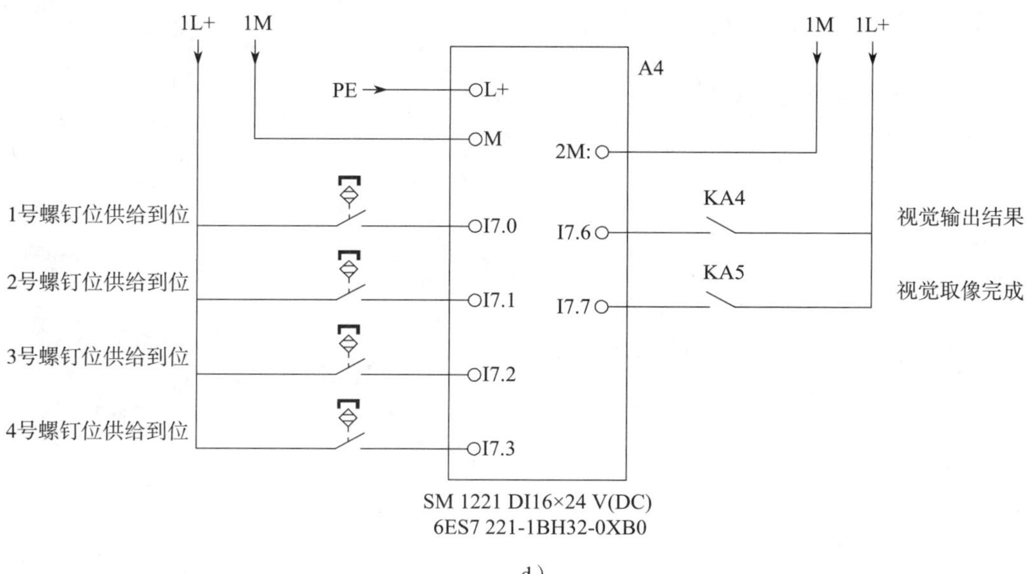

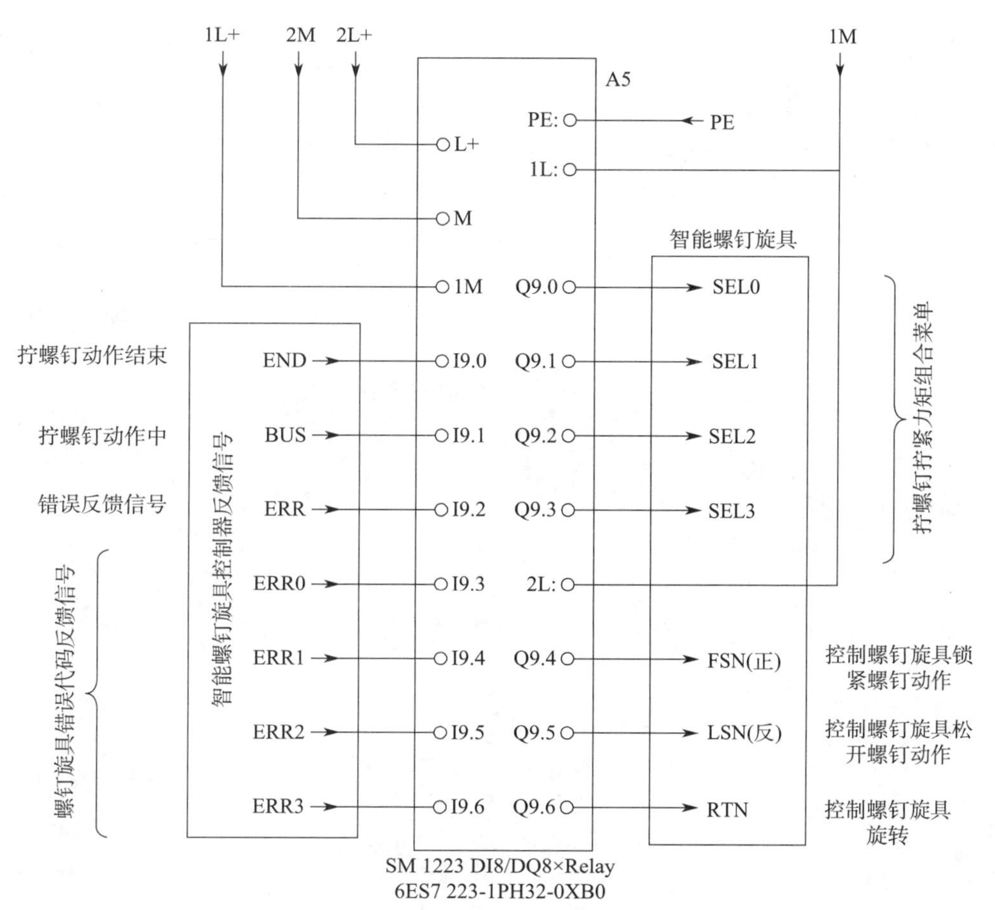

e）

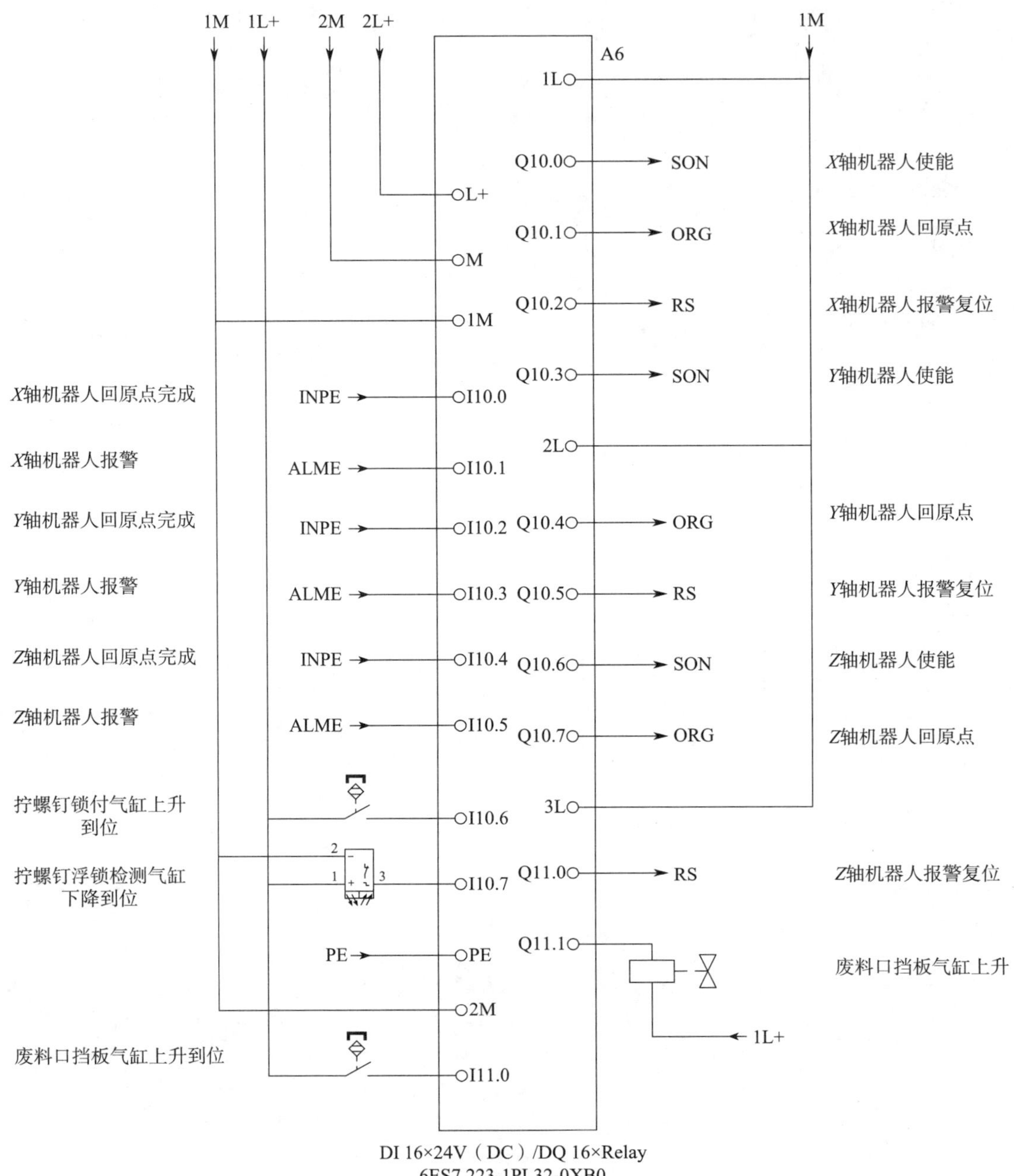

f）

图 6-6-1 拧螺钉单元电气原理图

a）拧螺钉单元电气原理图（1）

b）拧螺钉单元电气原理图（2）

c）拧螺钉单元电气原理图（3）

d）拧螺钉单元电气原理图（4）

e）拧螺钉单元电气原理图（5）

f）拧螺钉单元电气原理图（6）

3. 完成电气元件的连接，连接好的实物图如图 6–6–2 所示。

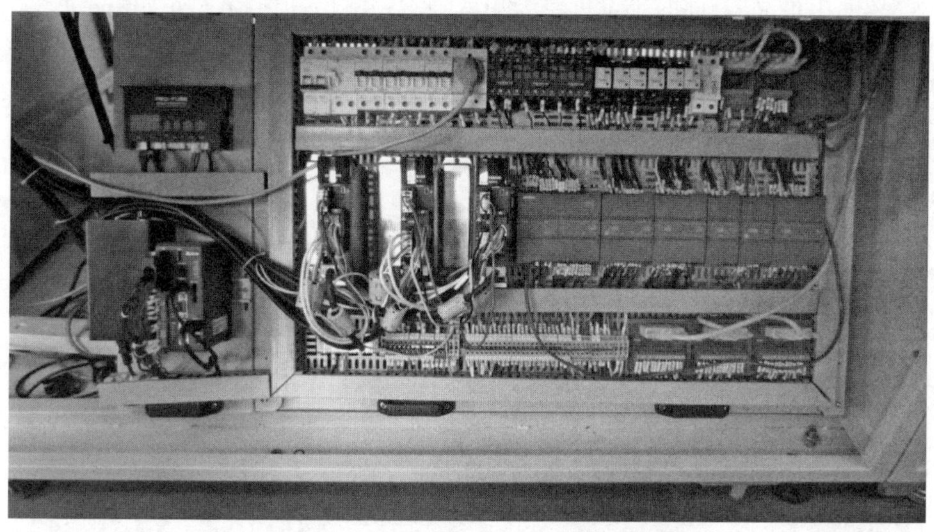

图 6–6–2　拧螺钉单元系统电气连接实物图

4. 开机前检查事项：

（1）观察机构上各元件外表是否有明显移位、松动或损坏等现象；传送带、装配工位是否有异物或配件，如果存在以上现象，应及时放置、调整、紧固或更换元件。

（2）对照电气原理图检查桌面和挂板接线是否正确，检查线路是否有短路、断路现象，特别要检查 PLC 各 24 V 输入、输出信号是否对 220 V 短路。

（3）接通气路，打开气源，手动按电磁阀，确认各气缸及传感器的原始状态。

（4）确保传送带上物料已清走，螺钉台没有遗留装配配件及异物。

（5）确保螺钉供给正常，螺钉放置正确。

（6）确保气压供给正常。

5. 拧螺钉单元运行操作方法：

（1）开机前准备工作：准备好要拧螺钉的电动机并正确放置于对应的托盘上。

（2）拧螺钉单元的操作界面如图 6–6–3 所示。单机自动运行操作方法如下：

1）打开总电源，打开气压阀，按“开”按钮，设备上电，绿色指示灯亮，黄色指示灯闪烁。

2）按“单机”按钮，单机指示灯亮，再按“复位”按钮，设备复位，复位指示灯常亮。

3）复位成功后按“启动”按钮，启动指示灯亮，复位指示灯灭，设备开始运行，各单轴机器人回归原点。

4）根据所需拧螺钉的电动机型号，在操作界面选择相应电动机类型。

5）把已放置相应电动机的托盘放于传送带入口处，设备完成拧螺钉，待完成视觉检测等工序后将托盘输送至下一站，一个工艺流程完成。

6）当需要忽略拧紧力矩及外观检测结果时，按“正常检测”按钮，按钮变为绿色并显示“忽略不良品”，此时不论拧紧力矩或外观检测出任何结果都按良品处理；否则当出现不良品时，废品机构动作把不良品推入废品传送带。

7）在设备运行过程中若按“停止”按钮，则停止指示灯亮并且启动指示灯灭，设备停止运行。

8）当设备在运行过程中出现异常状况时，可根据需要随时按“停止”或“急停”按钮，具体操作方法参阅本部分“（5）拧螺钉单元设备运行过程中出现异常的操作：”内容。

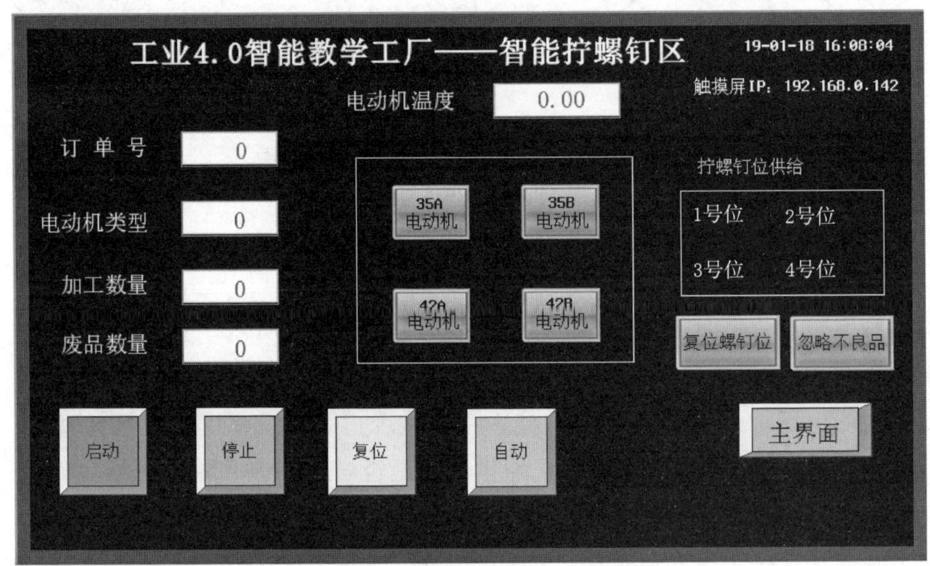

图 6-6-3 拧螺钉单元触摸屏操作界面

（3）联机自动运行操作方法：

1）确认通信线连接完好，在上电、复位完成状态下，按“联机”按钮，联机指示灯亮，单机指示灯灭，进入联机状态。

2）在联机状态下，设备的启动受控于总控制中心，当设备出现异常报警后，启动权限自动交给本站。

3）当需要忽略拧紧力矩及外观检测结果时，按“正常检测”按钮，按钮变为绿色并显示“忽略不良品”，此时不论拧紧力矩或外观检测出任何结果都按良品处理；否则当出现不良品时，废品机构动作把不良品推入废品传送带。

4）当设备在运行过程中出现异常状况时，可根据需要随时按下“停止”或“急停”按钮，具体操作方法参阅本部分“（5）拧螺钉单元设备运行过程中出现异常的操作：”内容。

（4）手动调试方法：在主操作界面按“主界面”按钮，按钮变成“维护调试”状态，可调出“维护调试”界面，如图 6-6-4 所示，可根据需要调试维护界面所示选项。

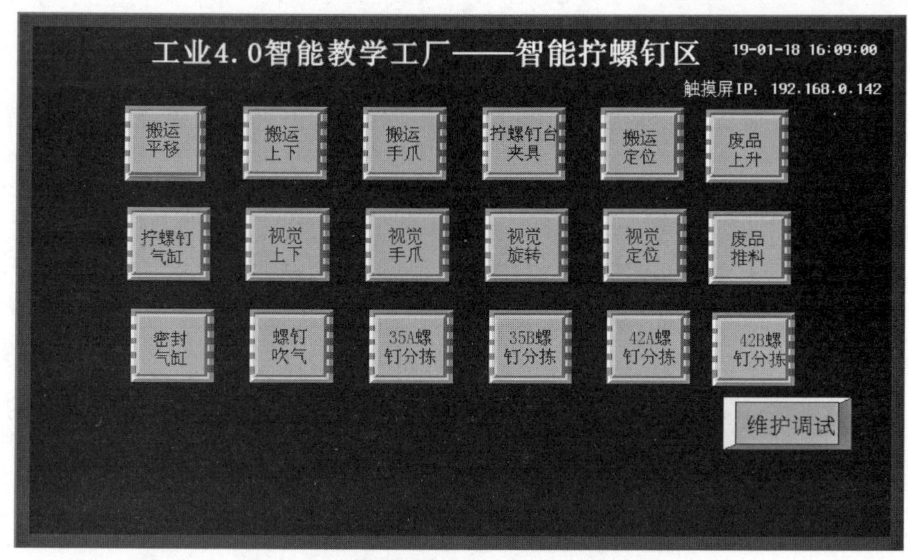

图 6-6-4　拧螺钉单元“维护调试”界面

（5）拧螺钉单元设备运行过程中出现异常的操作：

1）当设备出现报警时，红色故障灯闪烁，此时设备停止运转，调出故障界面，如图 6-6-5 所示，并根据相应报警故障处理故障，修复故障后按相应复位按钮复位。

2）当设备出现异常按“停止”按钮或“急停”按钮后，需按“复位”按钮并清走传送带及拧螺钉台上的配件。

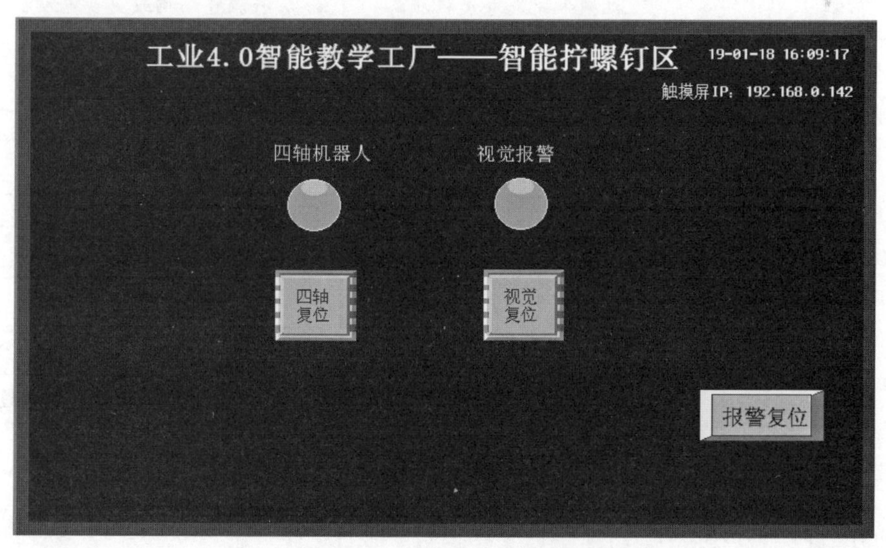

图 6-6-5　拧螺钉单元故障界面

三、拧螺钉单元日常维护与常见故障处理。

1. 日常维护方法

请在切断电源且确认机器人控制器充电指示灯熄灭后再进行检查作业，否则有可能会触电。

（1）定期检查传送带、机器人是否有异常振动、异响松动情况。

（2）定期检查机器人控制器、视觉控制器、传送带电动机有无异常过热、有无异味的情况。

（3）机器人的动作是否与设置一致，使用场所的环境有无异常。

（4）运行过程中驱动器应始终保持清洁。清洁驱动器时，应使用软布蘸取中性洗涤剂，轻轻擦拭有污垢的地方。

2. 常见故障排除方法：

处理故障注意事项及过程请参阅“拧螺钉单元设备运行过程中出现异常的操作”内容并结合表 6-6-4 进行处理。

表 6-6-4　　拧螺钉单元故障排除代码

代码	故障现象	故障原因	解决方法
Er4001	定位气缸不动作	定位传感器异常	调整传感器或更换
		气缸极限位置丢失	调整气缸极限位置
		PLC无输出信号	检查PLC及线路
Er4002	传送带不动作	不满足动作条件	检查程序及相应条件
		线路故障	检查线路，排除故障
		电气元件损坏	更换
		机械卡死或电动机损坏	调整结构或更换电动机
Er4003	机器人不驱动	在单机状态下没有选择电动机类型	在操作界面选择相应电动机类型
		控制器输入电源故障	修复漏电断路器、电磁接触器等的故障、跳闸、误接线
		在位置控制模式下未输入脉冲列指令（指令形态设置或极性错误）	通过位置指令监控机器人位置，确认脉冲指令是否已输入
			确认设置是否正确
			电子齿轮比过小，看不到移动迹象
			位置指令输入的脉冲速率过小
		驱动器发生故障（位置传感器发生故障）	进行更换或修理
Er4004	机器人报警	显示报警代码	根据代码含义检查相应项目
Er4005	机器人到达拧螺钉位后，没有进行拧螺钉动作	缺螺钉、相应螺钉槽故障或传感器异常	补充相应螺钉，清理螺钉槽，调整或更换螺钉槽传感器
Er4006	视觉闪光灯常亮	光源控制器外控开关没有开启	把光源外控开关按下

续表

代码	故障现象	故障原因	解决方法
Er4007	视觉系统没有进行拍摄动作	视觉控制器不在运行状态	将控制手柄打到运行状态
		相关控制线没有信号输入	检查相关 I/O 点
Er4008	拧螺钉时频繁出现没有拧完 4 颗螺钉	检查螺钉旋具是否磨损	更换螺钉旋具
		螺钉是否符合规格	更换为符合规格的螺钉
		电动机端盖是否反复利用次数过多	更换电动机端盖

四、工作总结及评价。

1. 以小组会议方式讨论任务完成情况。
2. 制定工作总结提纲，完成工作总结。

任务测评

在完成本任务的学习后，严格按照表 6-6-5 的要求，完成自我评价、小组评价和教师评价。

表 6-6-5　测评表

组别		组长		组员			
评价内容				分值	自我评价（30%）	小组评价（30%）	教师评价（40%）
职业素养（30%）	1. 出勤准时率			6			
	2. 学习态度			6			
	3. 承担任务量			8			
	4. 团队协作性			10			
专业能力（70%）	1. 工作准备的充分性			10			
	2. 工作计划的可行性			10			
	3. 功能分析完整、逻辑性强			15			
	4. 总结展示清晰、有新意			15			
	5. 安全文明生产及 7S			20			
总计				100			
个人的工作时间				提前完成			
				准时完成			
				滞后完成			
个人认为完成得好的地方							
值得改进的地方							
小组综合评价							
组长签名：				教师签名：			

项目七
智能检测系统的设计与实践

SX-TFI4 智能教学工厂的智能检测系统可实现对步进电动机产品的充磁及性能指标测试等功能。它的上一站为智能装配系统，下一站为智能包装系统。

任务 1　智能检测系统的功能需求分析

学习目标

1. 能对智能检测系统进行功能需求分析。
2. 掌握智能检测系统应具备的基本要素和功能。

任务描述

以智能教学工厂智能检测系统为具体实施对象，对智能检测系统的功能进行分析和梳理，从而总结出一般智能检测系统应具备的功能列表，为后续智能检测系统工艺流程设计及硬件选型工作打下基础。

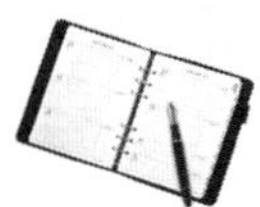

知识准备

一、充磁机

混合式步进电动机的转子是永磁体，磁铁的磁性是由普通的铁块经过特殊处理后得到的，使铁块具有磁性的处理过程称为充磁，充磁是使磁性物质磁化或使磁性不足的磁体增加磁性的过程。因此，在混合式步进电动机的生产过程中需要有充磁步骤，实现充磁的设备称为充磁机。

充磁机又叫充磁电源，其工作原理为：首先对电容器充以直流高压（即储能），然后通过一个电阻非常小的线圈（充磁夹具）放电。放电脉冲电流的峰值很高，可达数万安培。这种电流脉冲在充磁夹具内产生一个强大的磁场，该磁场可以使放置于充磁夹具中的磁性材料永久磁化。充磁机电容器工作时脉冲电流峰值极高，充磁频率也比较高，对电容器耐冲击电流的性能要求很高。由于充磁机能够快速使产品实现饱和充磁，因此，可用于各种磁性材料的充磁。充磁在多种行业里均是必要的，如电动机、发电动机、电声产品、电子仪表产品等，而常用的磁性材料有铁氧体、钕铁硼、铝镍钴、钐钴、塑胶磁等。

充磁机在选择时一般考虑以下几个方面：

1. 充磁机的冷却方式：目前市面上一般有风冷、水冷和低温恒冷三种方式。

2. 大电流强力磁化：是否具有高压、大电流放电设计。

3. 专用电容器的性能：电容器工作时脉冲电流峰值极高，对电容器耐冲击电流的性能要求极高。

4. 是否具有精确的电路控制。

5. 是否有加入续流二极管防止反向电流，是否有截尾电路设计以减少充磁线圈的发热、振动和噪声。

6. 充磁效率：单机充磁时间控制在 6 s 以内，是否具有高精度重复性，确保产品充磁效果的一致性。

在 SX–TFI4 中采用的充磁机为肇庆市恒毅机电科技公司生产的 MAGB–2040–20 型电磁脉冲式充磁机，它采用水循环冷却系统，高压、大电流设计，最大瞬时放电电流可达 30 kA。其采用的专用快速放电电容，具有控制响应速度快，充磁速度快以及高压精度高、充磁电压恒定等特点。

二、步进电动机综合测试系统

在步进电动机出厂前需要对其性能进行测试，测试性能指标包括电气强度、相间绝缘、绝缘电阻、电感差、电阻差等一系列指标，具体指标可参考表 7–1–1。

本工厂生产的两相四线式步进电动机有四条引线，分别以 A、B、C 和 D 表示，其中引线 A、C 以及它们之间的绕组组成一相，引线 B、D 以及它们之间的绕组组成另一相。表 7–1–1 中的 AC 电感指的是引线 A 和 C 之间的电感值，AC 电阻指的是引线 A 和 C 之间的电阻值；BD 电感和 BD 电阻与此同理。

表 7–1–1　　步进电动机主要测试参数、偏差

测试项目	上限	下限	平均值	单位	延时（s）
电气强度	1.0	0.03	0.515	mA	1.0
绝缘电阻	200	20	110	MΩ	1.0
AC 电感	100	20	60	mH	0.0

续表

测试项目	上限	下限	平均值	单位	延时（s）
BD 电感	100	20	60	mH	0.0
电感差	5	0.0	2.5	%	0.0
AC 电阻	100	20	60	Ω	0.0
BD 电阻	100	20	60	Ω	0.0
电阻差	10	0.318	5.159	%	0.0

步进电动机综合测试系统是一种步进电动机的性能测试系统，它是一种集标准工业计算机集成控制、采样和数据处理于一体的机电一体化设备。SX-TFI4 采用的步进电动机综合性能测试系统是由广州开元电子科技有限公司研制的 KYCM08E3W 步进电动机在线测试系统，它不但能完成以上参数的测试，同时兼具测试数据自动保存，数据处理且可与 office 软件无缝衔接，自动生成统计直方图和曲线图，电气强度测试电压自动调整，匝间测试电压自动调整等功能。此系统适用于两相四线、两相六线和两相八线等类型的步进电动机的性能测试。

KYCM08E3W 步进电动机性能测试系统的操作界面包含“型号”“设定”“采样”“数据”“图表”“打印”和“退出”六个菜单选项，如图 7-1-1 所示。“型号”用来确定当前需要测量的电动机的型号。“设定”用于设定与产品技术要求相符的参数，“测试项目参数设定”界面如图 7-1-2 所示。“采样”用于采样当前测量产品的参数，并存储在“数据”中。在线测试系统支持对批量生产的步进电动机进行优良率的统计并生成报表，以便于分析与报告，优良率统计报表可通过单击菜单中的“图表”按钮输出。

图 7-1-1　性能测试系统软件菜单

任务实施

一、接受任务，制订工作计划。

1. 工作组织：教师组织学员分组，每小组由 4～6 名学员组成，选定 1 名组长、1 名安全监督员（负责操作时的安全监督和记录），其余学员的工作由组长安排。

2. 接受任务：教师引导学员阅读工作任务单，完成工作任务单（见表 7-1-2）的填写。

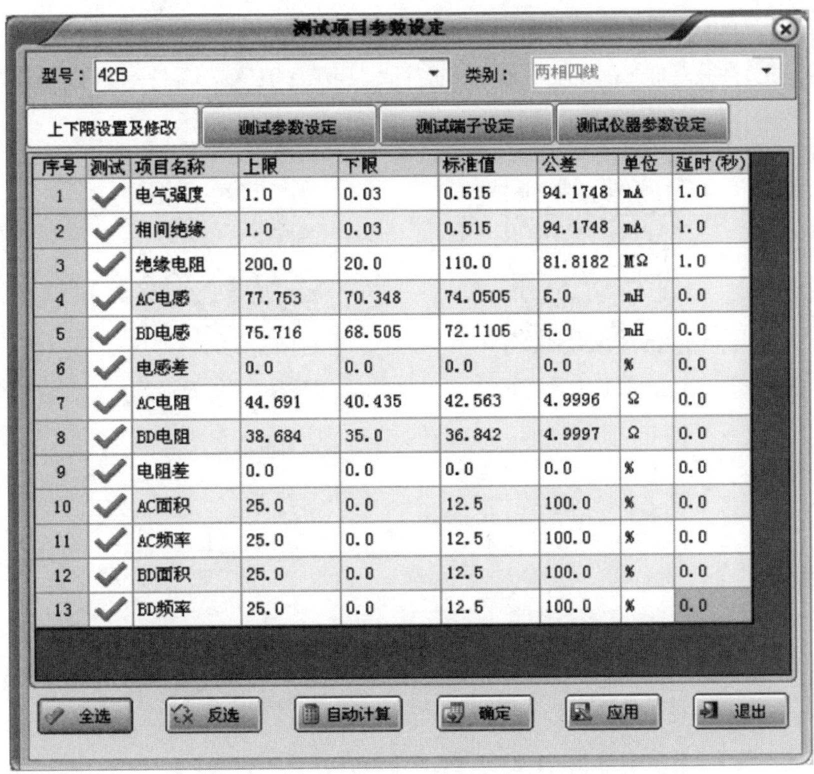

序号	测试	项目名称	上限	下限	标准值	公差	单位	延时(秒)
1	✓	电气强度	1.0	0.03	0.515	94.1748	mA	1.0
2	✓	相间绝缘	1.0	0.03	0.515	94.1748	mA	1.0
3	✓	绝缘电阻	200.0	20.0	110.0	81.8182	MΩ	1.0
4	✓	AC电感	77.753	70.348	74.0505	5.0	mH	0.0
5	✓	BD电感	75.716	68.505	72.1105	5.0	mH	0.0
6	✓	电感差	0.0	0.0	0.0	0.0	%	0.0
7	✓	AC电阻	44.691	40.435	42.563	4.9996	Ω	0.0
8	✓	BD电阻	38.684	35.0	36.842	4.9997	Ω	0.0
9	✓	电阻差	0.0	0.0	0.0	0.0	%	0.0
10	✓	AC面积	25.0	0.0	12.5	100.0	%	0.0
11	✓	AC频率	25.0	0.0	12.5	100.0	%	0.0
12	✓	BD面积	25.0	0.0	12.5	100.0	%	0.0
13	✓	BD频率	25.0	0.0	12.5	100.0	%	0.0

图 7-1-2 “测试项目参数设定”界面

表 7-1-2　　**工作任务单**

SX-TFI4 智能教学工厂智能检测系统功能需求分析任务单

单号：No.________　开单部门：________　开单人：________

开单时间：________　接单部门：________

任务描述	以智能教学工厂智能检测系统为具体实施对象，对智能检测系统的功能进行分析和梳理，从而总结出一般智能检测系统应具备的功能列表
要求完成时间	
接单人	签名：　　　　时间：

3. 工作计划表：制订详细的工作计划，并填入表 7-1-3 中。

表 7-1-3　　**工作计划表**

阶段	任务说明	计划工作内容	计划完成时间	责任人

二、参观智能工厂或观看视频（扫描二维码可获得智能充磁单元视频和智能检测单元视频），记录参观情况，并将系统的组成及功能填入表 7–1–4 中。充磁设备及步进电动机在线测试系统的实物分别如图 7–1–3 和图 7–1–4 所示。

智能充磁单元视频

智能检测单元视频

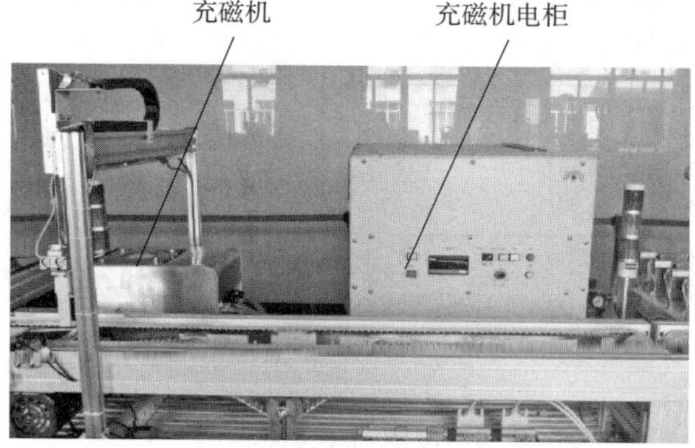

图 7–1–3　智能检测系统的充磁单元

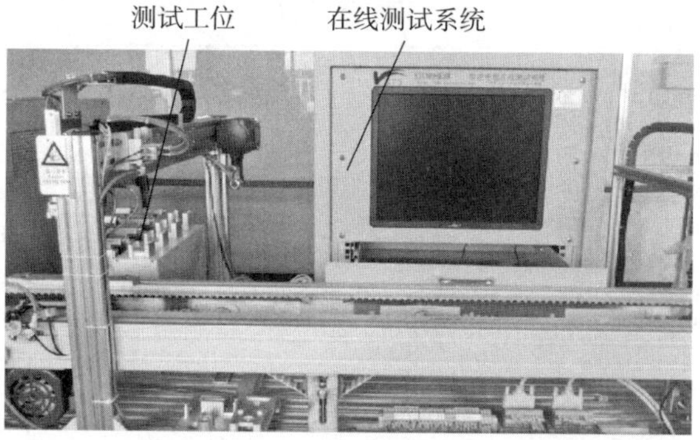

图 7–1–4　智能检测系统的步进电动机性能测试单元

表 7–1–4　智能检测系统组成部分功能表

序号	组成部分（名称）	功能

三、工作总结及评价。

1. 以小组会议方式讨论任务完成情况。

2. 制定工作总结提纲，完成工作总结。

任务测评

在完成本任务的学习后，严格按照表 7-1-5 的要求，完成自我评价、小组评价和教师评价。

表 7-1-5　　测评表

组别		组长		组员		
评价内容			分值	自我评价（30%）	小组评价（30%）	教师评价（40%）
职业素养（30%）	1. 出勤准时率		6			
	2. 学习态度		6			
	3. 承担任务量		8			
	4. 团队协作性		10			
专业能力（70%）	1. 工作准备的充分性		10			
	2. 工作计划的可行性		10			
	3. 功能分析完整、逻辑性强		15			
	4. 总结展示清晰、有新意		15			
	5. 安全文明生产及 7S		20			
总计			100			
个人的工作时间			提前完成			
			准时完成			
			滞后完成			
个人认为完成得好的地方						
值得改进的地方						
小组综合评价						
组长签名：				教师签名：		

任务 2 智能检测系统的系统设计

学习目标

1. 掌握智能检测系统工艺流程的特点与关键工序。
2. 了解智能检测系统的设计方法和步骤。
3. 能结合生产实际进行系统方案设计、硬件选型及编程等。

任务描述

以智能教学工厂的智能检测系统为具体实施对象，分析其详细工艺流程并依据流程选择合适的硬件及编程，以达到设计要求和预期目标，为后续系统的组装、调试做前期必要的规划和准备。

知识准备

智能检测系统的工艺流程可以描述如下：

一、装有电动机的料盘通过传送带到达待抓取位置，抓取机构抓取电动机至充磁工位进行充磁。

二、手爪将电动机放回传送带。

三、传送带带动料盘到达待抓取位置，手爪抓取电动机至性能在线测试工作位进行测试。

四、测试完成后，机械手把电动机送回托盘。

五、测试结束，记录测试数据，传送带带动托盘前往下一站。

任务实施

一、接受任务，制订工作计划。

1. 工作组织：教师组织学员分组，每小组由 4 ~ 6 名学员组成，选定 1 名组长，1 名安全监督员（负责操作时的安全监督和记录），其余学员的工作由组长安排。

2. 接受任务：教师引导学员阅读工作任务单，完成工作任务单（见表 7–2–1）的填写。

表 7-2-1　　工作任务单

<table>
<tr><td colspan="2">SX-TFI4 智能教学工厂智能检测系统方案设计任务单
单号：No.______　开单部门：______　开单人：______
开单时间：______　接单部门：______</td></tr>
<tr><td>任务描述</td><td>以智能教学工厂的智能检测系统为具体实施对象，分析其详细工艺流程并依据流程选择合适的硬件及编程等，以达到设计要求和预期目标</td></tr>
<tr><td>要求完成时间</td><td></td></tr>
<tr><td>接单人</td><td>签名：　　时间：</td></tr>
</table>

3. 工作计划表：制订详细的工作计划，并填入表 7-2-2 中。

表 7-2-2　　工作计划表

阶段	任务说明	计划工作内容	计划完成时间	责任人

二、根据本项目任务 1 制作的功能分析表的要求设计系统方案。

1. 任务准备：调出本项目任务 1 制作的功能分析表。

2. 根据参观结果或观看视频，梳理智能检测系统详细工艺流程。具体工艺流程可参照图 7-2-1。

3. 系统构成方案设计：根据智能检测的工艺流程进行系统的构成方案设计。进行方案设计时列出相应的硬件设备需求，具体设计方案构成可参照表 7-2-3。

表 7-2-3　　智能检测系统方案设计表

编号	功能	对应硬件	涉及技术
1	上、下料搬运	手爪	PLC 技术、传感技术
2	电动机充磁	充磁机	电磁技术
3	电动机性能检测	电动机性能测试仪	检测技术
4	系统控制	PLC	PLC 技术

4. 主要功能硬件选型：在系统方案设计的基础上，根据功能需求完成系统的硬件选型及编程等。各种硬件的具体选型过程均有相应的方法，此处不再详述。SX-TFI4 智能教学工厂的智能检测系统硬件选型见表 7-2-4。

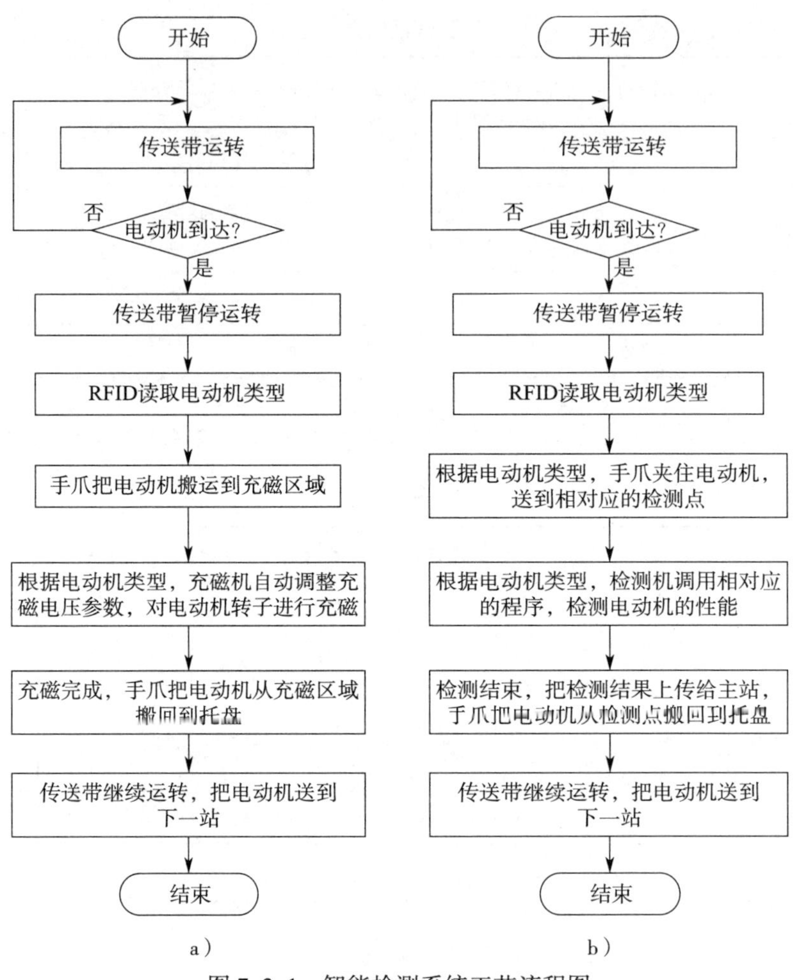

图 7-2-1 智能检测系统工艺流程图
a）充磁单元工艺流程
b）性能检测单元工艺流程

表 7-2-4 智能检测系统硬件选型表

编号	设备名称	型号	用途	备注
1	传送带系统	6IK120GU-CF	传送步进电动机到检测位	中大电机
2	电动机手爪气缸	MHF2-8D2	步进电动机抓取	SMC
3	充磁机	MAGB-2040-20	步进电动机充磁	恒毅机电
4	步进电动机测试装置	—	不同类型电动机性能测试	三向
5	步进电动机在线测试系统	KYCM08E3W	电动机性能在线测试	开元电子

三、工作总结及评价。

1. 以小组会议方式讨论任务完成情况。
2. 制定工作总结提纲，完成工作总结。

任务测评

在完成本任务的学习后，严格按照表 7–2–5 的要求，完成自我评价、小组评价和教师评价。

表 7–2–5　　测评表

组别		组长		组员			
评价内容				分值	自我评价（30%）	小组评价（30%）	教师评价（40%）
职业素养（30%）	1. 出勤准时率			6			
	2. 学习态度			6			
	3. 承担任务量			8			
	4. 团队协作性			10			
专业能力（70%）	1. 工作准备的充分性			10			
	2. 工作计划的可行性			10			
	3. 功能分析完整、逻辑性强			15			
	4. 总结展示清晰、有新意			15			
	5. 安全文明生产及 7S			20			
总计				100			
个人的工作时间				提前完成			
				准时完成			
				滞后完成			
个人认为完成得好的地方							
值得改进的地方							
小组综合评价							
组长签名：					教师签名：		

任务 3　智能检测系统的操作与维护

学习目标

1. 掌握智能检测系统的操作、维护方法。
2. 掌握智能检测单元各硬件的基本功能与特性。
3. 能结合故障查询表排除常见故障。

任务描述

以智能教学工厂智能检测系统为具体实施对象，依据检测工艺流程、硬件选型及编程等进行系统的组装与调试，最终使智能检测系统按预期目标稳定运行，并能结合故障查询表排除常见故障。

任务实施

一、接受任务，制订工作计划。

1. 工作组织：教师组织学员分组，每小组由 4 ~ 6 名学员组成，选定 1 名组长、1 名安全监督员（负责操作时的安全监督和记录），其余学员的工作由组长安排。

2. 接受任务：教师引导学员阅读工作任务单，完成工作任务单（见表 7–3–1）的填写。

表 7–3–1 工作任务单

SX–TFI4 智能教学工厂智能检测系统的操作与维护任务单 单号：No.______ 开单部门：______ 开单人：______ 开单时间：______ 接单部门：______	
任务描述	以智能教学工厂智能检测系统为具体实施对象，依据检测工艺流程、硬件选型及编程等进行系统的组装与调试，最终使智能检测系统按预期目标稳定运行，并能结合故障查询表排除常见故障
要求完成时间	
接单人	签名： 时间：

3. 工作计划表：制订详细的工作计划，并填入表 7–3–2 中。

表 7–3–2 工作计划表

阶段	任务说明	计划工作内容	计划完成时间	责任人

二、完成系统的硬件连接和参数设置，并进行调试。

1. 在进行系统的硬件连接及安装调试前，需对充磁区的输入 / 输出地址进行分配。具体设置可以参照表 7–3–3 和表 7–3–4。

表 7-3-3　充磁区输入 / 输出地址分配表

序号	地址	功能	备注
1	I0.1	启动	
2	I0.2	停止	
3	I0.3	复位	
4	I0.4	单机 / 联机选择	
5	I0.5	急停	
6	I0.6	托盘定位	
7	I0.7	托盘定位气缸伸出到位	
8	I1.0	托盘定位气缸缩回到位	
9	I1.1	托盘出口检测	
10	I1.2	充磁气缸左	
11	I1.3	充磁气缸右	
12	I1.4	充磁气缸上	
13	I1.5	充磁气缸下	
14	I2.0	充磁手爪气缸夹紧	
15	I2.1	充磁手爪气缸松开	
16	I2.2	充磁完成	
17	Q0.0	输送电动机启动	
18	Q0.1	冷却水泵启动	
19	Q0.2	充磁使能	
20	Q0.3	充磁输送定位气缸伸出	
21	Q0.4	充磁水平气缸伸出	
22	Q0.5	充磁上下气缸伸出	
23	Q0.6	启动指示灯	
24	Q0.7	停止指示灯	
25	Q1.0	故障指示灯	
26	Q2.0	手爪气缸松开	
27	Q2.7	复位指示灯	

表 7-3-4　电动机性能检测区输入 / 输出地址分配表

序号	地址	功能	备注
1	I0.1	启动	
2	I0.2	停止	
3	I0.3	复位	
4	I0.4	单机 / 联机选择	
5	I0.5	急停	
6	I0.6	伺服准备就绪	

续表

序号	地址	功能	备注
7	I0.7	伺服报警	
8	I1.0	伺服原点	
9	I1.1	伺服左限位	
10	I1.2	伺服右限位	
11	I1.3	传送带托盘入口定位	托盘到达
12	I1.4	传送带托盘出口检测	托盘离开
13	I1.5	定位气缸伸出到位	
14	I2.0	定位气缸缩回到位	
15	I2.1	搬运升降气缸上升到位	
16	I2.2	搬运升降气缸下降到位	
17	I2.3	搬运手爪夹紧到位	
18	I2.4	搬运手爪松开到位	
19	I2.5	1 号测试位气缸伸出到位	
20	I2.6	2 号测试位气缸伸出到位	
21	I2.7	3 号测试位气缸伸出到位	
22	I3.0	4 号测试位气缸伸出到位	
23	I3.3	电动机测试不合格	
24	I3.4	电动机测试合格	
25	Q0.0	伺服脉冲	
26	Q0.1	伺服方向	
27	Q0.2	伺服使能	
28	Q0.3	伺服复位	
29	Q0.4	传送带电动机启动	
30	Q0.5	伺服 STO（safe torque off，安全扭矩关闭）	
31	Q0.6	设备急停	
32	Q0.7	定位气缸伸出	
33	Q1.0	搬运升降气缸伸出	
34	Q1.1	搬运手爪气缸松开	
35	Q2.0	1 号测试位气缸伸出	
36	Q2.1	2 号测试位气缸伸出	
37	Q2.2	3 号测试位气缸伸出	
38	Q2.3	4 号测试位气缸伸出	
39	Q2.6	运行指示灯	
40	Q2.7	停止指示灯	
41	Q3.0	复位指示灯	
42	Q3.2	综合测试仪启动	

2. 结合所选元件及 I/O 定义，绘制智能检测系统电气原理图，如图 7-3-1 和图 7-3-2 所示。

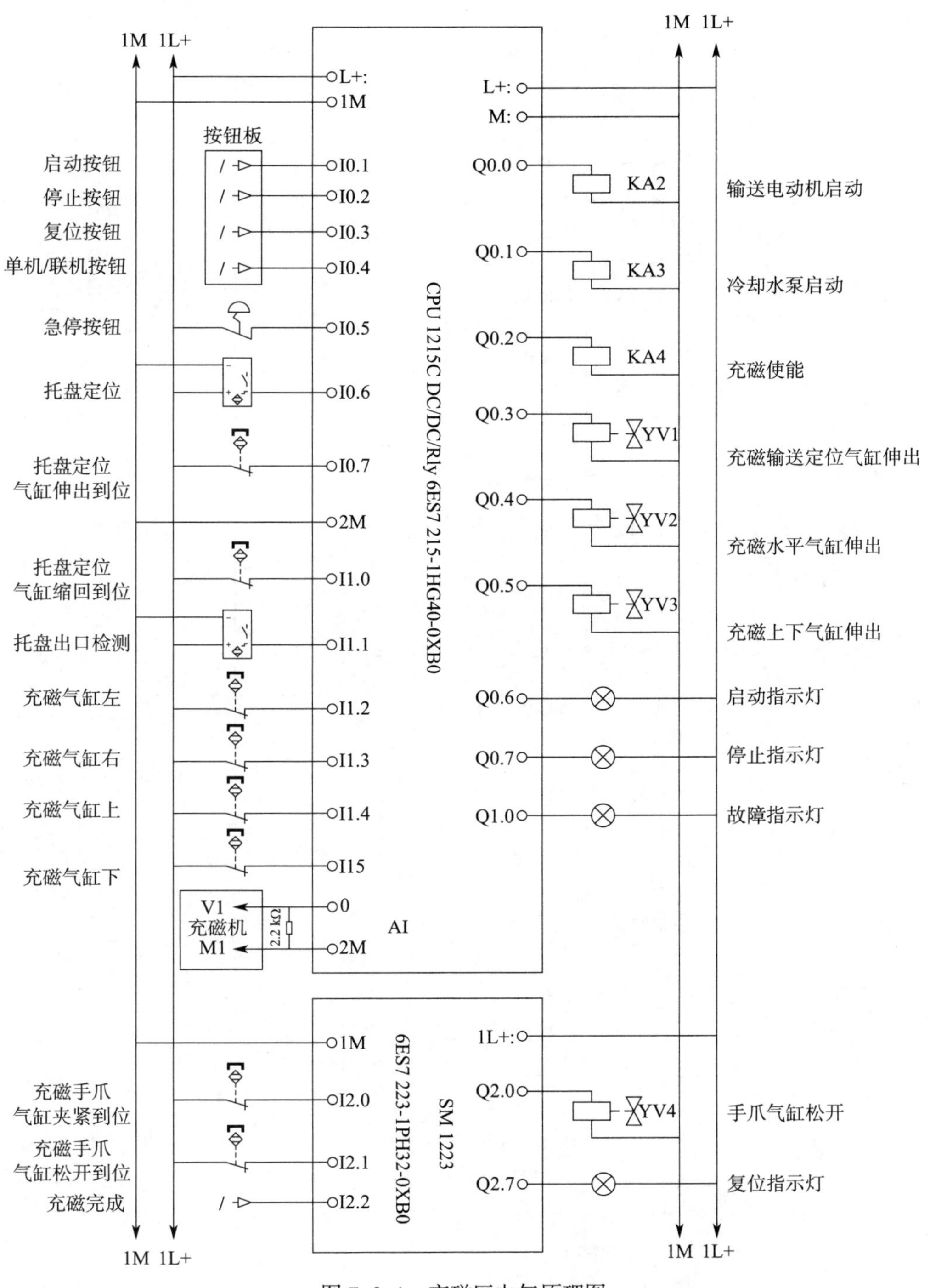

图 7-3-1 充磁区电气原理图

1M 1L+
1M 1L+
A1
L+:
3L:
M:
3M:
2L+
24V:
伺服驱动器
2M
0V:
Q0.0
A_24P
伺服脉冲
1M:
按钮板
Q0.1
B_24P
伺服方向
启动按钮
I0.1
Q0.2
SON
伺服使能
停止按钮
I0.2
复位按钮
I0.3
Q0.3
RESET
伺服复位
Q0.4
KA2
单机/联机选择
I0.4
传送带电动机启动
Q0.5
急停按钮
I0.5
KA3
伺服STO
KA5
伺服准备就绪
I0.6
Q0.6
KA4
设备急停
KA6
伺服报警
I0.7
Q0.7
定位气缸伸出
伺服原点
I1.0
Q1.0
搬运升降气缸伸出
伺服左限位
I1.1
Q1.1
搬运手爪气缸松开
伺服右限位
I1.2
托盘入口定位
I1.3
托盘出口检测
I1.4
1M 1L+
定位气缸伸出到位
I1.5
CPU 1214C DC/DC/DC
6ES7 214-1AG40-0XB0
RFID读写器
485+
485+
RS485模板
RFID 读写器
485-
485-
1M 1L+
a）

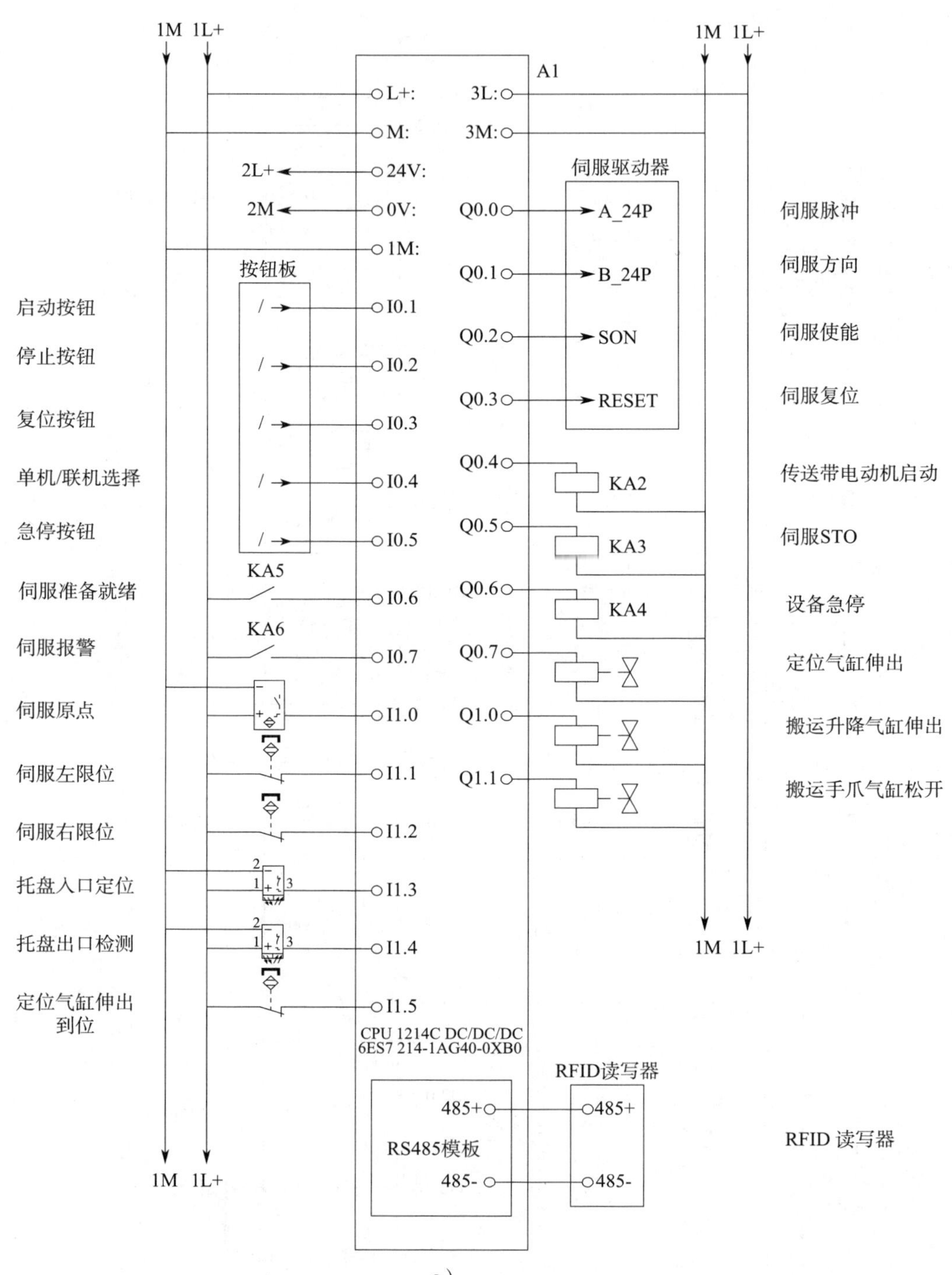

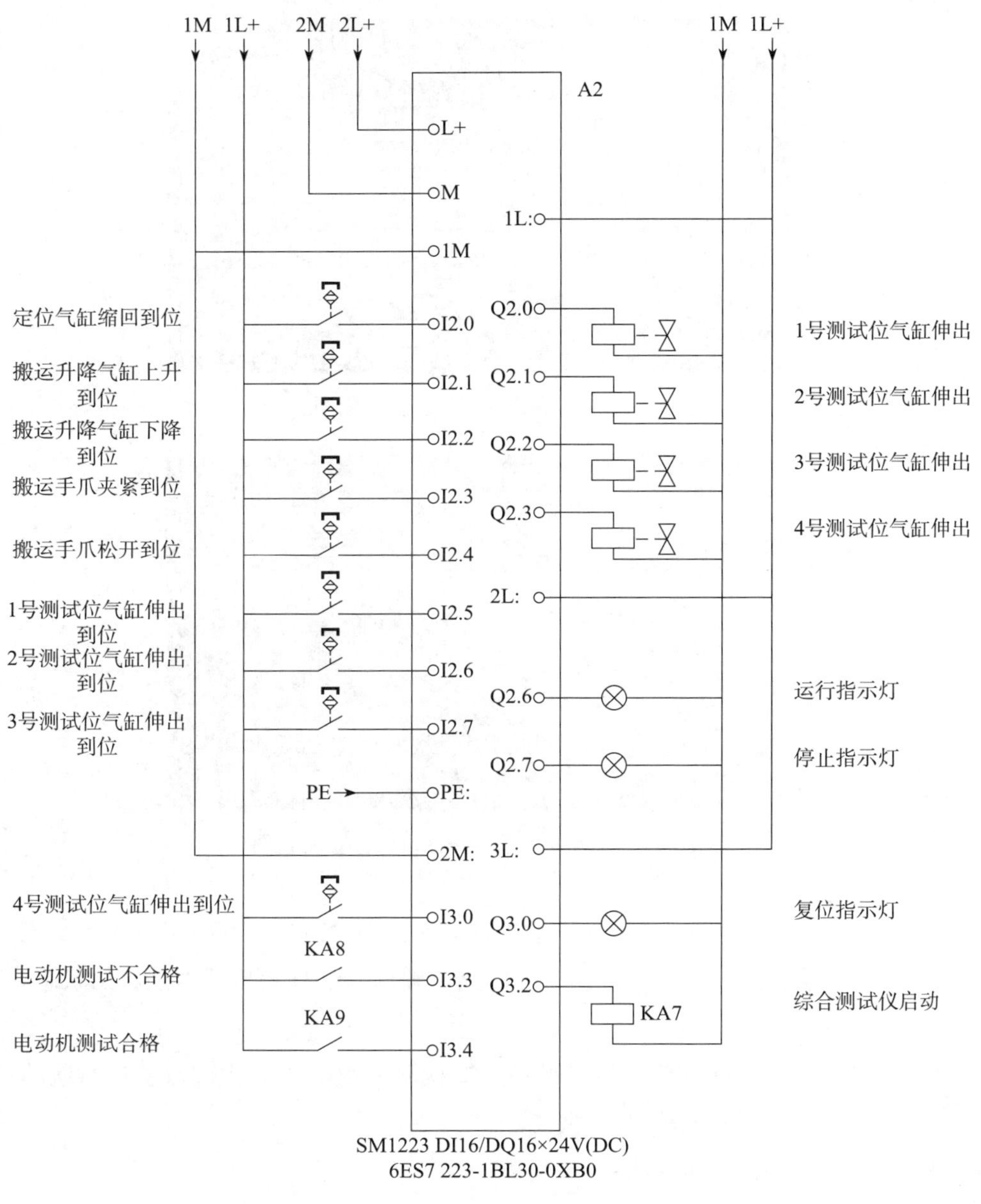

b）

图 7-3-2　电动机性能检测区电气原理图

a）电气原理图（1）

b）电气原理图（2）

3. 根据如图 7-3-1 和图 7-3-2 所示的电气原理图完成电气元件的连接，连接好的实物图如图 7-3-3 和图 7-3-4 所示。

4. 开机前检查事项：

（1）观察机构上各元件外表是否有明显移位、松动或损坏等现象；传送带、装配工位是否有异物或配件，如果存在以上现象，应及时放置、调整、紧固或更换元件。

（2）对照电气原理图检查桌面和挂板接线是否正确，检查线路是否有短路、断路

图 7-3-3 充磁区硬件连接实物图

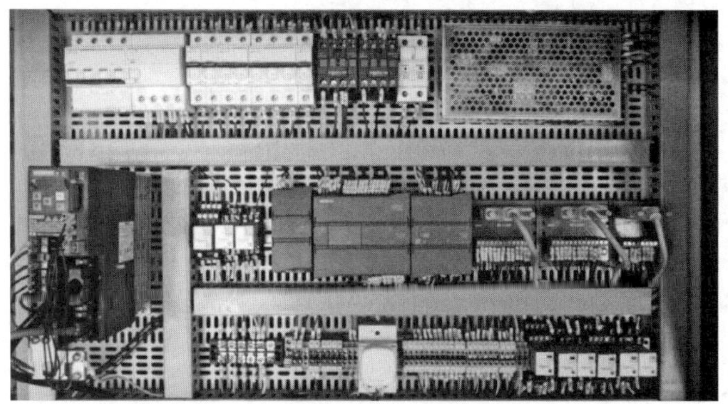

图 7-3-4 电动机性能检测区硬件连接实物图

现象，特别要检查 PLC 各 24 V 输入、输出信号是否对 220 V 短路。

（3）接通气路，打开气源，手动按电磁阀，确认各气缸及传感器的原始状态。

5. 充磁区运行操作方法。

（1）单机自动运行前准备工作：准备好要检测的电动机并正确放置在对应的托盘上，对应托盘要事先写入电动机类型。

（2）单机自动运行操作方法：

1）按“开”按钮，设备上电，绿色指示灯亮，黄色指示灯闪烁。

2）按“单机”按钮，单机指示灯亮，再按“复位”按钮，设备复位，复位指示灯常亮。

3）复位成功后按“启动”按钮，启动指示灯亮，复位指示灯灭，设备开始运行。

4）把已放置相应电动机的托盘放于传送带入口处，并在操作界面上按“上站完成”按钮，设备开始完成相应动作并向电动机充磁，如图 7-3-5 所示。

5）当完成电动机充磁后，按“下站就绪”按钮，传送带转动把电动机输送到下一站，一个检测工序完成。

6）在设备运行过程中若按“停止”按钮，则停止指示灯亮并且启动指示灯灭，设备停止运行。

7）当设备在运行过程中遇到紧急状况时，应迅速按下“急停”按钮，设备停止运行。

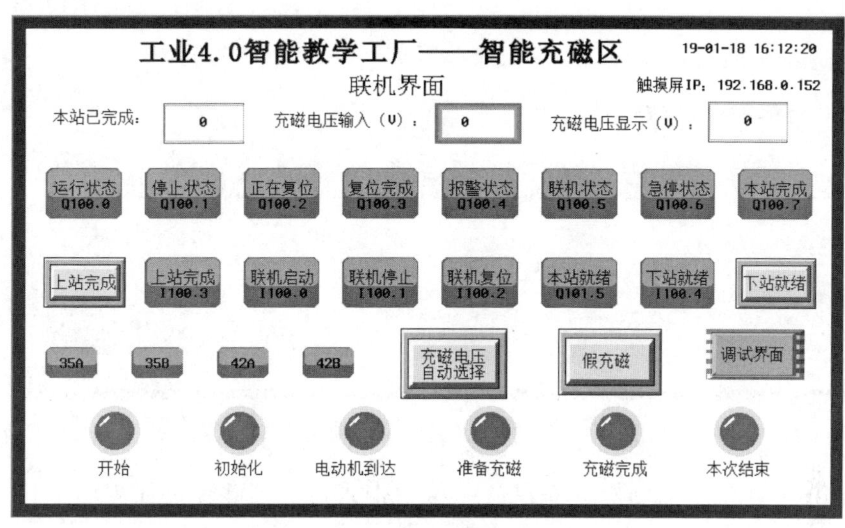

图 7–3–5　智能充磁区“联机界面”

（3）联机自动运行操作方法：

1）在复位完成状态下，按“联机”按钮，联机指示灯亮，单机指示灯灭，进入联机状态。

2）在联机状态下，设备的启动受控于总控制中心，当设备出现异常报警后，启动权限自动交给本站。

3）在设备运行过程中，若设备出现异常状况时，可根据需要随时按“停止”或“急停”按钮。

（4）手动运行操作方法。

1）按图 7–3–5 中的“调试界面”按钮，将进入“手动调试界面”，如图 7–3–6 所示。

2）在“手动调试界面”下，可根据需要按“手动按钮”，以调试充磁区各执行机构的运行情况。

6. 性能检测区的运行操作方法。

（1）单机自动运行前准备工作：准备好要检测的电动机并正确放置在对应的托盘上，对应的托盘要事先写入电动机类型。

（2）单机自动运行操作方法：

1）按“开”按钮，设备上电，绿色指示灯亮，黄色指示灯闪烁。

2）按“单机”按钮，单机指示灯亮，再按“复位”按钮，设备复位，复位指示灯常亮。

3）复位成功后按“启动”按钮，启动指示灯亮，复位指示灯灭，设备开始运行。

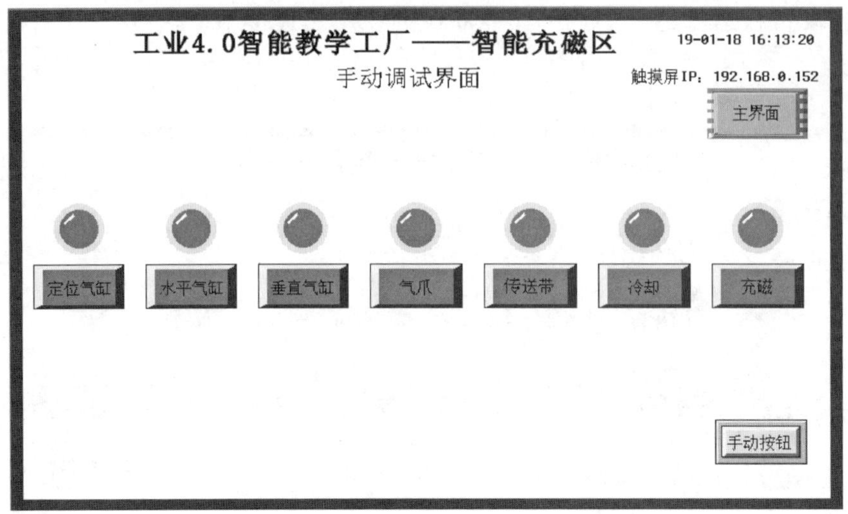

图 7-3-6 智能充磁区“手动调试界面”

4）把已放置相应电动机的托盘放于传送带入口处，并在操作界面上按“上站完成”按钮，设备开始完成相应动作并检测电动机，如图 7-3-7 所示。

5）当完成检测电动机后，按“下站就绪”按钮，传送带转动把电动机输送到下一站，一个检测工序完成。

6）在设备运行过程中若按“停止”按钮，则停止指示灯亮并且启动指示灯灭，设备停止运行。

7）当设备在运行过程中遇到紧急状况时，应迅速按“急停”按钮，设备停止运行。

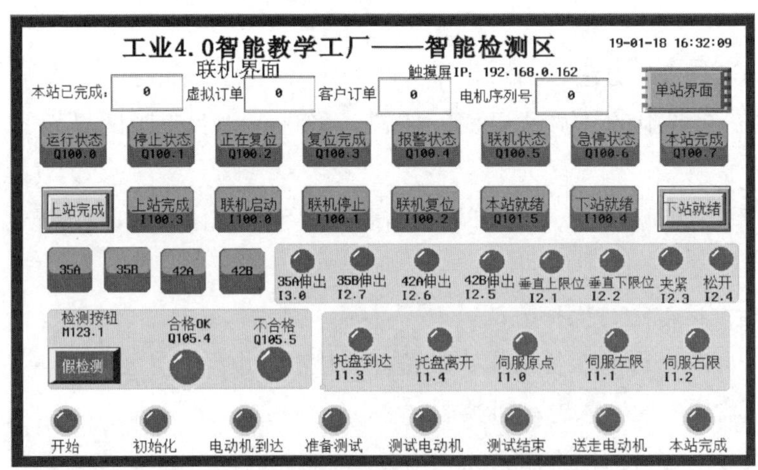

图 7-3-7 电动机性能检测区联机调试界面

（3）联机自动运行操作方法：

1）复位完成状态下，按“联机”按钮，联机指示灯亮，单机指示灯灭，进入联机状态。

2）在联机状态下，设备的启动受控于总控制中心，当设备出现异常报警后，启动权限自动交给本站。

3）当设备在运行过程中出现异常状况时，可根据需要随时按“停止”或“急停”按钮。

（4）手动运行操作方法：

1）按“单站界面”按钮，进入单机界面，如图 7–3–8 所示。

2）按“手动控制”按钮进入“手动调试界面”，根据需要调试检测如图所示各项目。

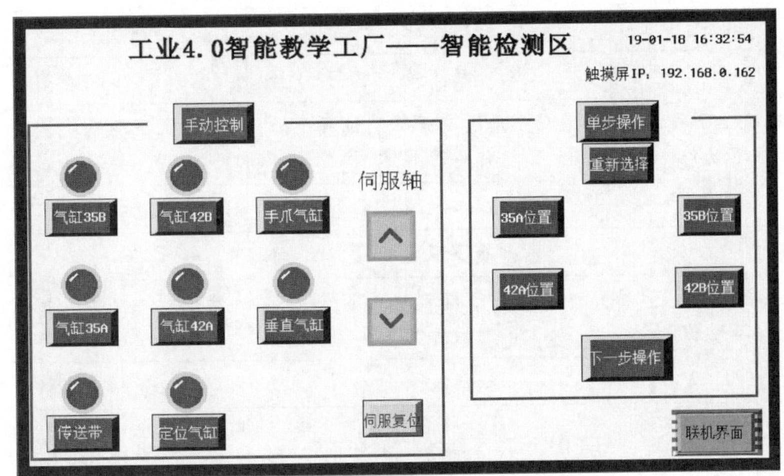

图 7–3–8 电动机性能检测区手动调试界面

三、智能检测系统日常维护与常见故障处理。

1. 日常维护方法：

（1）定期检查传送带、各装配工位是否有异响、松动等情况。

（2）定期检查各传感器接线是否松动、各检测位对位是否准确等。

（3）定期检查及校正电动机综合测试仪各项检测参数。

2. 常见故障请参照表 7–3–5 进行处理。

表 7–3–5 智能检测系统常见故障查询表

代码	故障现象	故障原因	解决方法
Er9001	定位气缸不动作	定位传感器异常	调整传感器或更换
		气缸极限位置丢失	调整气缸极限位置
		PLC 无输出信号	检查 PLC 及线路
Er9002	传送带不动作	不满足动作条件	检查程序及相应条件
		线路故障	检查线路，排除故障
		电气元件损坏	更换
		机械卡死或电动机损坏	调整结构或更换电动机

续表

代码	故障现象	故障原因	解决方法
Er9003	充磁电动机测试仪报警	无法开机	检查电源线路
Er9004	水泵电动机故障	三相电缺失	检查三相电线路
		机械卡死或电动机损坏	调整结构或更换电动机
Er9005	充磁水平气缸不动作	气压不足	检查气路
		水平运动没有到位或到位传感器异常	检查水平运动机构、相应传感器及其线路
		线路故障	检查相关线路电气元件
Er9006	充磁上下气缸不动作	气压不足	检查气路
		上下运动手爪没有下降到位或下降位传感器异常	检查上下运动机构、相应传感器及其线路
		线路故障	检查相关线路电气元件
Er9007	充磁手爪气缸不动作	气压不足	检查气路
		搬运手爪没有下降到位或下降位传感器异常	检查搬运机构、相应传感器及其线路
		线路故障	检查相关线路电气元件
Er9010	RFID 读写器异常	RFID 读写器读写指示灯不亮	检查线路接线是否正确、连接点接触是否良好
		RFID 读写器读写触发不灵敏	检查、调整机械接近距离
		RFID 读写器损坏	更换新的 RFID 读写器
Er6001	定位气缸不动作	定位传感器异常	调整传感器或更换
		气缸极限位置丢失	调整气缸极限位置
		PLC 无输出信号	检查 PLC 及线路
Er6002	传送带不动作	不满足动作条件	检查程序及相应条件
		线路故障	检查线路，排除故障
		电气元件损坏	更换
		机械卡死或电动机损坏	调整结构或更换电动机
Er6003	充磁电动机测试仪报警	无法开机	检查电源线路
Er6004	伺服报警	三相电缺失	检查三相电线路
		显示报警代码	根据代码含义检查相应项目
Er6005	检测区 35A 电动机检测气缸不动作	气压不足	检查气路
		搬运手爪没有下降到位或下降位传感器异常	检查搬运机构、相应传感器及其线路
		线路故障	检查相关线路电气元件

续表

代码	故障现象	故障原因	解决方法
Er6006	检测区 35B 电动机检测气缸不动作	气压不足	检查气路
		搬运手爪没有下降到位或下降位传感器异常	检查搬运机构、相应传感器及其线路
		线路故障	检查相关线路电气元件
Er6007	检测区 42A 电动机检测气缸不动作	气压不足	检查气路
		搬运手爪没有下降到位或下降位传感器异常	检查搬运机构、相应传感器及其线路
		线路故障	检查相关线路电气元件
Er6008	检测区 42B 电动机检测气缸不动作	气压不足	检查气路
		搬运手爪没有下降到位或下降位传感器异常	检查搬运机构、相应传感器及其线路
		线路故障	检查相关线路电气元件

四、工作总结及评价。

1. 以小组会议方式讨论任务完成情况。

2. 制定工作总结提纲，完成工作总结。

任务测评

在完成本任务的学习后，严格按照表 7–3–6 的要求，完成自我评价、小组评价和教师评价。

表 7–3–6　测评表

组别		组长		组员			
评价内容				分值	自我评价（30%）	小组评价（30%）	教师评价（40%）
职业素养（30%）	1. 出勤准时率			6			
	2. 学习态度			6			
	3. 承担任务量			8			
	4. 团队协作性			10			
专业能力（70%）	1. 工作准备的充分性			10			
	2. 工作计划的可行性			10			
	3. 功能分析完整、逻辑性强			15			
	4. 总结展示清晰、有新意			15			
	5. 安全文明生产及 7S			20			
总计				100			

续表

评价内容	分值	自我评价（30%）	小组评价（30%）	教师评价（40%）
个人的工作时间	提前完成			
	准时完成			
	滞后完成			
个人认为完成得好的地方				
值得改进的地方				
小组综合评价				
组长签名：		教师签名：		

项目八
智能包装系统的设计与实践

SX-TFI4 智能教学工厂的智能包装系统由激光打标和成品包装两个部分组成，用于在步进电动机性能测试完成后，激光蚀刻出产品相关编码并装入包装盒。它的上一站为智能检测系统，下一站为智能成品仓库。

任务 1　智能包装系统的功能分析

学习目标

1. 能对智能包装系统进行功能分析。
2. 掌握智能包装系统应具备的基本要素和功能。

任务描述

以智能教学工厂智能包装系统为具体实施对象，对智能包装系统的功能进行分析和梳理，总结出一般智能包装系统应具备的功能列表，为后续智能包装系统工艺流程设计、硬件选型及编程等工作打下基础。

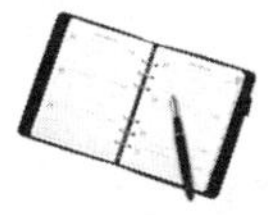

知识准备

一、激光打标机

打标即在产品生产过程中，企业依据国家相关规定或企业自身管理要求，在产品上进行文字或图片标识的过程。而激光打标则是利用高能量密度的激光对工件进行局部照射，使表层材料汽化或发生颜色变化的化学反应，从而在产品表面留下永久性标记的一种打标方法。激光打标是一种非接触加工方法，可以在任何异形表面标刻，而工件不会变形，适用于金属、塑料、玻璃、陶瓷、木材、皮革等材料的标记。

激光打标的过程中，被打标工件与激光束之间要产生相对运动，而产生这种相对运动可以有两种方式：一种是激光束固定，工件运动；另一种是工件固定，激光束运动。

对于前一种方式，一般采用两维机械数控（或计算机控制）工作台拖动被打标工件，工件在工作台的拖动下按照事先设计好的轨迹运动，在固定不动的激光束的烧蚀作用下，工件表面就会留下永久的痕迹（见图 8-1-1）。这种打标方式称为“工作台式”，其最大的优点是价格相对低廉，但由于受机械运动机构设计的限制，此方法打标速度慢，且很难进行精细文字及图案的打标（若要实现精细打标，价格低廉的优点将不复存在，且非常困难），更无法对照片进行打标。

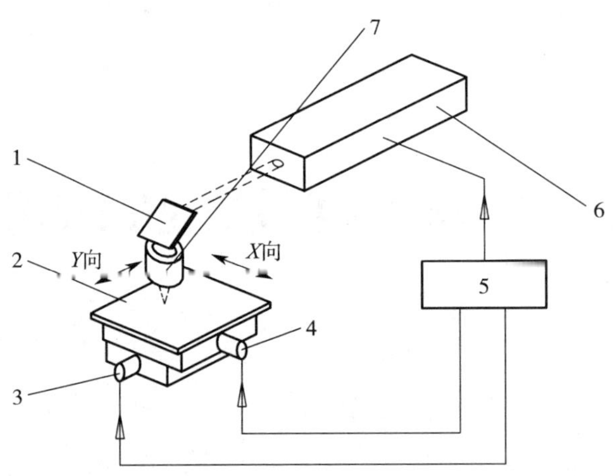

图 8-1-1 “工作台式”激光打标机的原理示意图

1—反射镜 2—工作台面 3、4—驱动电动机

5—计算机 6—激光器 7—聚集镜头

对于后一种方式，常用的方法有两种：

一是利用两个联动的光学反射镜，使激光束发生偏折。激光器射出的激光束照在第一面反射镜上，在水平方向折射 90° 后照射在第二面反射镜上，第二面反射镜使激光束向下反射，通过聚焦透镜后在工件表面聚焦，该透镜与第二面反射镜是固定在一起的。第一面反射镜沿激光器的轴线运动，运动时带动第二面反射镜，第二面反射镜沿反射后的激光束运动，这两个运动受计算机控制。这两个运动的合成就是事先要求的标记图样的轨迹（见图 8-1-2）。这种打标方式称为“绘图仪式”，因它的工作方式类似于笔式绘图仪而得名。由于在打标过程中，两个反射镜带着激光束做大范围的运动，就像激光束在飞来飞去，所以又称为“飞行光学式”打标机。与“工作台式”激光打标机相比，它的运动机构变得轻巧，构造更加简单，但由于在打标过程中激光光束的光程是不断变化的，最终作用在工件表面的光斑质量难以一致。这种形式的激光打标机在不降低激光光斑能量密度的情况下，打标范围容易做得很大，但难以对精细图案进行打标，且打标速度较慢。

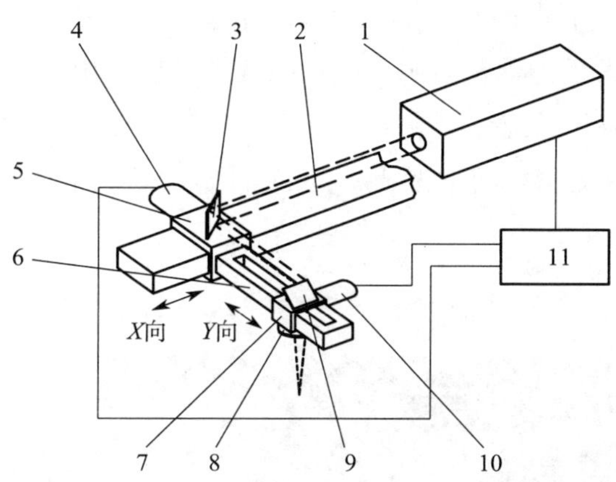

图 8-1-2 “绘图仪式”激光打标机原理示意图

1—激光器　2—导轨　3—反射镜　4—驱动电动机　5—滑块　6—导轨

7—滑块　8—聚焦透镜　9—反射镜　10—驱动电动机　11—计算机

二是利用振镜扫描器使激光束发生偏转及运动。由激光器射出的激光束顺序投射到第一、第二振镜扫描器上，它们分别使激光束在平面的 *X*、*Y* 两个方向上扫描，在计算机的控制下，激光束经聚焦透镜聚焦后就会在平面上扫描出所要求的图案（见图 8-1-3）。这种打标方式称为“振镜扫描式”，它的最大优点是打标速度快，打标精细，可以处理各种精细文字、图案的打标，缺点是造价较高，很难扩大打标市场。采用此种方式的激光打标机是当今市场上的主流产品。

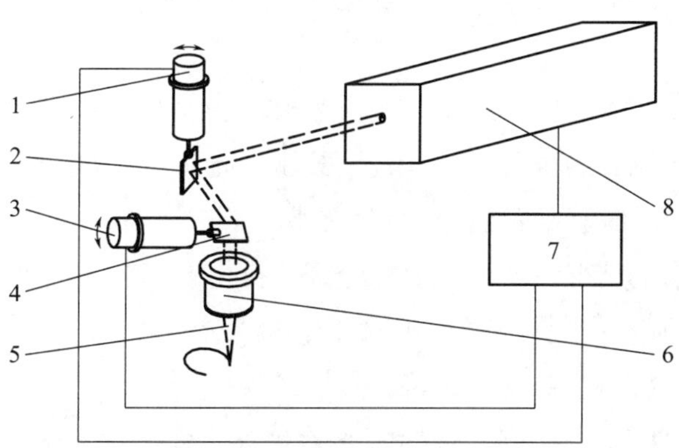

图 8-1-3 “振镜扫描式”激光打标机工作原理示意图

1—*X*- 振镜　2—反射镜　3—*Y*- 振镜　4—反射镜　5—激光束

6—f-θ 透镜　7—计算机　8—激光器

激光打标机还可按照所选用的激光器的类型来分类，例如，CO_2（二氧化碳）激光打标机、Nd：YAG（yttrium aluminum garnet，钇铝石榴石晶体）激光打标机等。YAG 系列激光打标机属于振镜扫描式 Nd：YAG 打标机，它采用的是 Nd：YAG 激光器。该类打标机一般由激光器及电源、声光 Q 开关及驱动电源、振镜扫描器及驱动电源、光学系统、计算机控制系统、打标机专用 D/A 转换控制器、专用水循环制冷系统等组成。CO_2 系列激光打标机属于振镜扫描式 CO_2 打标机，它采用的是射频激励 CO_2 激光器。该类打标机一般由激光器及电源、振镜扫描器及驱动电源、光学系统、计算机控制系统、风冷却或水循环系统等组成。

SX-TFI4 使用的激光打标机的激光器为 Nd：YAG 型。打标模块如图 8-1-4 所示，其打标操作步骤如下：

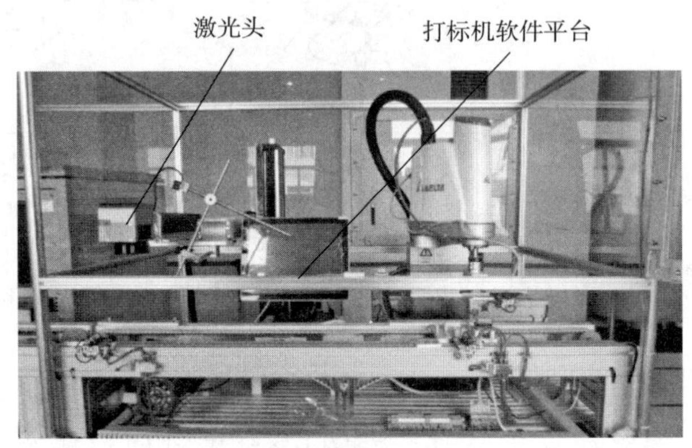

图 8-1-4 智能包装系统打标模块

1. 打开显示器开关按钮、工控机开关按钮。

2. 打开软件：在桌面双击打开 EzCad2.0.0 软件。

3. 打开文件：选择“文件”→“打开”→选中要打标的文件（文件后缀为 .ezd）。

4. 工装安装：将待打标件对应工装放置在激光头正下方的台面上，并放置打标件。

5. 对位：鼠标单击“红光”，激光头放出红色方框射在打标件上，平移工装使方框落在待打标部位，调好后再单击“红光”关闭红光，然后对工装进行固定。

6. 对焦：将标准样板放置在待打标处（基本等高），通过摇动手柄调节激光头高低，在标刻参数不变的情况下，激光束在样板上打出的字体最清晰，对焦完成。

7. 试刻及参数调整：观察试刻（用不合格件或代用件以免标刻不良，造成浪费）后的标记，通过调节标刻参数使标记符合要求。

8. 打标：按键盘上的 F2 键，打标机开始打标工作（标刻多个工件，只需重复操作此步骤）。

9. 打标完成后，退出 EzCad2.0.0 软件，关闭工控机，断开电源，盖上激光器振镜防护盖板，然后清理工作台面。

需要注意的是，上述步骤为初次对一待打标件进行标刻，因此，应将图形及标刻参数保存为文件，并测出激光头与打标面的高度，那么下次生产时从计算机中调出文件并直接对好高度，即可打标。

激光打标机的打标效果如图 8–1–5 所示。

图 8–1–5 激光打标机的打标效果

二、智能成品包装单元

智能成品包装单元是利用四轴机器人将打标完成的步进电动机放入包装盒内的过程。此模块使用的四轴机器人为 DRS40L 型机器人，此种机器人的工作原理已在前文中进行了阐述，智能成品包装单元的组成如图 8–1–6 所示。

图 8–1–6 智能成品包装单元的组成

任务实施

一、接受任务，制订工作计划。

1. 工作组织：教师组织学员分组，每小组由 4 ~ 6 名学员组成，选定 1 名组长、1 名安全监督员（负责操作时的安全监督和记录），其余学员的工作由组长安排。

2. 接受任务：教师引导学员阅读工作任务单，完成工作任务单（见表 8–1–1）的填写。

表 8-1-1　　工作任务单

<table>
<tr><td colspan="2">SX-TFI4 智能教学工厂智能包装系统功能需求分析任务单
单号：No.________　　开单部门：________　　开单人：________
开单时间：________　　接单部门：________</td></tr>
<tr><td>任务描述</td><td>以智能教学工厂智能包装系统为具体实施对象，对智能包装系统的功能进行分析和梳理，总结出一般智能包装系统应具备的功能列表</td></tr>
<tr><td>要求完成时间</td><td></td></tr>
<tr><td>接单人</td><td>签名：　　　　时间：</td></tr>
</table>

3. 工作计划表：制订详细的工作计划，并填入表 8-1-2 中。

表 8-1-2　　工作计划表

阶段	任务说明	计划工作内容	计划完成时间	责任人

二、参观智能工厂或观看视频（扫描二维码可获得智能包装单元视频），记录参观情况，并将智能包装系统的组成和功能填入表 8-1-3 中。

智能包装单元视频

表 8-1-3　　智能包装系统的组成和功能表

序号	组成部分（名称）	功能

三、工作总结及评价。

1. 以小组会议方式讨论任务完成情况。

2. 制定工作总结提纲，完成工作总结。

任务测评

在完成本任务的学习后，严格按照表 8-1-4 的要求，完成自我评价、小组评价和教师评价。

表 8-1-4　　测评表

组别		组长		组员		
评价内容				分值	自我评价（30%）	小组评价（30%）	教师评价（40%）
职业素养（30%）	1. 出勤准时率			6			
	2. 学习态度			6			
	3. 承担任务量			8			
	4. 团队协作性			10			
专业能力（70%）	1. 工作准备的充分性			10			
	2. 工作计划的可行性			10			
	3. 功能分析完整、逻辑性强			15			
	4. 总结展示清晰、有新意			15			
	5. 安全文明生产及 7S			20			
总计				100			
个人的工作时间				提前完成			
				准时完成			
				滞后完成			
个人认为完成得好的地方							
值得改进的地方							
小组综合评价							
组长签名：				教师签名：			

任务 2 智能包装系统的系统设计

学习目标

1. 掌握智能包装工艺流程的特点与关键工序。
2. 了解智能包装系统的设计方法和步骤。
3. 能结合生产实际进行系统方案设计、硬件选型及编程等。

任务描述

以智能教学工厂智能包装系统为具体实施对象，分析其详细工艺流程并依据流程选择合适的硬件及编程，以达到设计要求与预期目标，为后续该系统的组装、调试做必要的规划与准备。

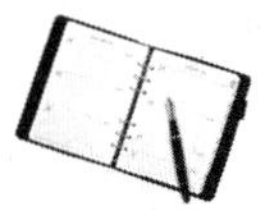

知识准备

激光打标机的选型与参数配置如下：

由本项目任务 1 可知，“振镜扫描式”激光打标机的最大优点是打标速度快，打标精细，可以处理各种精细文字、图案的打标，是激光打标机的主流产品。因此，在 SX-TFI4 智能教学工厂中使用了“振镜扫描式”激光打标机。而“振镜扫描式”激光打标机按所选用的激光器类型来分类又可分为 CO_2 激光打标机、固体激光打标机等。根据打印对象材质的不同可以选择不同激光器类型的激光打标机。CO_2 激光打标机和固体激光打标机所适用的材料可以参照表 8-2-1。

表 8-2-1 CO_2 激光打标机和固体激光打标机所适用的材料表

固体激光打标机系列（YAG/YVO_4[①]）		二氧化碳激光打标机系列（CO_2）	
中文名称	应用领域	中文名称	应用领域
普通金属及合金	铁、铜、铝、镁、锌等金属及其合金	聚氯乙烯	管材、电线绝缘层、密封件
稀有金属及合金	金、银、钛、铂等金属及其合金	ABS[②]料	电器用品外壳、日用品
金属氧化物	各种金属氧化物均可	亚克力	透明材料、仪器表壳

① YVO_4：钒酸钇。

② ABS：acrylonitrile butadiene styrene，丙烯腈－丁二烯－苯乙烯共聚物。

续表

固体激光打标机系列（YAG/YVO_4）		二氧化碳激光打标机系列（CO_2）	
中文名称	应用领域	中文名称	应用领域
特殊表面处理	磷化、铝阳极氧化、表面电镀	防弹胶	高抗冲要求的透明制品
水晶	水晶内雕	不饱和聚酯	涂料、装饰品、板材、纽扣
ABS 料	电器用品外壳、日用品	聚氨酯	鞋底、人造皮革、油漆
油墨	透光按键、印刷制品	环氧树脂	电子元件的封装、绝缘层
环氧树脂	电子元件的封装、绝缘层	玻璃	玻璃表面

由于步进电动机的打标材质为金属，因此，根据表 8-2-1 可知，应选择固体激光打标机。除此之外，在选择激光打标机时还应考虑加工精度、加工速度、功耗、运行成本、维护和耗材、可靠性、软件适应性等因素。这些因素的选择主要与待打标产品的具体要求及企业的运行状况相关。综合考虑以上因素，SX-TFI4 采用了广州码清激光智能装备有限公司的型号为 SNM267823 的打标机，其具体参数见表 8-2-2。

表 8-2-2　　SNM267823 激光打标机工作参数

激光类型	Nd：YAG
激光波长	1 064 nm
最大激光功率	50 W
激光重复频率	≤50 kHz
光束质量因子 M^2	<6
标准标刻范围	100 mm × 100 mm
选配标刻范围	150 mm × 150 mm/200 mm × 200 mm/300 mm × 300 mm
标刻深度	0.01 ~ 0.3 mm（视材料可调）
最小线宽	0.01 mm
最小字符	0.2 mm
标刻线速	≤7 000 mm/s
重复精度	±0.002 mm
定位指示激光	LD（laser diode，激光二极管）红光，波长 650 nm
支持字符类型	宋体、楷体、隶书、仿宋体、幼圆、黑体等汉字和英文字体，以及 TrueType 字体、单线字体（JSF）、点阵字体（DMF）
支持条码	Code 39、Code 128、EAN[①]标准码、EAN 缩短码、EAN 128 条码、UPC[②]-A、UPC-E、Code 25、ITF 25[③]、CodeBar、PDF417[④]、DataMatrix[⑤]、QR Code[⑥]、汉信码等

① EAN：European article number，欧洲物品编码。
② UPC：universal production code，通用产品代码（UPC-A 为标准版，UPC-E 为缩短版）。
③ ITF 25：interleaved two of five，交叉二五条码。
④ PDF417：一种堆叠式二维条码。portable data file，便携数据文件。
⑤ DataMatrix：矩阵式二维条码。
⑥ QR Code：quick response code，快速响应码（一种二维码）。

续表

支持自动编码	序列号、批号、日期、时间等
支持文件格式	BMP、JPG、GIF、TGA、PNG、TIF、AI、DXF、DST、PLT 等
冷却方式	水冷
电力需求	220 V/50 Hz/15 A
整机耗电功率	≤3 kW
系统外形尺寸（长 × 宽 × 高）	
主机系统	1 200 mm × 400 mm × 1 250 mm
控制系统	530 mm × 550 mm × 770 mm
冷却系统	600 mm × 430 mm × 700 mm

任务实施

一、接受任务，制订工作计划。

1. 工作组织：教师组织学员分组，每小组由 4 ~ 6 名学员组成，选定 1 名组长、1 名安全监督员（负责操作时的安全监督和记录），其余学员的工作由组长安排。

2. 接受任务：教师引导学员阅读工作任务单，完成工作任务单（见表 8-2-3）的填写。

表 8-2-3　　工作任务单

SX-TFI4 智能教学工厂智能包装系统的系统设计任务单 单号：No.______　开单部门：______　开单人：______ 开单时间：______　接单部门：______	
任务描述	以智能教学工厂智能包装系统为具体实施对象，分析其详细工艺流程并依据流程选择合适的硬件，以达到设计要求与预期目标
要求完成时间	
接单人	签名：　　　　时间：

3. 工作计划表：制订详细的工作计划，并填入表 8-2-4 中。

表 8-2-4　　工作计划表

阶段	任务说明	计划工作内容	计划完成时间	责任人

二、根据本项目任务 1 制作的功能分析表的要求设计系统方案。

1. 任务准备：调出本项目任务 1 制作的功能分析表。

2. 根据参观结果，梳理智能包装系统详细工艺流程。具体工艺流程可参照图 8-2-1。

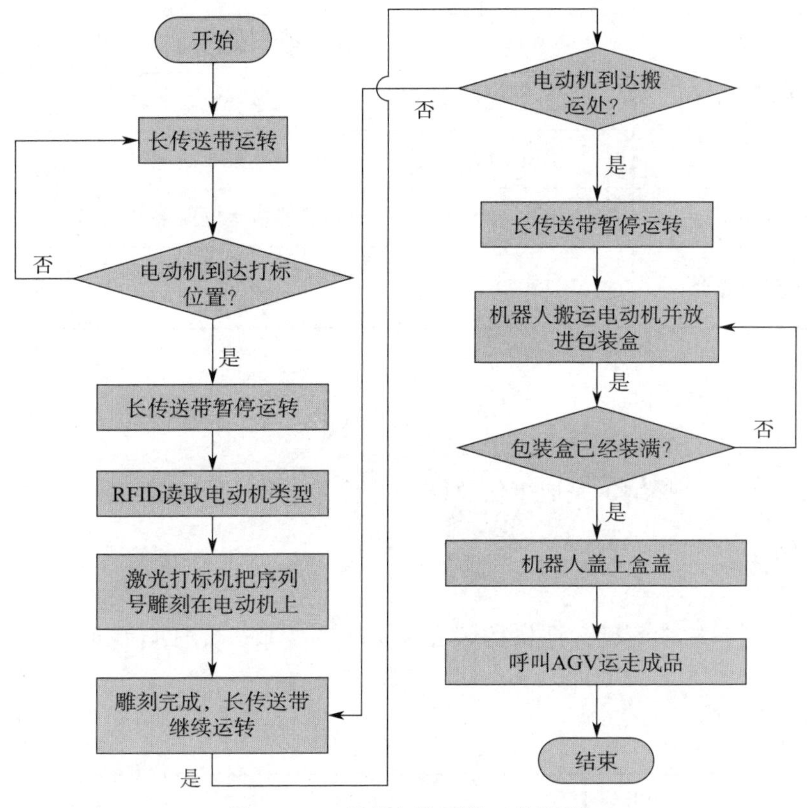

图 8-2-1 智能包装系统工艺流程

3. 系统构成方案设计：根据智能包装系统的工艺流程进行系统的构成方案设计，方案设计时列出相应的硬件设备需求。智能包装系统方案设计可参照表 8-2-5。

表 8-2-5　　智能包装系统方案设计表

编号	功能	对应硬件	涉及技术
1	打标	激光打标机	激光应用技术
2	传送带系统	传送步进电动机	机械技术
3	上、下料搬运	台达四轴机器人	机器人技术
4	识别产品号	RFID	传感器技术
5	系统控制	PLC	PLC 技术

4. 主要硬件选型：在系统方案设计的基础上，根据功能需求完成系统的硬件选型。各种硬件的具体选型过程均有相应的方法，此处不再详述。SX-TFI4 智能教学工

厂的智能包装系统所采用的硬件选型见表 8-2-6。

表 8-2-6 智能包装系统硬件选型表

编号	设备名称	型号	用途	备注
1	固定气缸	TN10×20S	托盘定位与紧固	亚德客
2	激光打标机	SNM267823	步进电动机机身蚀刻生产信息	广州码清
3	电动机手爪气缸	MHF2-12D2	待包装步进电动机抓取	SMC
4	四轴机器人	DRS40L	搬运待包装步进电动机	台达
5	RFID	LWR-1204	待入库步进电动机料号识别	NBDE
6	传送带系统	6IK120GU-CF	传送包装完毕，步进电动机到指定位置	中大电机

三、工作总结及评价。

1. 以小组会议方式讨论任务完成情况。

2. 制定工作总结提纲，完成工作总结。

任务测评

在完成本任务的学习后，严格按照表 8-2-7 的要求，完成自我评价、小组评价和教师评价。

表 8-2-7 测评表

组别		组长		组员			
评价内容				分值	自我评价（30%）	小组评价（30%）	教师评价（40%）
职业素养（30%）	1. 出勤准时率			6			
	2. 学习态度			6			
	3. 承担任务量			8			
	4. 团队协作性			10			
专业能力（70%）	1. 工作准备的充分性			10			
	2. 工作计划的可行性			10			
	3. 功能分析完整、逻辑性强			15			
	4. 总结展示清晰、有新意			15			
	5. 安全文明生产及 7S			20			
总计				100			

续表

评价内容	分值	自我评价（30%）	小组评价（30%）	教师评价（40%）
个人的工作时间	提前完成			
	准时完成			
	滞后完成			
个人认为完成得好的地方				
值得改进的地方				
小组综合评价				
组长签名：		教师签名：		

任务 3　智能包装系统的操作与维护

学习目标

1. 掌握智能包装系统的操作、维护方法。
2. 掌握智能包装单元各硬件的基本功能与特性。
3. 能结合故障查询表排除常见故障。

任务描述

以智能教学工厂智能包装系统为具体实施对象，依据包装工艺流程、硬件选型及编程等进行系统的组装与调试，最终使智能包装系统按预期目标稳定运行，并能结合故障查询表排除常见故障。

任务实施

一、接受任务，制订工作计划。

1. 工作组织：教师组织学员分组，每小组由 4～6 名学员组成，选定 1 名组长、1 名安全监督员（负责操作时的安全监督和记录），其余学员的工作由组长安排。

2. 接受任务：教师引导学员阅读工作任务单，完成工作任务单（见表 8–3–1）的填写。

表 8-3-1 工作任务单

SX-TFI4 智能教学工厂智能包装系统的操作与维护任务单	
单号：No.______ 开单部门：______ 开单人：______ 开单时间：______ 接单部门：______	
任务描述	以智能教学工厂智能包装系统为具体实施对象，依据包装工艺流程、硬件选型及编程等进行系统的组装与调试，最终使智能包装系统按预期目标稳定运行，并能结合故障查询表排除常见故障
要求完成时间	
接单人	签名： 时间：

3. 工作计划表：制订详细的工作计划，并填入表 8-3-2 中。

表 8-3-2 工作计划表

阶段	任务说明	计划工作内容	计划完成时间	责任人

二、完成系统的硬件连接和参数设置，并进行调试。

1. 在进行系统的硬件连接及安装调试前，需对智能包装系统 PLC 的输入 / 输出地址进行分配。具体设置可以参照表 8-3-3。

表 8-3-3 智能包装系统 PLC 输入 / 输出地址分配

序号	地址	功能	备注
1	I0.1	启动	
2	I0.2	停止	
3	I0.3	复位	
4	I0.4	单机 / 联机选择	
5	I0.5	急停	
6	I0.6	打标位定位	
7	I0.7	打标定位气缸伸出到位	
8	I1.0	打标定位气缸缩回到位	
9	I1.1	搬运位定位	

续表

序号	地址	功能	备注
10	I1.2	搬运定位气缸伸出到位	
11	I1.3	搬运定位气缸缩回到位	
12	I1.4	托盘出口检测	
13	I2.0	（机器人）手爪气缸松开到位	
14	I2.1	（机器人）手爪气缸夹紧到位	
15	I2.2	夹包装盒位置	
16	I2.3	包装限位	
17	I2.4	包装定位气缸伸出到位	
18	I2.5	包装定位气缸缩回到位	
19	I2.6	阻挡气缸伸出到位	
20	Q0.0	打标传送带（即长传送带）电动机启动	
21	Q0.1	包装传送带（即短传送带）电动机正启动	
22	Q0.2	包装传送带电动机反启动	
23	Q0.3	打标定位气缸伸出	
24	Q0.4	搬运定位气缸伸出	
25	Q0.5	（机器人）手爪气缸松开	
26	Q0.6	阻挡气缸伸出	
27	Q0.7	包装定位气缸伸出	
28	Q1.0	启动指示灯	
29	Q1.1	停止指示灯	
30	Q2.0	设备急停	
31	Q2.1	复位指示灯	
32	Q2.2	故障指示灯	
33	Q2.3	打标信号触发	
34	Q2.4	机器人 RUN/STOP 状态切换	
35	Q3.1	打标机抱闸	

2. 结合所选元件与 I/O 定义，绘制智能包装系统电气原理图，如图 8-3-1 和图 8-3-2 所示。

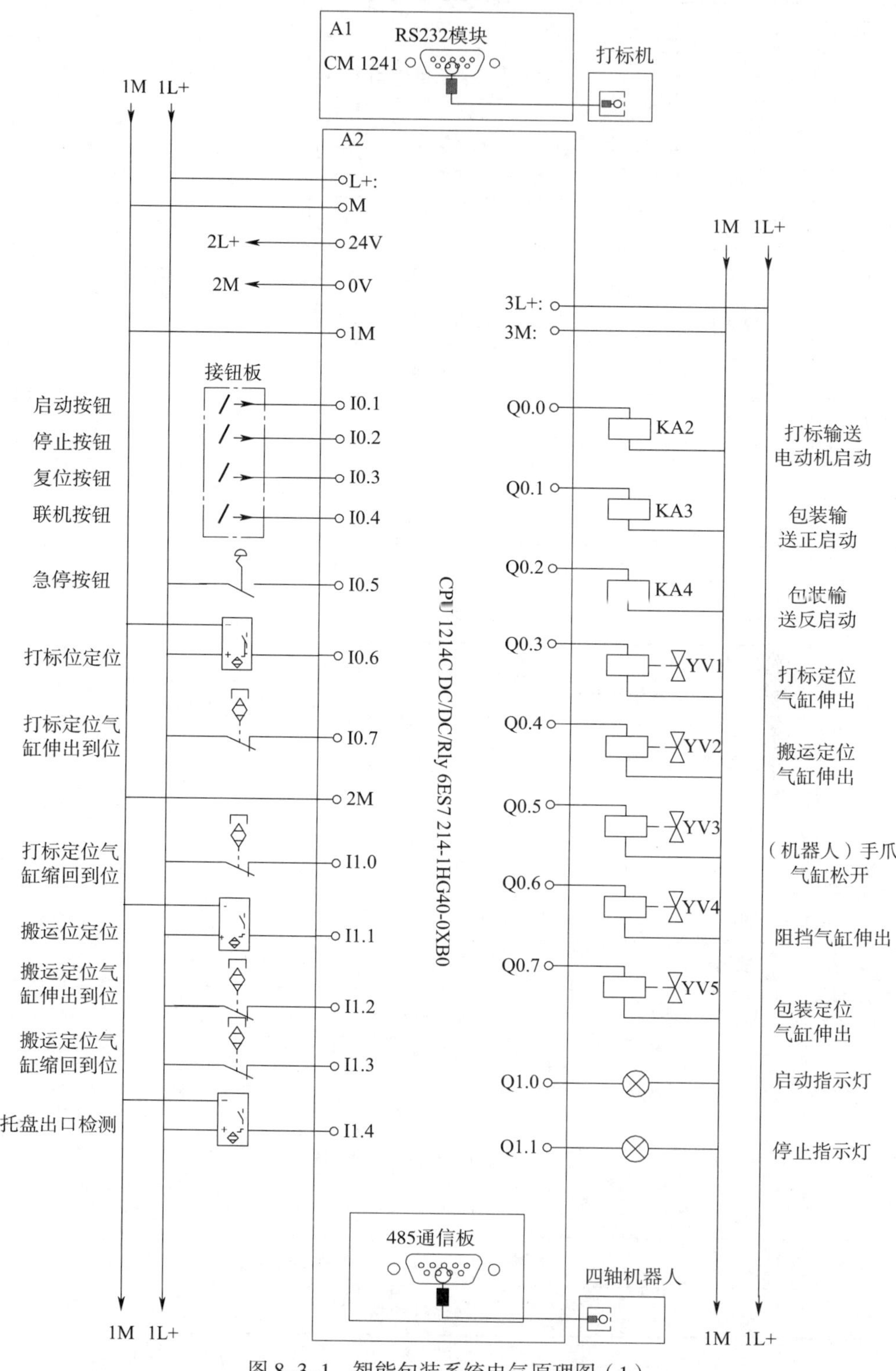

图 8-3-1 智能包装系统电气原理图（1）

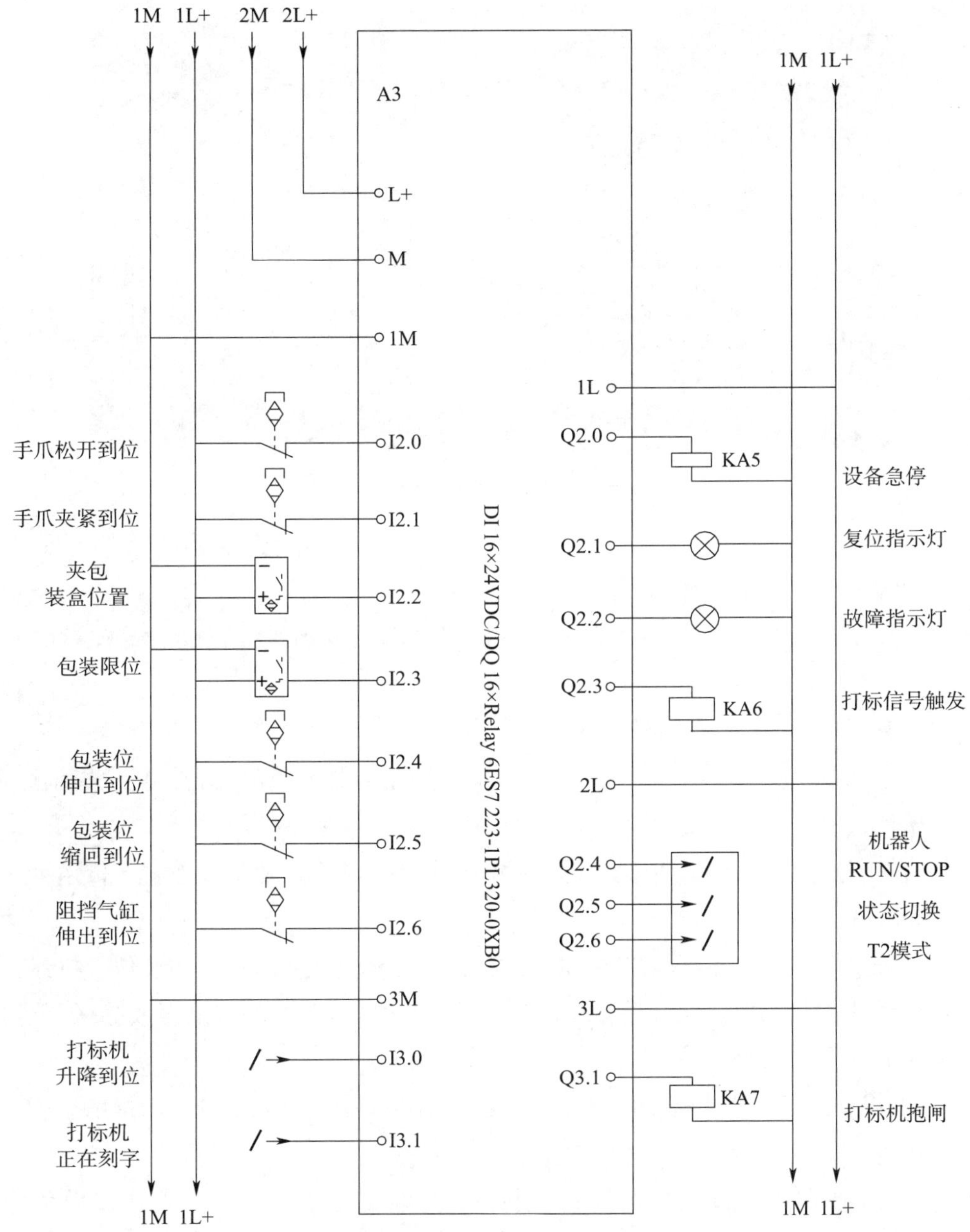

图 8-3-2　智能包装系统电气原理图（2）

3. 根据图 8-3-1 和图 8-3-2 所示的电气原理图完成电气元件的连接，连接好的实物图如图 8-3-3。

4. 开机前检查事项：

（1）观察机构上各元件外表是否有明显移位、松动或损坏等现象；传送带、装配工位是否有异物或配件，如果存在以上现象，应及时放置、调整、紧固或更换元件。

（2）对照电气原理图检查桌面和挂板接线是否正确，检查线路是否有短路、断路现象，特别要检查 PLC 各 24 V 输入、输出信号是否对 220 V 短路。

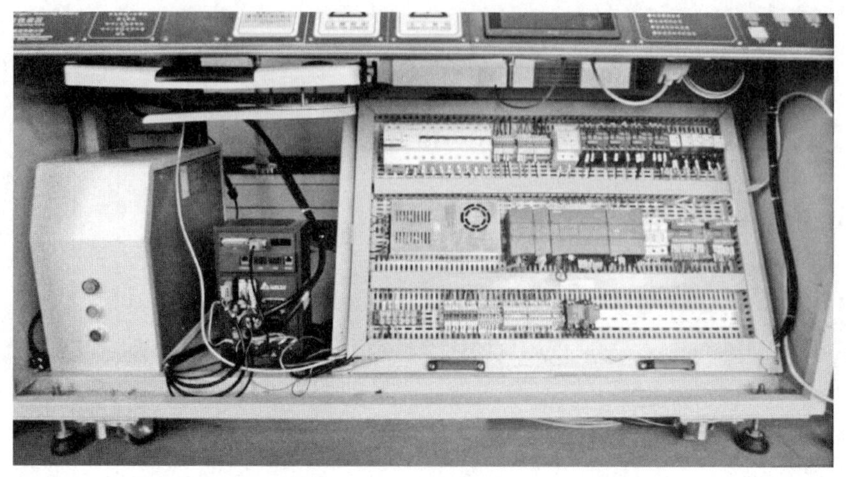

图 8-3-3 智能包装系统接线实物图

（3）接通气路，打开气源，手动按电磁阀，确认各气缸及传感器的原始状态。

5. 智能包装系统运行操作方法：

（1）单机自动运行前准备工作：准备好要检测的电动机并正确放置在对应的托盘上。

（2）单机自动运行操作方法：

1）复位完成后，在单机状态下按“启动”按钮，启动指示灯亮，复位指示灯灭，设备开始运行。

2）在操作界面选择对应电动机品种按钮，并把对应电动机托盘放置于传送带入口处，如图 8-3-4 所示。

3）传送带把电动机传送至打标位开始打标，打标完成后传送至包装位，机器人开始夹取电动机包装。包装完成后，自动呼叫 AGV 运送包装好的成品至成品区。至此，一个工作流程完成。

4）在设备运行过程中若按“停止”按钮，则停止指示灯亮并且启动指示灯灭，设备停止运行。

5）当设备在运行过程中遇到紧急状况时，应迅速按“急停”按钮，设备停止运行。

（3）联机自动运行操作方法：

1）在复位完成状态下，按“联机”按钮，联机指示灯亮，单机指示灯灭，进入联机状态。

2）在联机状态下，设备的启动受控于总控制中心，当设备出现异常报警后，启动权限自动交给本站。

3）当设备在运行过程中遇到紧急状况时，应迅速按“急停”按钮，设备停止运行。

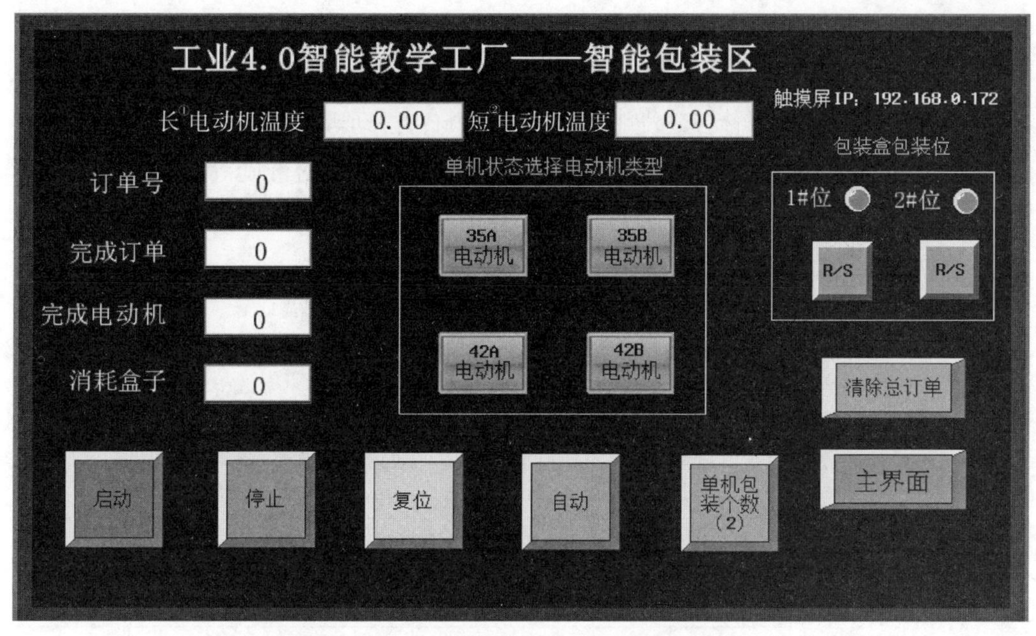

图 8-3-4　智能包装系统单机运行操作界面

（4）手动运行操作方法：

1）按“单机界面”按钮，进入单机界面。

2）可以通过“手动控制按钮”部分的不同按钮进行手动调试，如图 8-3-5 所示。

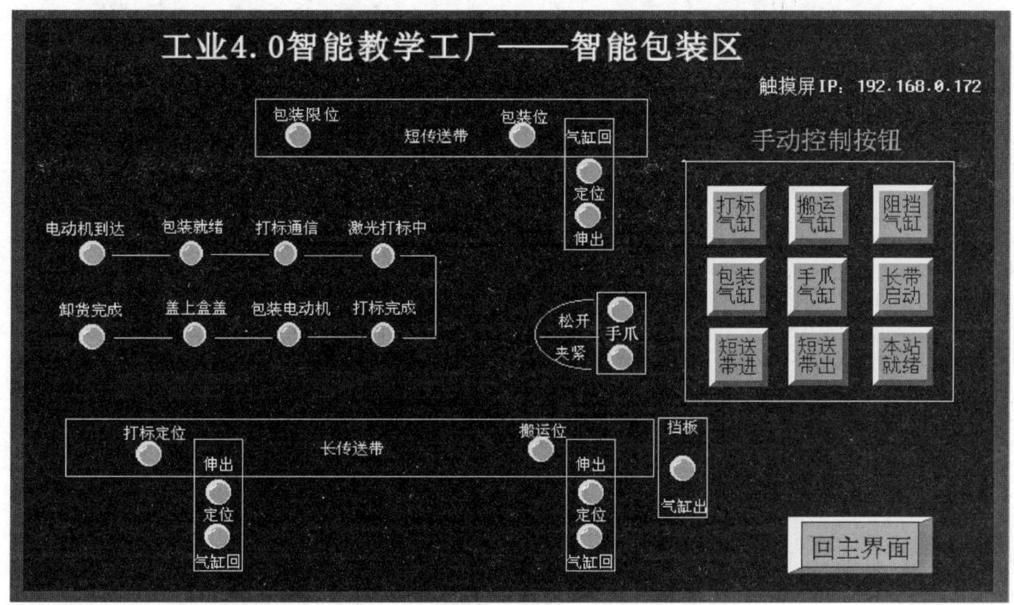

图 8-3-5　智能包装系统手动运行操作界面

① 长：指长传送带。

② 短：指短传送带。

三、智能包装系统日常维护与常见故障处理。

1. 日常维护方法：

（1）定期检查传送带、各装配工位是否有异响、松动等情况。

（2）定期检查各传感器接线是否松动、各检测位对位是否准确等。

（3）定期检查机器人底座是否有松动状况。

2. 常见故障请参照表 8–3–4 进行处理。

表 8–3–4　　智能包装系统常见故障查询表

代码	故障现象	故障原因	解决方法
Er7001	定位气缸不动作	定位传感器异常	调整传感器或更换
		气缸极限位置丢失	调整气缸极限位置
		PLC 无输出信号	检查 PLC 及线路
Er7002	传送带不动作	不满足动作条件	检查程序及相应条件
		线路故障	检查线路，排除故障
		电气元件损坏	更换
		机械卡死或电动机损坏	调整结构或更换电动机
Er7003	机器人不驱动	在单机状态下没有选择电动机类型	在操作界面选择相应电动机类型
		控制器输入电源故障	修复漏电断路器、电磁接触器等的故障、跳闸、误接线
		通信故障或 PLC 其他故障	确认 PLC 与控制器通信设置是否正确 检查 PLC 硬件及程序
		驱动器发生故障	进行更换或修理
Er7004	机器人报警	显示报警代码	根据代码含义检查相应项目
Er7005	打标机无法自动对焦	打标机控制机箱红色按钮没有按下	把红色按钮按下释放抱闸
		激光头与工件距离是否超出范围	调整激光头支架
		传感器位置异常或损坏	调整传感器位置或更换

四、工作总结及评价。

1. 以小组会议方式讨论任务完成情况。

2. 制定工作总结提纲，完成工作总结。

任务测评

在完成本任务的学习后，严格按照表 8–3–5 的要求，完成自我评价、小组评价和教师评价。

表 8-3-5　　　　　　　　　　　　测评表

<table>
<tr><td>组别</td><td colspan="2"></td><td>组长</td><td></td><td>组员</td><td colspan="3"></td></tr>
<tr><td colspan="5">评价内容</td><td>分值</td><td>自我评价
（30%）</td><td>小组评价
（30%）</td><td>教师评价
（40%）</td></tr>
<tr><td rowspan="4">职业
素养
（30%）</td><td colspan="4">1. 出勤准时率</td><td>6</td><td></td><td></td><td></td></tr>
<tr><td colspan="4">2. 学习态度</td><td>6</td><td></td><td></td><td></td></tr>
<tr><td colspan="4">3. 承担任务量</td><td>8</td><td></td><td></td><td></td></tr>
<tr><td colspan="4">4. 团队协作性</td><td>10</td><td></td><td></td><td></td></tr>
<tr><td rowspan="5">专业
能力
（70%）</td><td colspan="4">1. 工作准备的充分性</td><td>10</td><td></td><td></td><td></td></tr>
<tr><td colspan="4">2. 工作计划的可行性</td><td>10</td><td></td><td></td><td></td></tr>
<tr><td colspan="4">3. 功能分析完整、逻辑性强</td><td>15</td><td></td><td></td><td></td></tr>
<tr><td colspan="4">4. 总结展示清晰、有新意</td><td>15</td><td></td><td></td><td></td></tr>
<tr><td colspan="4">5. 安全文明生产及 7S</td><td>20</td><td></td><td></td><td></td></tr>
<tr><td colspan="5">总计</td><td>100</td><td></td><td></td><td></td></tr>
<tr><td colspan="5" rowspan="3">个人的工作时间</td><td>提前完成</td><td colspan="3"></td></tr>
<tr><td>准时完成</td><td colspan="3"></td></tr>
<tr><td>滞后完成</td><td colspan="3"></td></tr>
<tr><td colspan="5">个人认为完成得好的地方</td><td colspan="4"></td></tr>
<tr><td colspan="5">值得改进的地方</td><td colspan="4"></td></tr>
<tr><td colspan="5">小组综合评价</td><td colspan="4"></td></tr>
<tr><td colspan="5">组长签名：</td><td colspan="4">教师签名：</td></tr>
</table>

项目九
智能成品仓库的设计与实践

智能成品仓库作为 SX–TFI4 智能教学工厂的九大模块之一，由成品货架、AGV、物料传送带、堆垛机、中控台 5 个部分组成，可实现对包装完成的成品分类入仓（分成品和不良品）、存储、出仓的智能控制。通过本项目的学习，使学员可以对成品分类存放的仓储系统进行功能分析、系统设计、系统操作，并能进行基本故障排除。

任务 1 智能成品仓库的功能需求分析

学习目标

1. 了解智能成品仓库的组成及基本功能。
2. 掌握智能成品仓库功能分析的方法、步骤。
3. 能根据生产实际进行成品仓储系统功能分析，并完成系统功能分析报告。

任务描述

通过现场参观或观看视频，了解智能成品仓库的组成及成品入仓的工艺流程，并完成智能成品仓库的功能分析。

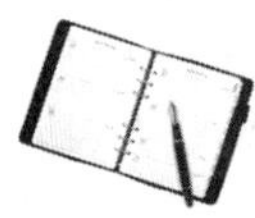

知识准备

SX–TFI4 智能教学工厂的智能成品仓库是生产系统的一个重要组成部分，该系统主要由成品货架、AGV、物料传送带、堆垛机、中控台 5 部分组成，如图 9–1–1 所示。该系统可根据不同的电动机类型，对包装完成的成品，由堆垛机将其放在成品货架中与之对应的位置。智能成品仓库与智能原材料仓库的区别主要在于，成品仓库中专门划分出一个特定的区域，作为不良品的存放位置，各加工工序中产生的不良品，经 AGV 运送而来，并由堆垛机送入不良品仓。

图 9-1-1　智能成品仓库的组成

1—物料传送带　2—堆垛机　3—成品货架　4—中控台　5—AGV

如图 9-1-2 所示，在成品入仓时，堆垛机首先回到零点，AGV 将成品输送到物料传送带上，并对成品的类型进行检测，然后堆垛机将其放置到成品货架相应的位置，入仓完成，完成后堆垛机回到入仓口。

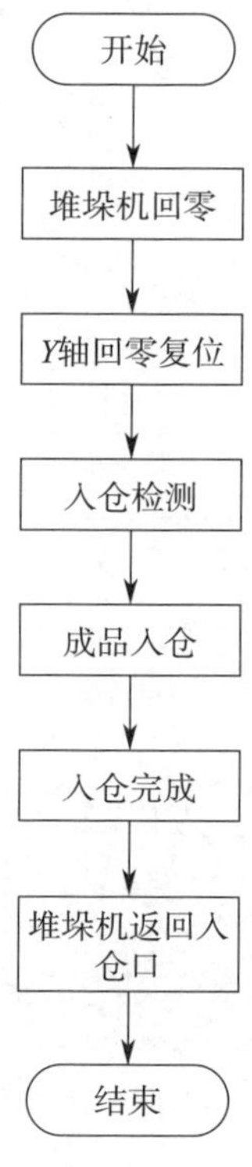

图 9-1-2　成品入仓的工艺流程

任务实施

一、接受任务，制订工作计划。

1. 工作组织：教师组织学员分组，每小组由 4 ~ 6 名学员组成，选定 1 名组长、1 名安全监督员（负责操作时的安全监督和记录），其余学员的工作由组长安排。

2. 接受任务：教师引导学员阅读工作任务单，完成工作任务单（见表 9–1–1）的填写。

表 9–1–1　　工作任务单

<table>
<tr><td colspan="2">SX–TFI4 智能教学工厂智能成品仓库功能需求分析任务单
单号：No.________　开单部门：________　开单人：________
开单时间：________　接单部门：________</td></tr>
<tr><td>任务描述</td><td>通过现场参观或观看视频，了解智能成品仓库的组成及成品入仓的工艺流程，完成智能成品仓库的功能分析</td></tr>
<tr><td>要求完成时间</td><td></td></tr>
<tr><td>接单人</td><td>签名：　　　时间：</td></tr>
</table>

3. 工作计划表：制订详细的工作计划，并填入表 9–1–2 中。

表 9–1–2　　工作计划表

阶段	任务说明	计划工作内容	计划完成时间	责任人

二、参观智能工厂或观看视频（扫描二维码可获得智能成品仓库视频），记录参观情况，并完成智能成品仓库功能分析表的制作。

智能成品仓库视频

1. 分析智能成品仓库的组成及功能，并填入表 9–1–3 中。

表 9-1-3 智能成品仓库组成部分功能表

序号	组成部分（名称）	功能

2. 思考题：智能成品仓库是如何在成品入仓时识别不良品的？

三、工作总结及评价。

1. 采用小组会议方式讨论任务完成情况。

2. 制定工作总结提纲，完成工作总结。

任务测评

在完成本任务的学习后，严格按照表 9-1-4 的要求，完成自我评价、小组评价和教师评价。

表 9-1-4 测评表

组别		组长		组员			
评价内容				分值	自我评价（30%）	小组评价（30%）	教师评价（40%）
职业素养（30%）	1. 出勤准时率			6			
	2. 学习态度			6			
	3. 承担任务量			8			
	4. 团队协作性			10			
专业能力（70%）	1. 工作准备的充分性			10			
	2. 工作计划的可行性			10			
	3. 功能分析完整、逻辑性强			15			
	4. 总结展示清晰、有新意			15			
	5. 安全文明生产及 7S			20			
总计				100			
个人的工作时间				提前完成			
				准时完成			
				滞后完成			

续表

评价内容	分值	自我评价（30%）	小组评价（30%）	教师评价（40%）
个人认为完成得好的地方				
值得改进的地方				
小组综合评价				
组长签名：		教师签名：		

任务 2　智能成品仓库的系统设计

学习目标

1. 了解智能成品仓库的工作流程。
2. 了解智能成品仓库与原材料仓库的区别。
3. 掌握智能成品仓库的设计方法和步骤。
4. 了解使用博途软件编制西门子 PLC 程序的流程。
5. 能结合生产实际，进行系统方案设计、硬件选型及编程等。

任务描述

依据智能成品仓库所需具备的功能，对整个智能成品仓库进行综合方案设计，并对硬件进行选型及编程等，为后续系统的组装、调试做前期必要的规划与准备。

知识准备

使用博途软件编写西门子 PLC 程序的流程

西门子 PLC 在使用时需要通过博途软件编写 PLC 程序。建立西门子 PLC 程序的流程如下：

一、创建项目

打开 TIA Portal 软件，进入如图 9-2-1 中所示界面，选择“创建新项目”，并输入新项目名称“PLC_01”，单击“创建”按钮则自动进入“新手上路”界面，如图 9-2-2

所示。创建好的项目视图如图 9-2-3 所示。

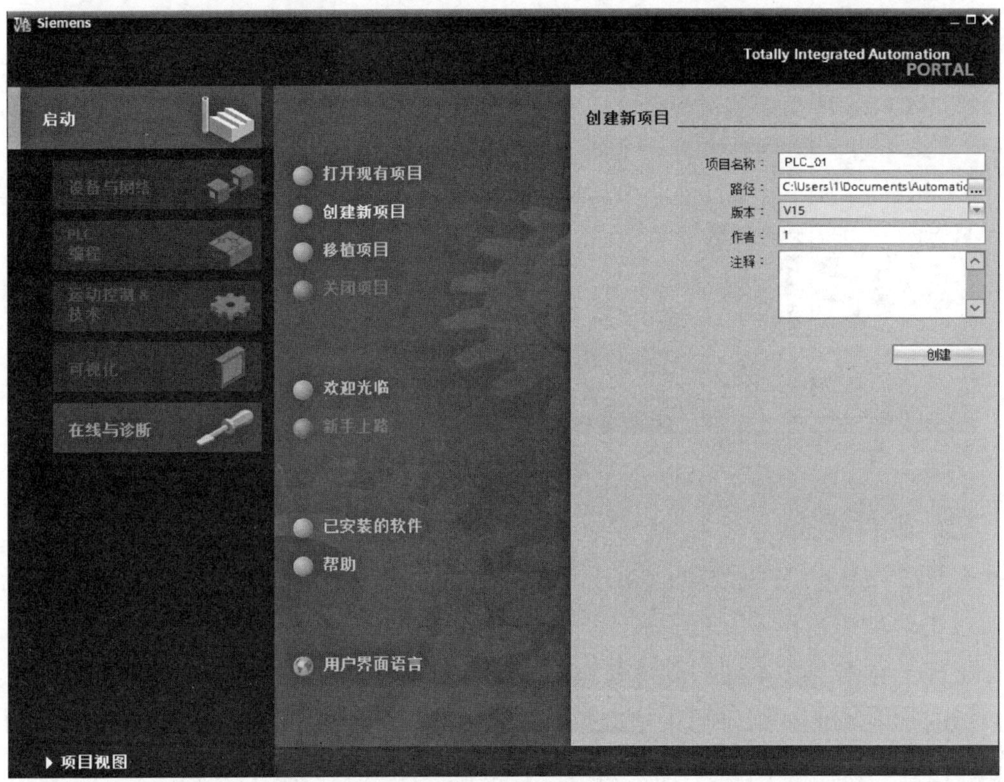

图 9-2-1　Portal 视图

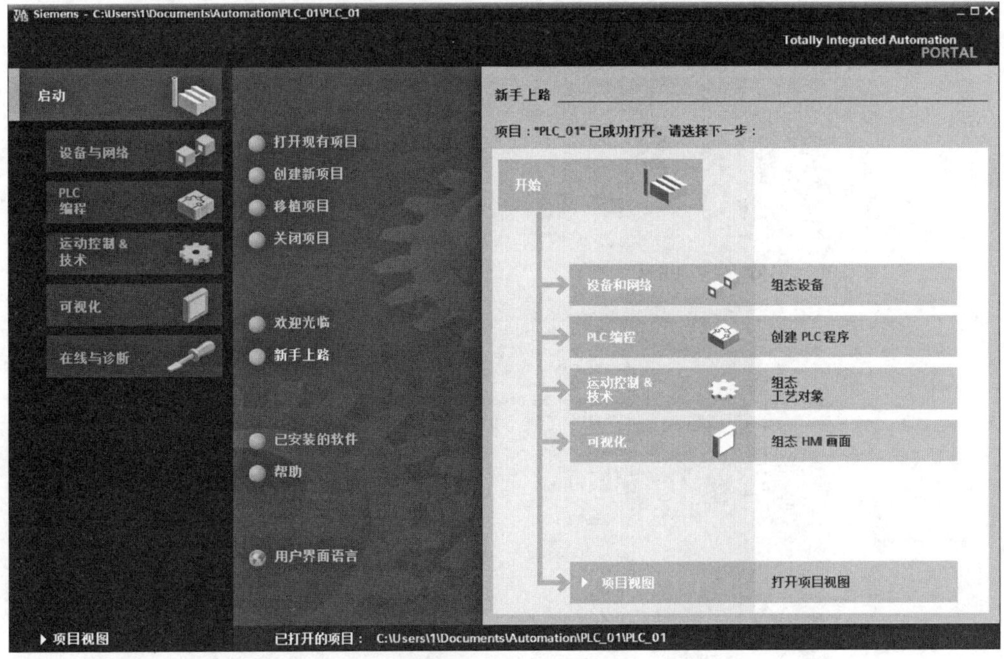

图 9-2-2　新手上路

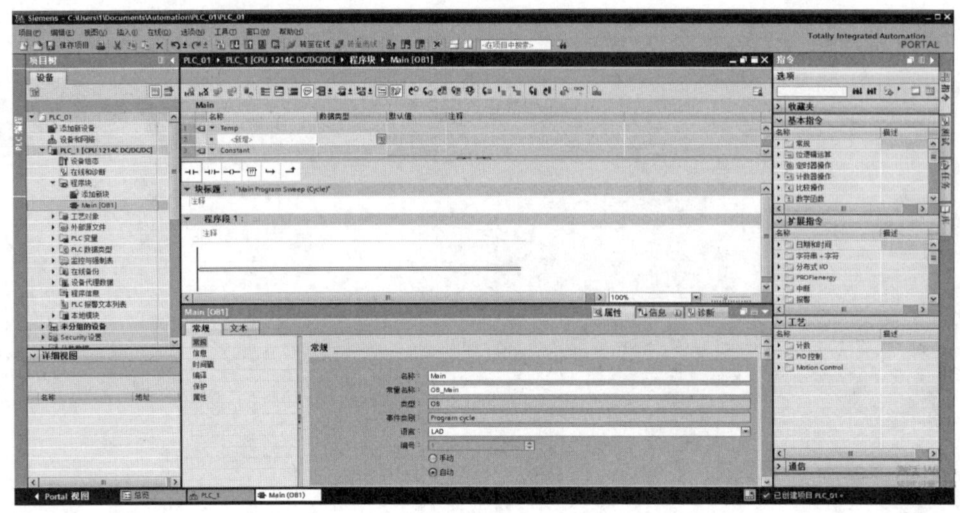

图 9-2-3　项目视图

二、硬件组态

在图 9-2-3 项目视图的“项目树”窗口中，对 S7-1200 PLC 的硬件进行组态，双击“添加新设备”项，显示“添加新设备”界面，如图 9-2-4 所示。先组态 PLC 硬件，在图 9-2-4 的“设备名称”栏中输入将要添加设备的用户定义名称，如“PLC_01”，在中间的目录树中依次单击“控制器”“SIMATIC S7-1200”“CPU”“CPU 1214C DC/DC/DC”前的 ▼ 图标，选择对应订货号的 CPU，在目录树的右侧将显示选中设备的型号、订货号、版本及说明等，如果选中了“打开设备视图”项，单击“确定”按钮，则该设备进入“设备视图”界面，此处不选中“打开设备视图”项。

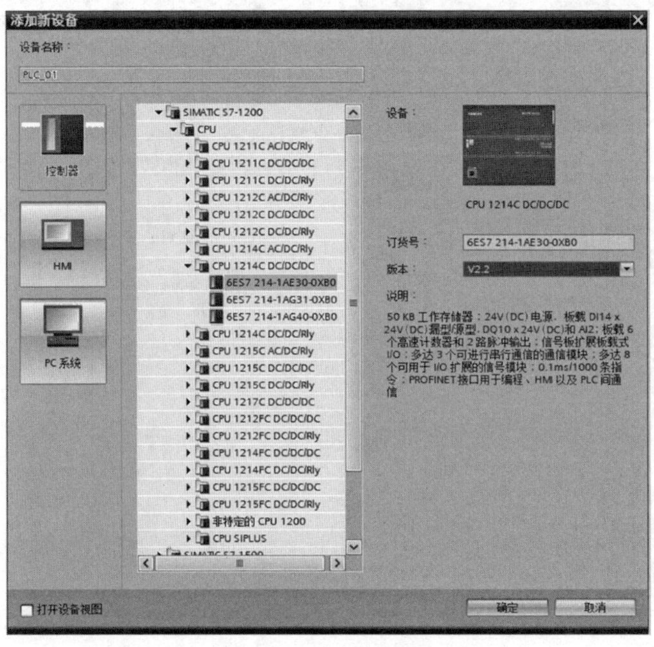

图 9-2-4　“添加新设备”界面

用同样的方式可以组态触摸屏。在“项目视图”中，打开图 9–2–3 中项目树下的“PLC_01”项，双击“设备组态”项打开“设备视图”窗口，从右侧“硬件目录”中选择 DI/DQ（注：“DQ”为德语，即英文中的“DO”）所相对应订货号的设备，拖动至 CPU 右侧的第 2 槽、第 3 槽，这样，S7–1200 PLC 的硬件设备就组态完毕，如图 9–2–5 所示。

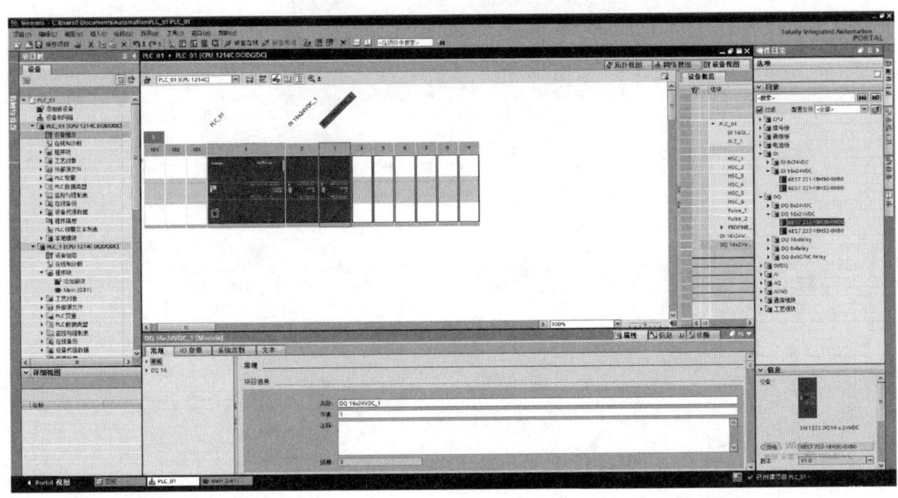

图 9–2–5　“设备组态”界面

三、通信设置

PC 与 PLC 之间使用的是以太网通信，为了保证它们之间的正常通信，需要设置正确的 IP 地址。在项目树中选择“在线和诊断”，双击进入“项目视图”，在“项目视图”中单击如图 9–2–6 所示位置的“PROFINET 接口［X1］”，将会打开“PROFINET 接口 _1”设置界面，如图 9–2–7 所示，选择“以太网地址”进行 IP 协议设置，如图 9–2–8 所示。PC 的 IP 地址必须和 PLC 的 IP 地址处于同一号段且具有不同的站地址才能进行正常通信。

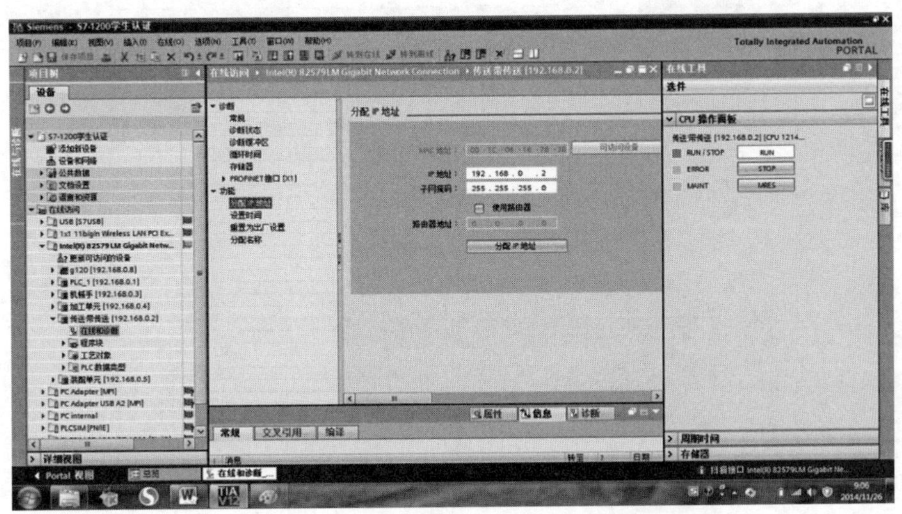

图 9–2–6　CPU 属性对话框中的“PROFINET 接口”项

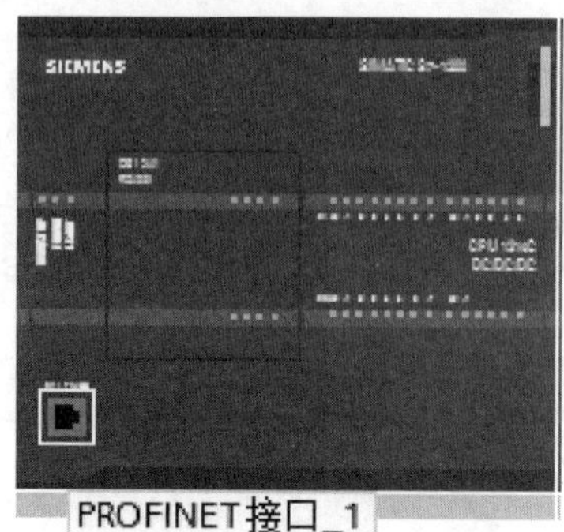

图 9-2-7　PROFINET 接口

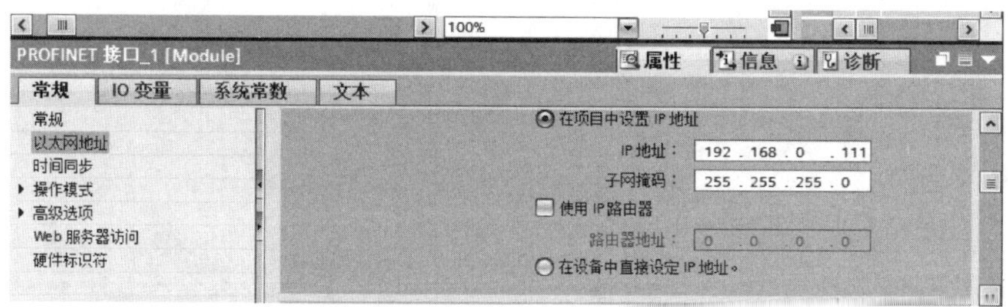

图 9-2-8　CPU 属性对话框中“PROFINET 接口 1”以太网地址设定

四、程序编写

在图 9-2-3 中单击“Portal 视图”，返回“Portal 视图”，单击左侧的“PLC 编程”项，可以看到选中“显示所有对象”时，右侧显示了当前所选择 PLC 中的所有块，双击“main”块，打开“程序块编辑”界面，如图 9-2-9 所示。也可以在项目树下直接双击打开 PLC 设备下程序块里的“main”程序块，并在程序块内进行 PLC 程序的编写。

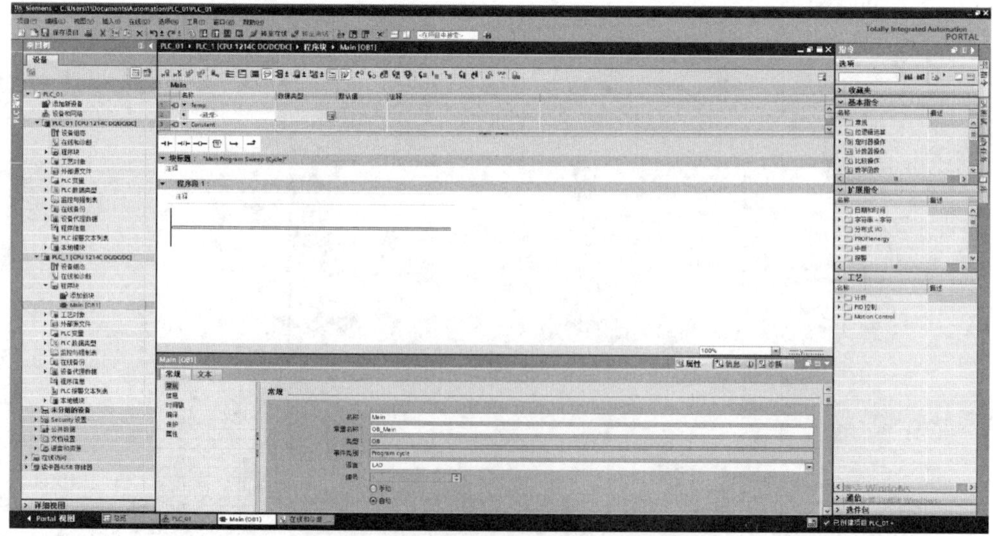

图 9-2-9　“程序块编辑”界面

五、编译、下载

程序编制后首先进行程序的编译以检查程序是否有错误。然后在“项目视图”中选中项目“PLC_01”项，在工具栏中单击“下载到设备”图标，将打开“扩展的下载到设备”对话框，如图 9-2-10 所示，此时更改“PG/PC 接口的类型”和“PG/PC 接口”，根据所使用和连接的接口决定。若将编程计算机和 PLC 连接好，则将显示当前网络中所有可访问的设备，选中目标“PLC_01”，单击“下载”按钮，出现如图 9-2-11 所示的“下载预览”对话框，将项目下载到 S7-1200 PLC 中后，会出现如图 9-2-12 所示的“下载结果”对话框，显示下载结果。

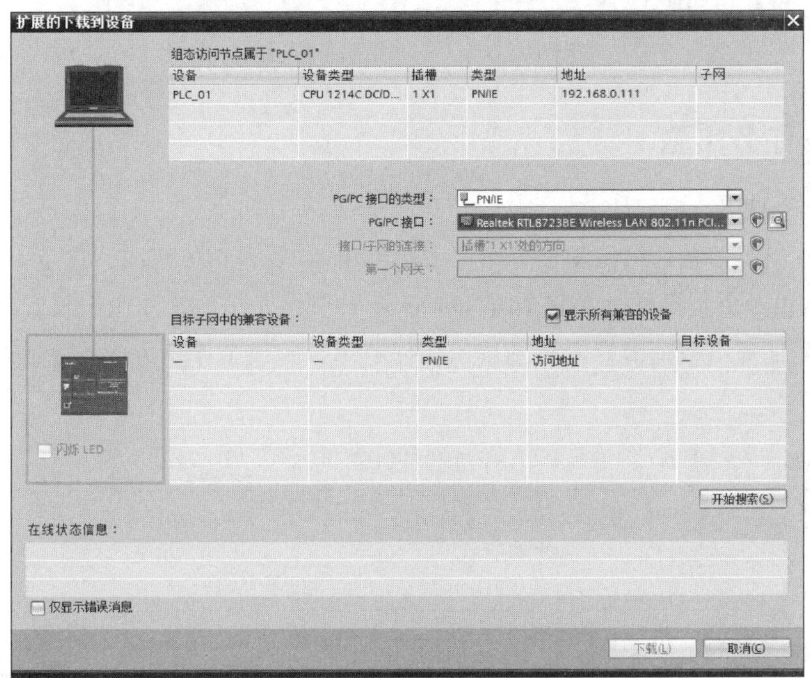

图 9-2-10　“扩展的下载到设备”对话框

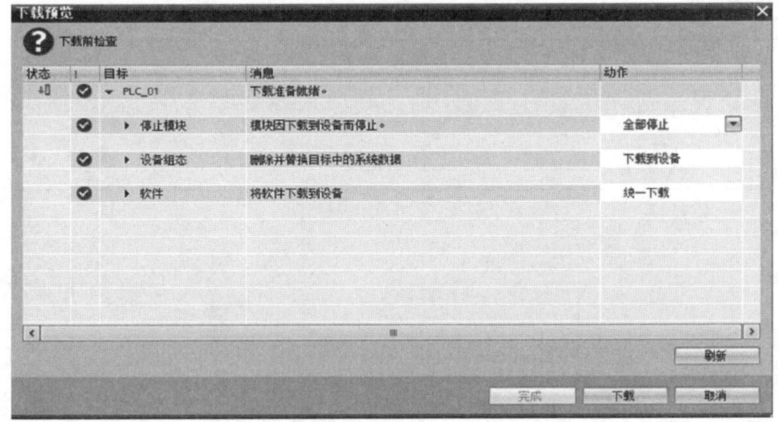

图 9-2-11　“下载预览”对话框

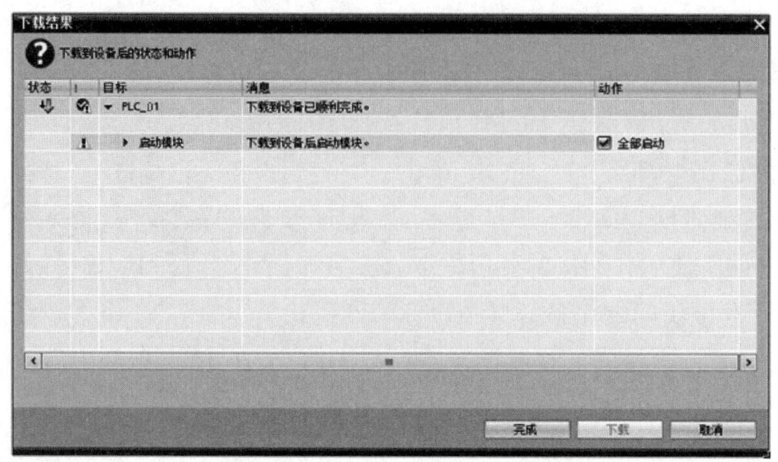

图 9–2–12 “下载结果”对话框

任务实施

一、接受任务，制订工作计划。

1. 工作组织：教师组织学员分组，每小组由 4～6 名学员组成，选定 1 名组长、1 名安全监督员（负责操作时的安全监督和记录），其余学员的工作由组长安排。

2. 接受任务：教师引导学员阅读工作任务单，完成工作任务单（见表 9–2–1）的填写。

表 9–2–1　　工作任务单

<table>
<tr><td colspan="2">SX–TFI4 智能教学工厂智能成品仓库系统设方案设计任务单
单号：No.________　开单部门：________　开单人：________
开单时间：________　接单部门：________</td></tr>
<tr><td>任务描述</td><td>依据智能成品仓库所需具备的功能，对整个智能成品仓库进行综合方案设计，并对硬件进行选型</td></tr>
<tr><td>要求完成时间</td><td></td></tr>
<tr><td>接单人</td><td>签名：　　　　时间：</td></tr>
</table>

3. 工作计划表：制订详细的工作计划，并填入表 9–2–2 中。

表 9–2–2　　工作计划表

阶段	任务说明	计划工作内容	计划完成时间	责任人

二、查询资料，根据本项目任务 1 制作的功能分析表的要求设计系统方案。

1. 任务准备：调出本项目任务 1 制作的功能分析表。

2. 根据参观结果，梳理智能成品仓库的详细工艺流程。成品入仓和成品出仓的具体工艺流程可分别参照图 9–2–13 和图 9–2–14。

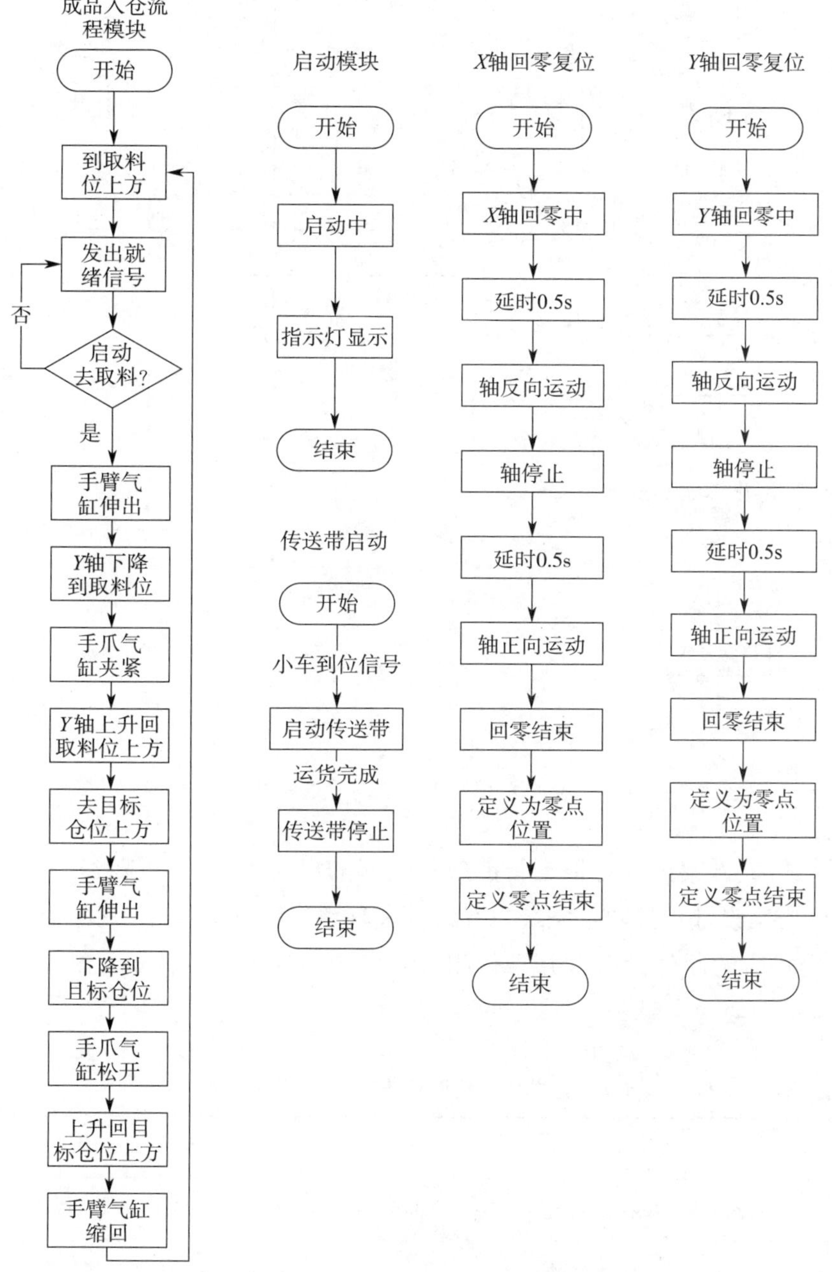

图 9–2–13　成品入仓工艺流程

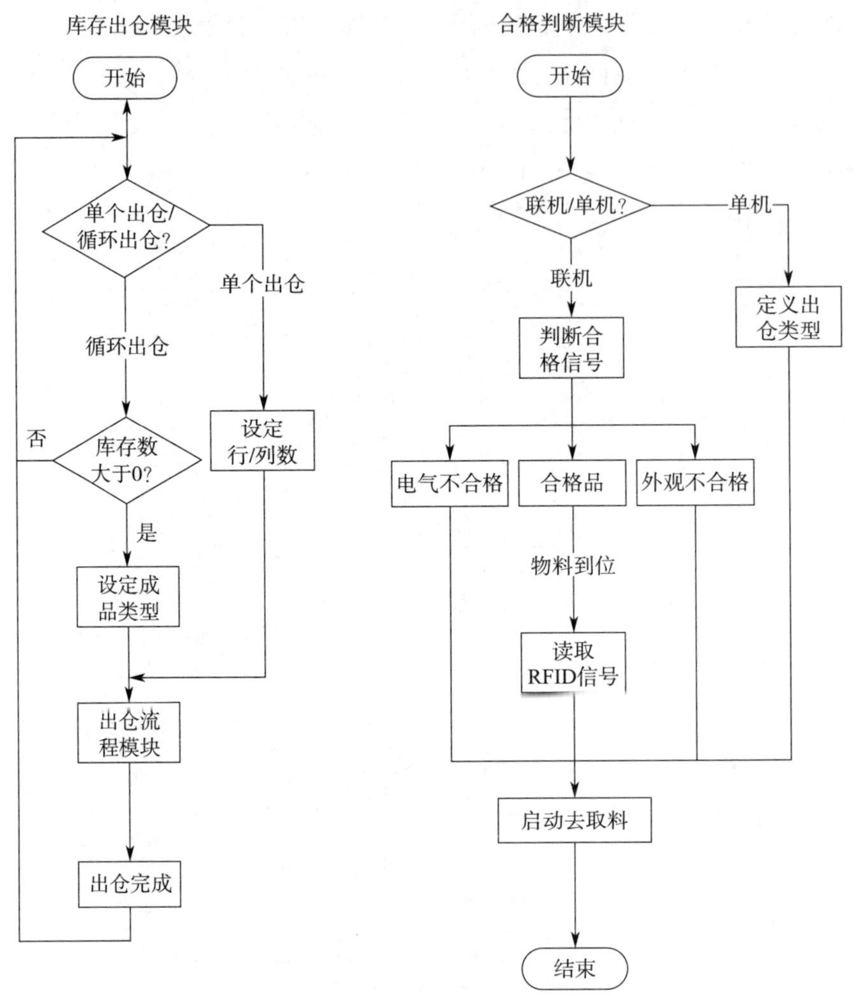

图 9-2-14　成品出仓工艺流程

3. 系统构成方案设计：根据智能成品仓库的出、入仓工艺流程进行系统的构成方案设计。方案设计包括硬件系统方案设计和软件系统方案设计，根据智能成品仓库的需求列出相应的硬件设备，并进行相应程序的编程等，具体设计方案构成可参照表 9-2-3 和表 9-2-4。

表 9-2-3　　智能成品仓库系统方案设计表

编号	需求分类	采用技术
1	成品的类型、规格以及合格品 / 不良品的甄别	FRID 技术、传感技术
2	堆垛机的应用	气动技术、PLC 控制技术、传感技术
3	远程运送物料	AGV 技术
4	中控台可视界面	触摸屏编程技术

表 9-2-4　　智能成品仓库硬件系统设计表

编号	功能模块分类	对应硬件
1	利用 FRID 技术，在传送带上进行成品入仓前检测（电动机型号、合格品 / 不良品）	
2	堆垛机将物料运送到仓库对应位置，仓库系统自动计数	
3	出仓，由堆垛机将物料搬运至传送带，经检测部件检测型号及质量，呼叫 AGV 运至下一站	
4	中控台控制手动 / 自动运行方式	

4. 主要硬件选型：在系统方案设计的基础上，根据功能需求完成系统的硬件选型。各种硬件的具体选型过程均有相应的方法，此处不再详述。SX-TFI4 智能教学工厂的智能成品仓库所采用的硬件选型见表 9-2-5。

表 9-2-5 智能成品仓库硬件选型表

编号	设备名称	型号	用途	备注
1	传送带电动机	6IK120GU-CF	带动传送带，传送物料	中大电机
2	RFID 读写器	LWR-1204	原材料料号识别	NBDE
3	手臂气缸	MAL20×250-S-CM-LB	堆垛机手臂伸缩	SMC
4	手爪气缸	MHL2-16D	堆垛机手爪抓取工件	SMC
5	触摸屏	MT4424TE	操控系统工作	步科
6	PLC	S7-1200	控制系统	西门子
7	*X* 轴 V90 伺服驱动器	6SL3210-5FE10-4UA0	堆垛机平行移动	西门子
8	*Y* 轴 V90 伺服驱动器	6SL3210-5FE11-0UA0	堆垛机的垂直移动	西门子
9	光电传感器	E3FA-DP11 2M	检测工件	欧姆龙
10	接近开关	E2E-X2MF2-Z 2M	检测工件	欧姆龙

5. 识读智能成品仓库气动控制原理图：成品仓库的气动控制电路图如图 9-2-15 所示，根据图 9-2-15 完成表 9-2-6 中的内容，并在表下方描述气路的工作过程。

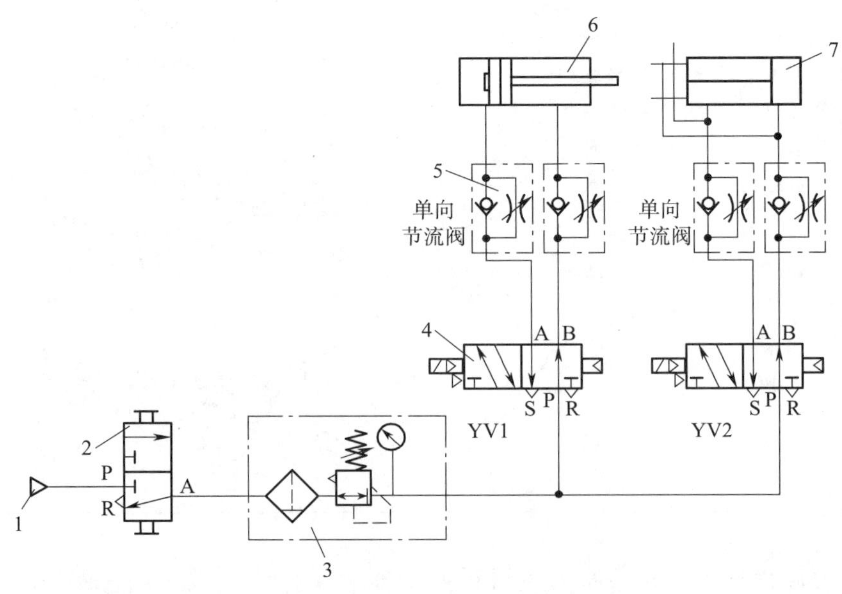

图 9-2-15 智能成品仓库气动控制原理图

1—气源 2—手滑阀 3—调压过滤器 4—二位五通单电控电磁阀 5—单向节流阀 6—MAL20×250-S-CM-LB 气缸 7—MEL2-16D 手爪气缸

表 9-2-6　　智能成品仓库气动控制元件清单

序号	材料或元件名称	数量	备注

6. 识读成品仓库输入 / 输出地址分配表及电气原理图：用 PLC 控制硬件时，需要对 PLC 的输入 / 输出（I/O）进行分配，并根据分配表完成系统的硬件接线。成品仓库输入 / 输出地址分配表及电气原理图见表 9-2-7 和图 9-2-16，同时完成堆垛机控制的 PLC 程序编制。

表 9-2-7　　智能成品仓库输入 / 输出地址分配表

序号	地址	功能	备注	序号	地址	功能	备注
1	I0.0	X 轴原点		20	I2.5	手爪气缸松开到位	
2	I0.1	X 轴左限位		21	I2.6	手爪气缸夹紧到位	
3	I0.2	X 轴右限位		22	Q0.0	X 轴脉冲	
4	I0.3	X 轴报警		23	Q0.1	X 轴方向	
5	I0.4	X 轴准备好		24	Q0.2	Y 轴脉冲	
6	I0.5	Y 轴原点		25	Q0.3	Y 轴方向	
7	I0.6	Y 轴上限位		26	Q0.4	X 轴上电	
8	I0.7	Y 轴下限位		27	Q0.5	X 轴清零	
9	I1.0	Y 轴报警		28	Q0.6	Y 轴上电	
10	I1.1	Y 轴准备好		29	Q0.7	Y 轴清零	
11	I1.2	启动		30	Q1.0	（面板）启动指示灯 1	
12	I1.3	停止		31	Q1.1	（面板）停止指示灯 1	
13	I1.4	复位		32	Q2.0	（面板）复位指示灯 1	
14	I1.5	单机 / 联机		33	Q2.1	手臂气缸伸出	
15	I2.0	急停		34	Q2.2	手爪气缸伸出	
16	I2.1	成品到来检测		35	Q2.3	传送带启动	
17	I2.2	成品入仓检测		36	Q2.4	启动指示灯 2	
18	I2.3	手臂气缸缩回到位		37	Q2.5	停止指示灯 2	
19	I2.4	手臂气缸伸出到位		38	Q2.6	复位指示灯 2	

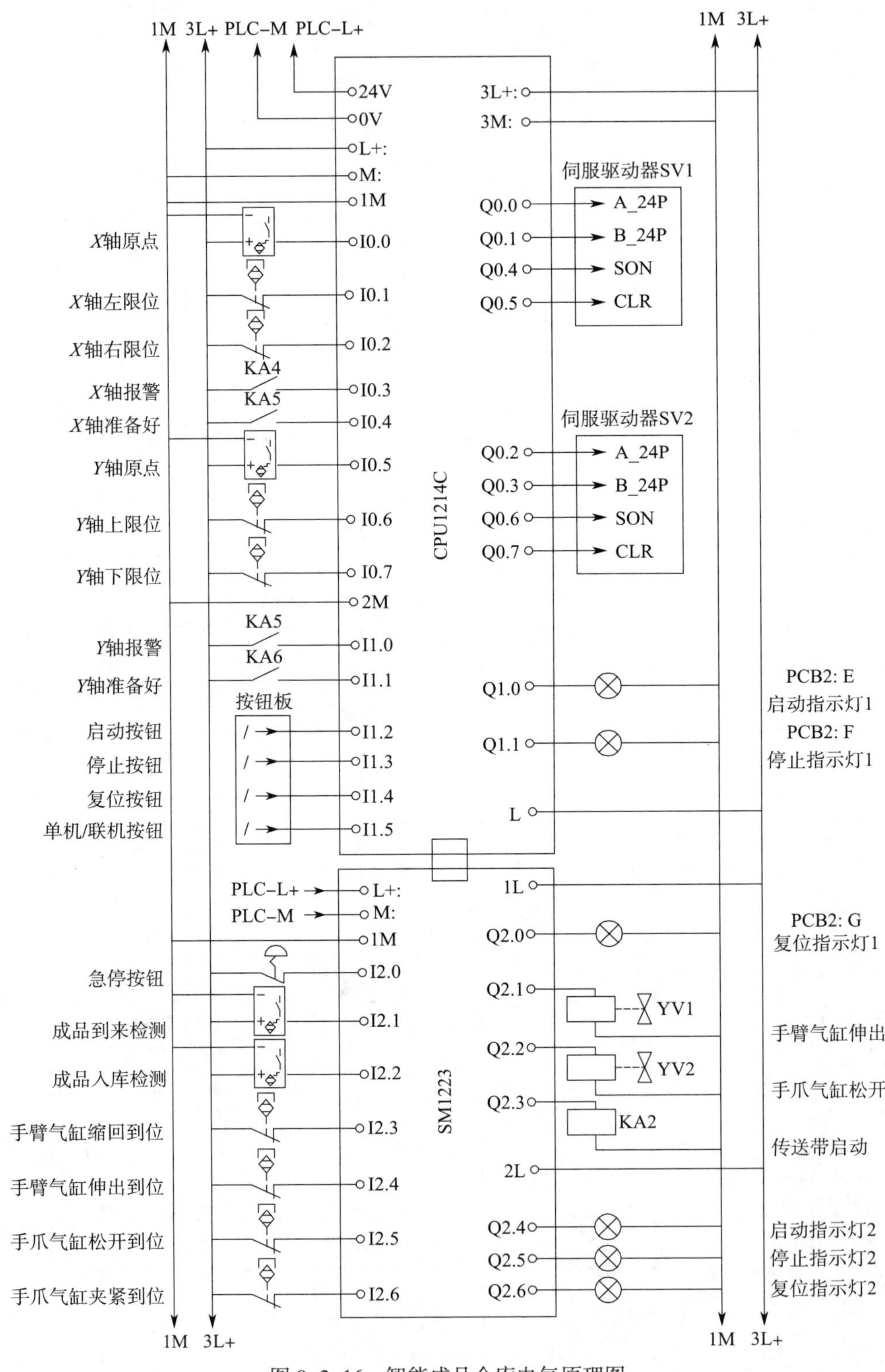

图 9-2-16 智能成品仓库电气原理图

三、工作总结及评价。

1. 以小组会议方式讨论任务完成情况。

2. 制定工作总结提纲，完成工作总结。

任务测评

在完成本任务的学习后，严格按照表 9-2-8 的要求，完成自我评价、小组评价和教师评价。

表 9-2-8　　测评表

组别		组长	组员			
评价内容			分值	自我评价（30%）	小组评价（30%）	教师评价（40%）
职业素养（30%）	1. 出勤准时率		6			
	2. 学习态度		6			
	3. 承担任务量		8			
	4. 团队协作性		10			
专业能力（70%）	1. 工作准备的充分性		10			
	2. 工作计划的可行性		10			
	3. 功能分析完整、逻辑性强		15			
	4. 总结展示清晰、有新意		15			
	5. 安全文明生产及 7S		20			
总计			100			
个人的工作时间			提前完成			
			准时完成			
			滞后完成			
个人认为完成得好的地方						
值得改进的地方						
小组综合评价						
组长签名：				教师签名：		

任务 3 智能成品仓库的操作与维护

学习目标

1. 掌握智能成品仓库操作、维护的方法。

2. 能够根据电动机类型进行程序编制与参数设置，完成“合格 / 不良品”的判断和出、入仓任务。

3. 能结合故障查询表排除常见故障。

任务描述

依据智能成品仓库入仓、出仓工艺流程，在硬件选型的基础上进行系统的组装与调试，最终使智能成品仓库能按预期目标稳定运行，并能结合故障查询表排除常见故障。

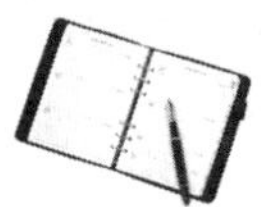

知识准备

一、传感器的概念

传感器是指能把特定的被测信息（包括物理量、化学量、生物量等）按一定规律转换成某种可用信号的器件或装置。这里“可用信号”是指便于处理、传输的信号。当今电信号最易于处理和便于传输，因此，可以把传感器狭义地定义为能将被测量转换成电信号的器件。

传感器技术是涉及传感（检测）原理、传感器设计、传感器开发和应用的综合技术。传感技术的含义则更为广泛，它是传感器技术、敏感功能材料科学、细微加工技术等多学科技术相互交叉渗透而形成的一门新技术学科——传感器工程学。

传感器一般由敏感元件、转换元件、测量电路三部分组成，如图 9-3-1 所示。

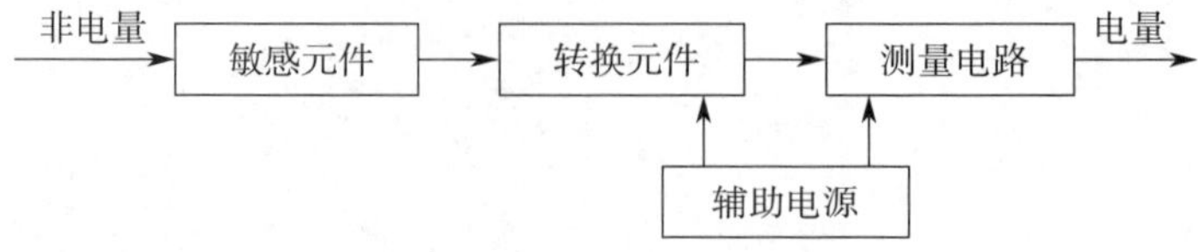

图 9-3-1 传感器组成

其中，能把非电信号转换成电信号的转换元件是传感器的核心。敏感元件是传感器预先将被测非电量变换为另一种易于变换成电量的非电量，然后再变换为电量，如弹性元件。因此，并非所有传感器都包含这两部分，对于物性型传感器，一般就只有转换元件，而结构型传感器就包括敏感元件和转换元件两部分。

二、传感器的分类

由于被测量种类繁多，其工作原理和使用条件各不相同，因此，传感器的种类和规格十分繁杂，分类方法也很多。常用的传感器分类方法有以下几种：

1. 按测量对象分类

测量对象为温度、压力、位移、速度等物理量时，则相应的传感器就被称为温度传感器、压力传感器、位移传感器、速度传感器等。这种分类方法明确了传感器的用途，但将原理互不相同的传感器归为一类，也使人们很难掌握每种传感器的基本原理和分析方法。

2. 按检测原理分类

检测原理是指传感器工作时所依据的物理效应、化学效应和生物效应等机理。按照此分类方法可将传感器分为电阻式、电容式、电感式、压电式、电磁式、磁阻式、光电式、压阻式、热电式、核辐射式、半导体式传感器等。此分类方法可以明确传感器的工作原理，但是进行传感器选型时不够方便。

3. 按传感器的结构参数在信号变换过程中是否发生变化分类

按传感器的结构参数在信号变换过程中是否发生变化可分为物性型传感器和结构型传感器。物性型传感器在实现信号的变换过程中，结构参数基本不变，而是利用某些物质材料（敏感元件）本身的物理或化学性质的变化实现信号变换。结构型传感器则是依靠传感器机械结构的几何形状或尺寸的变化将外界被测参数转换成相应的电阻、电感、电容等物理量的变化，实现信号变换。

4. 按输出信号的性质分类

按输出信号的性质可分为模拟式传感器和数字式传感器。模拟式传感器将被测非电量转换成连续变化的电压或电流等模拟量信号，如要求配合数字显示器或数字计算机，需要配备模拟量 / 数字量（A/D）转换装置。数字式传感器能直接将非电量转换为数字量，可以直接用于数字显示和计算，可直接配合计算机，具有抗干扰能力强、适宜距离传输等优点。

任务实施

一、接受任务，制订工作计划。

1. 工作组织：教师组织学员分组，每小组由 4 ~ 6 名学员组成，选定 1 名组长、1 名安全监督员（负责操作时的安全监督和记录），其余学员的工作由组长安排。

2. 接受任务：教师引导学员阅读工作任务单，完成工作任务单（见表 9–3–1）的填写。

表 9-3-1　　　　工作任务单

<table>
<tr><td colspan="2">SX-TFI4 智能教学工厂智能成品仓库的操作与维护任务单
单号：No.______　开单部门：______　开单人：______
开单时间：______　接单部门：______</td></tr>
<tr><td>任务描述</td><td>依据智能成品仓库入仓、出仓工艺流程，在硬件选型的基础上进行系统的组装与调试，最终使智能成品仓库能按预期目标稳定运行，并能结合故障查询表排除常见故障</td></tr>
<tr><td>要求完成时间</td><td></td></tr>
<tr><td>接单人</td><td>签名：　　　　　　时间：</td></tr>
</table>

3. 工作计划表：制订详细的工作计划，并填入表 9-3-2 中。

表 9-3-2　　　　工作计划表

阶段	任务说明	计划工作内容	计划完成时间	责任人

二、完成系统的硬件连接和参数设置，并进行调试。

1. 任务准备：准备好电工工具包、扳手等。

2. 根据图 9-2-15 所示的智能成品仓库气动控制原理图完成气路的连接，连接好的成品仓库气路实物图如图 9-3-2 所示。

图 9-3-2　成品仓库气路实物图

3. 根据智能成品仓库电气原理图（见图 9-2-16）完成电路的接线，连接好的电路实物图如图 9-3-3 所示。

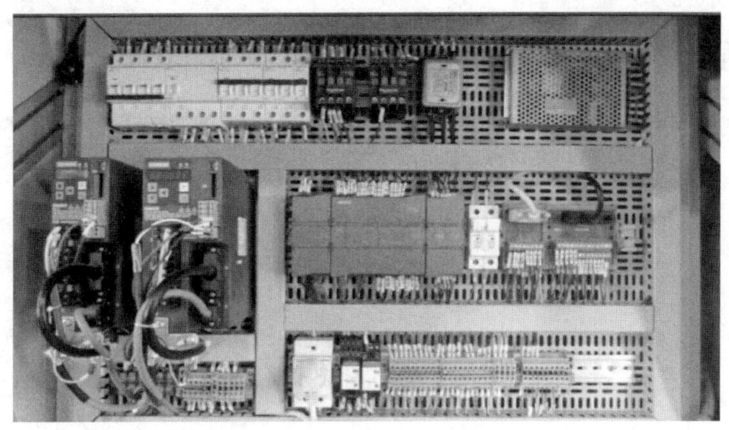

图 9-3-3　成品仓库电路实物图

4. 根据项目四任务 3 中的步骤完成伺服电动机与伺服驱动器之间的连接及伺服系统的参数设置。

5. 成品仓库的运行操作方法：

（1）设备调试前准备工作：检查传送带，确保物料已清走。打开电源和气阀。

（2）单机手动运行操作方法：

1）按“开”按钮，设备上电，绿色指示灯亮，黄色指示灯闪烁。

2）按“单机”按钮，单机指示灯亮，接着按“停止”按钮，再按“复位”按钮，复位完成时复位指示灯常亮，注意，在使用成品仓库前必须进行复位操作。

3）按“实时仓位”按钮进入“实时仓位界面”查看仓位状态，如图 9-3-4 所示。当仓位满时会亮灯提醒，同时也可以人工清除全部仓位的存储信息。

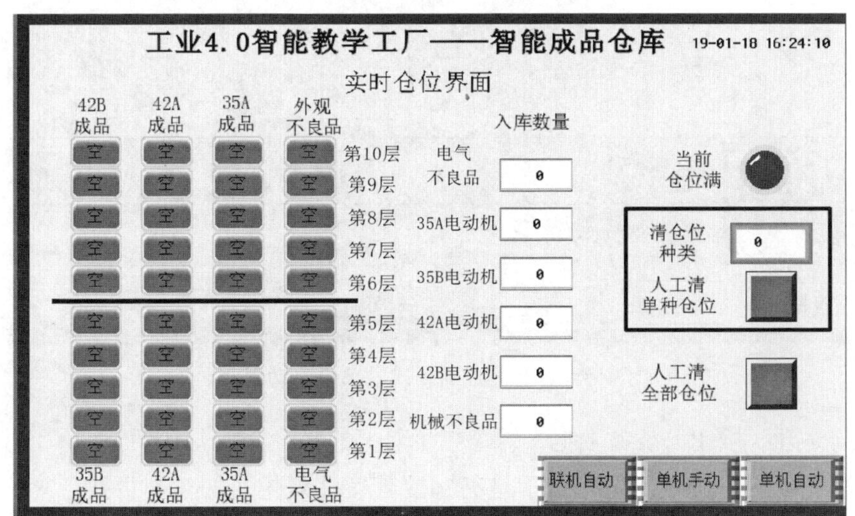

图 9-3-4　智能成品仓库“实时仓位界面”

4）按“单机手动”按钮。

5）按“自动有效”按钮进入“单机手动调试界面”，注意进行手动调试状态前必须将中控台置于“停止”状态。

6）可以通过触摸屏上的按钮进行单个元器件的调试，如图 9–3–5 所示。

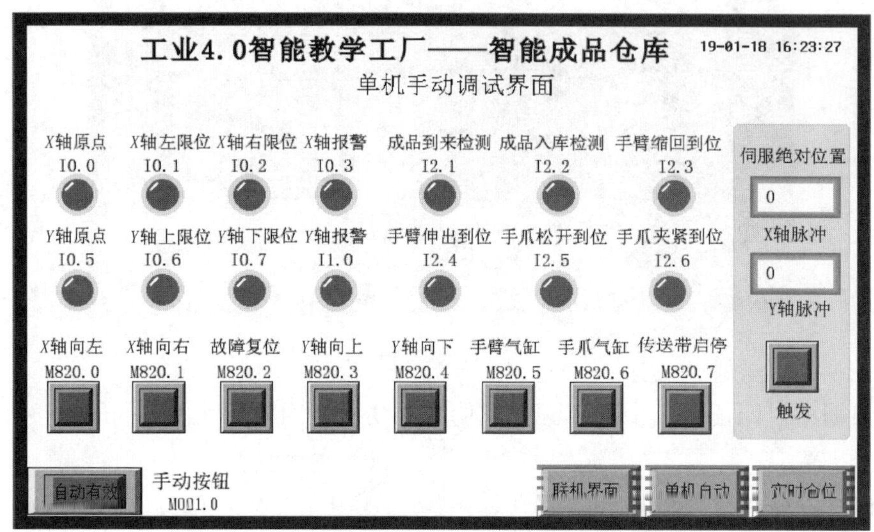

图 9–3–5　智能成品仓库“单机手动调试界面”

（3）如图 9–3–6 所示，单机自动运行操作方法如下：

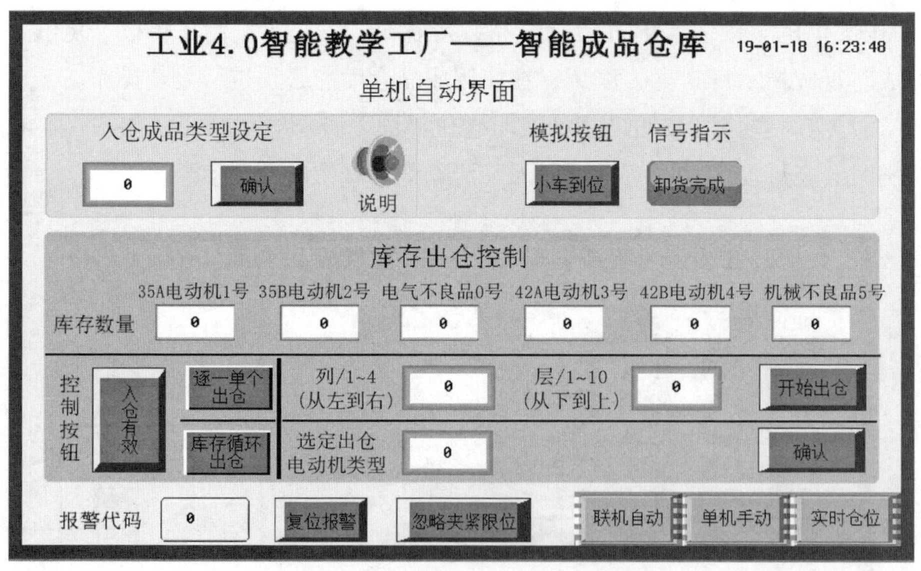

图 9–3–6　智能成品仓库“单机自动界面”

1）按“开”按钮，设备上电，绿色指示灯亮，黄色指示灯闪烁。

2）按“单机”按钮，单机指示灯亮，接着按“停止”按钮，再按“复位”按钮，复位完成时复位指示灯常亮。

3）按“单机自动”按钮，进入“单机自动界面”。

4）在“入仓成品类型设定”下面的方框中输入相应数字，并点击“确认”，然后按“小车到位”按钮模拟AGV到达入仓口位置，并把相应的产品放置在入口处。

5）按“卸货完成”，成品仓库开始进行入仓操作。入仓后按“入仓有效”确认。

6）出仓时，可以输入各种电动机类型的数量，并在货柜相应位置放置托盘。

7）选择出仓方式为“逐一单个出仓”或“库存循环出仓”并确认，按“开始出仓”将进行出仓操作。

8）在设备运行过程中随时按“停止”按钮，停止指示灯亮并且启动指示灯灭，设备停止运行。

9）当设备在运行中遇到紧急状况时，应迅速按“急停”按钮，设备停止运行。

（4）智能成品仓库的联机运行调试。联机运行是指将智能成品仓库模块与整个智能工厂进行联合调试，调试步骤如下：

1）确认通信线完好，在“上电”“复位”完成状态下，按“联机”按钮，联机灯亮，单机灯灭，进入联机状态。

2）通过主站下达订单。

3）通过“联机自动界面”可以监测成品仓库的运行状态，如图9-3-7所示。

4）在联机状态下设备的启动受控于总控制中心，运行中遇紧急状况，可按“急停”，此时原材料仓库的控制回到单机模式。

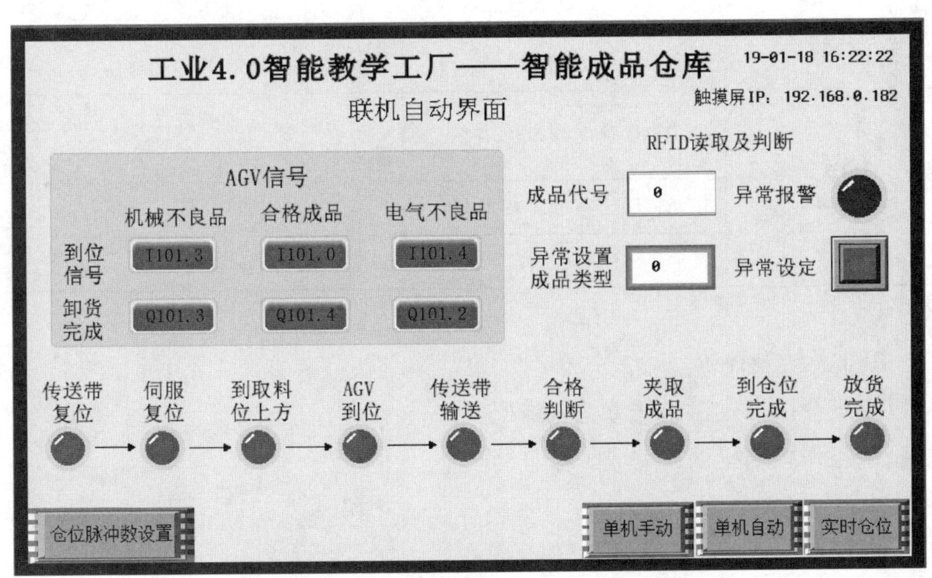

图9-3-7　智能成品仓库“联机自动界面”

三、智能成品仓库的日常维护及常见故障处理。

1. 日常维护方法。

（1）定期检查传送带及搬运机构是否有异响、松动等情况。

（2）定期检查各传感器接线是否松动、各检测位对位是否准确等。

（3）定期检查及校正电动机综合测试仪各项检测参数。

2. 会使用智能成品仓库常见故障查询表（见表 9–3–3）处理常见故障。

表 9–3–3 智能成品仓库常见故障查询表

代码	故障现象	故障原因	解决方法
Er8001	入仓 / 出仓传送带不动作	不满足动作条件	检查程序及相应条件
		线路故障	检查线路，排除故障
		电气元件损坏	更换
		机械卡死或电动机损坏	调整结构或更换电动机
Er8002	伺服报警	三相电缺失	检查三相电线路
		显示报警代码	根据代码含义检查相应项目
Er8003	手臂气缸不动作	气压不足	检查气路
		手臂气缸伸出、缩回传感器异常	检查手臂气缸伸出、缩回传感器及其线路
		线路故障	检查相关线路电气元件
Er8004	手爪气缸不动作	气压不足	检查气路
		手爪气缸传感器异常	检查手爪气缸传感器及其线路
		线路故障	检查相关线路电气元件
Er8006	RFID 读写器异常	RFID 读写指示灯不亮	检查线路接线是否正确、连接点接触是否良好
		RFID 读写触发不灵敏	检查调整机械接近距离
		RFID 损坏	更换新的 RFID 读写器

四、工作总结及评价。

1. 以小组会议方式讨论任务完成情况。

2. 制定工作总结提纲，完成工作总结。

任务测评

在完成本任务的学习后，严格按照表 9–3–4 的要求，完成自我评价、小组评价和教师评价。

表 9-3-4　测评表

组别		组长		组员			
评价内容				分值	自我评价（30%）	小组评价（30%）	教师评价（40%）
职业素养（30%）	1. 出勤准时率			6			
	2. 学习态度			6			
	3. 承担任务量			8			
	4. 团队协作性			10			
专业能力（70%）	1. 工作准备的充分性			10			
	2. 工作计划的可行性			10			
	3. 功能分析完整、逻辑性强			15			
	4. 总结展示清晰、有新意			15			
	5. 安全文明生产及 7S			20			
总计				100			
个人的工作时间				提前完成			
				准时完成			
				滞后完成			
个人认为完成得好的地方							
值得改进的地方							
小组综合评价							
组长签名：					教师签名：		

项目十
智能制造技术的应用实践

学习目标

1. 分析 SX-TFI4 工业 4.0 智能教学工厂中智能制造系统的特征体现。
2. 加深对智能制造、智能工厂的理解。
3. 综合应用所学知识完成智能工厂的方案设计。

任务描述

通过对 SX-TFI4 工业 4.0 智能教学工厂的学习以及对智能制造的理解，提炼智能制造技术在智能工程中的实际应用，并对智能工厂的特点进行总结。最后在教师指导下完成创新型的步进电动机智能生产工厂的系统方案设计。

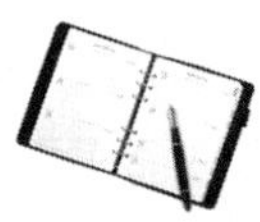

知识准备

通过项目一的介绍可知，智能制造的主要特征包括了产品智能化、装备智能化、生产方式智能化、管理智能化和服务智能化五个方面。而在 SX-TFI4 工业 4.0 智能教学工厂中使用的能耗管理监控、产品质量管控、数据采集与分析、产品个性化定制等内容均属于智能制造的范畴。下面将对这些内容的设计与实施进行介绍，以加深对智能制造的特征与应用的理解。

一、能耗管理监控

工业能耗在线监测系统可以为管理者提供一线能耗数据，为产线的设计改造提供数据支撑，不仅可以节能减排，同时也可以对某些设备故障进行预警。SX-TFI4 智能教学工厂充分利用信息通信技术手段，实时采集用能车间能耗数据，依托智能控制中心对数据进行处理，实现各车间能耗在线动态监测，历史能耗状态分析。

1. 硬件组成

能耗采集系统硬件一般包括电能采集仪表、通信支持模块、中央数据处理上位机等部分。在 SX-TFI4 智能教学工厂中，前端采集仪表采用单相电能表和三向电能表对各智能车间进行电能采集，并通过 RS485 通信将采集的数据传输至主站，主站 PLC 进行数据处理，并将处理后的数据传送至 MES，具体如图 10-0-1 所示。

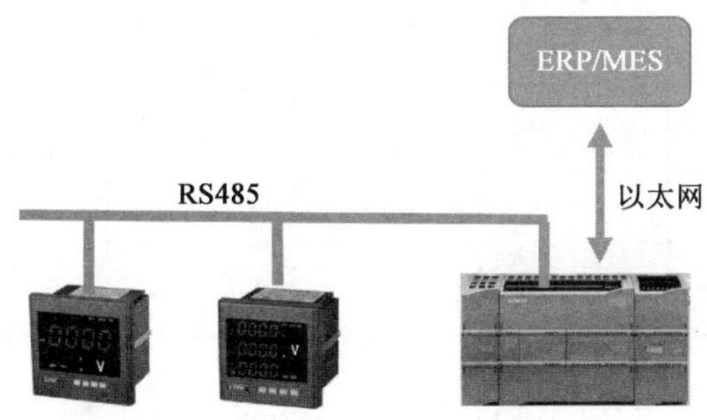

图 10-0-1　能耗监控系统硬件组成

2. 通信实施方式

能耗监控系统中电能表采用 Modbus RTU 通信协议：Modbus 协议在一根通信线上采用主从应答方式的数据传递方式。首先，主计算机的信号寻址到一台唯一地址的终端设备（从机），然后终端设备发出的应答信号以相反的方向传输给主机，即在一根单独的通信线上，信号沿着相反的两个方向传输所有的通信数据流。

Modbus 协议只允许在主机（PC、PLC 等）和终端设备之间通信，而不允许独立的终端设备之间的数据交换，这样各终端设备不会在它们初始化时占据通信线路，而仅限于响应到达本机的查询信号。在本系统中，每个仪表需要设置唯一的地址，地址使用范围为 1 ~ 247，其他地址保留。这些位标明了用户指定的终端设备的地址，该设备将接收来自与之相连的主机数据。每个终端设备的地址必须是唯一的，仅仅被寻址到的终端会响应包含了该地址的查询（具体设置方法参考相关电能表使用说明书）。当终端发回一个响应，响应中的从机地址数据告诉了主机哪台终端与之进行通信，而功能码告诉了被寻址到的终端执行何种功能。在本例中对电能表地址及所提取数据的功能码分配见表 10-0-1。

表 10-0-1　电能表地址及功能码分配表

车间	终端		有功功率		电网频率		单相电压		A 相电压		B 相电压		C 相电压	
	地址	字节	地址	字节	地址	字节	地址	字节	地址	字节	地址	字节	地址	字节
原材料区	1	1	49	2	62	2			37	2	38	2	39	2
加工区	2	1	49	2	62	2			37	2	38	2	39	2
装配区	3	1	49	2	62	2			37	2	38	2	39	2
拧螺钉区	4	1	10，11	4	16，17	4	6，7	4						

续表

车间	终端		有功功率		电网频率		单相电压		A 相电压		B 相电压		C 相电压	
	地址	字节	地址	字节	地址	字节	地址	字节	地址	字节	地址	字节	地址	字节
充磁区	5	1	10，11	4	16，17	4	6，7	4						
测试区	6	1	49	2	62	2			37	2	38	2	39	2
包装区	7	1	10，11	4	16，17	4	6，7	4						
成品区	8	1	49	2	62	2			37	2	38	2	39	2

在能耗监控系统中，主机为 PLC，从机为各区的电能表，在建立主、从机之间的通信后，须在 PLC 项目内进行创建数据块、编写相应程序等操作。当电能表触发 PLC 的响应程序后，PLC 将各个电能表的数据读出，并传输至数据库，供 ERP/MES 提取，电能表数据和数据库关系见表 10-0-2。

表 10-0-2　　电能表读取数据和数据库关系

项目类别	变量	数据类型	数据库	项目类别	变量	数据类型	数据库
原材料仓库电源 A 相电压	MD2100	浮点型 Real	D231	拧螺钉区电源频率	MD2168	浮点型 Real	D248
原材料仓库电源 B 相电压	MD2104	浮点型 Real	D232	充磁区电源电压	MD2172	浮点型 Real	D249
原材料仓库电源 C 相电压	MD2108	浮点型 Real	D233	充磁区电源有功功率	MD2176	浮点型 Real	D250
原材料仓库电源有功功率	MD2112	浮点型 Real	D234	充磁区电源频率	MD2180	浮点型 Real	D251
原材料仓库电源频率	MD2116	浮点型 Real	D235	测试区电源 A 相电压	MD2184	浮点型 Real	D252
加工区电源 A 相电压	MD2120	浮点型 Real	D236	测试区电源 B 相电压	MD2188	浮点型 Real	D253
加工区电源 B 相电压	MD2124	浮点型 Real	D237	测试区电源 C 相电压	MD2192	浮点型 Real	D254
加工区电源 C 相电压	MD2128	浮点型 Real	D238	测试区电源有功功率	MD2196	浮点型 Real	D255
加工区电源有功功率	MD2132	浮点型 Real	D239	测试区电源频率	MD2200	浮点型 Real	D256
加工区电源频率	MD2136	浮点型 Real	D240	包装区电源电压	MD2204	浮点型 Real	D257
装配区电源 A 相电压	MD2140	浮点型 Real	D241	包装区电源有功功率	MD2208	浮点型 Real	D258

续表

项目类别	变量	数据类型	数据库	项目类别	变量	数据类型	数据库
装配区电源B相电压	MD2144	浮点型 Real	D242	包装区电源频率	MD2212	浮点型 Real	D259
装配区电源C相电压	MD2148	浮点型 Real	D243	成品区电源A相电压	MD2216	浮点型 Real	D260
装配区电源有功功率	MD2152	浮点型 Real	D244	成品区电源B相电压	MD2220	浮点型 Real	D261
装配区电源频率	MD2156	浮点型 Real	D245	成品区电源C相电压	MD2224	浮点型 Real	D262
拧螺钉区电源电压	MD2160	浮点型 Real	D246	成品区电源有功功率	MD2228	浮点型 Real	D263
拧螺钉区电源有功功率	MD2164	浮点型 Real	D247	成品区电源频率	MD2232	浮点型 Real	D264

MES 读取数据库相关字段，进行相关数据分析，在线实时监测区域内显示每个站的能耗状况，如图 10-0-2 所示。

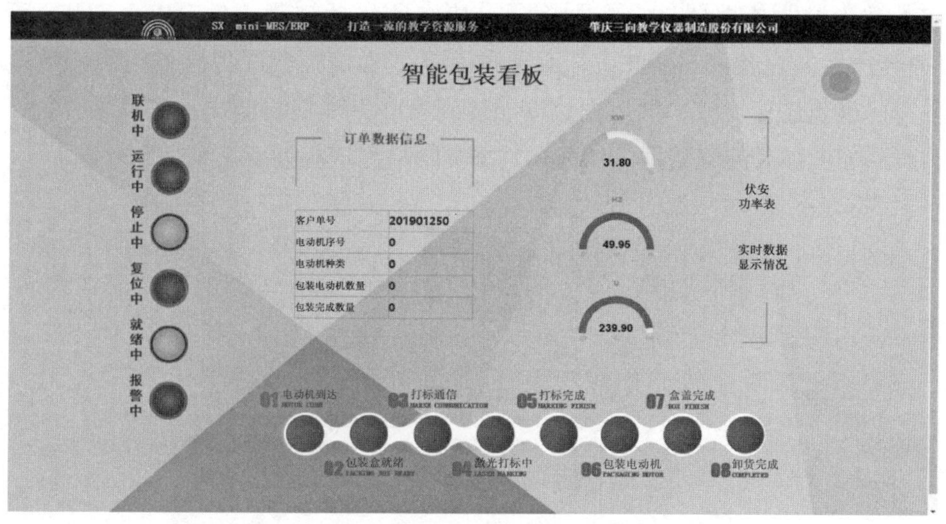

图 10-0-2　智能包装单元看板显示

二、产品质量管控

在以前的生产模式中，质量管控主要是人员以及设备相结合进行的，而随着科学技术的不断发展，智能制造已经可以做到不需要人员的参与，就可以进行产品的质量管控。生产过程的质量管控主要是对生产过程及各环节的质量进行控制，对所完成的产品的质量进行检验、控制与统计分析，并根据分析结果对产线进行调整。在 SX-TFI4 智能教学工厂中，质量管控主要体现在以下几个方面：

1. 智能加工单元激光测距检测

如图 10–0–3 所示，在加工单元有一个激光测距模块，激光测距传感器检测步进电动机前端盖和后端盖加工的误差是否达到要求。此模块采用的激光传感器为 FASTUS（广州奥泰斯）生产的 CD22–485 激光测距传感器，它具有高精度（分辨率可达 1 μm）、高性能、体积小、质量轻、检测距离可视化、采样周期自动调整、检测异常报警等优点，完全适用于此应用场景。

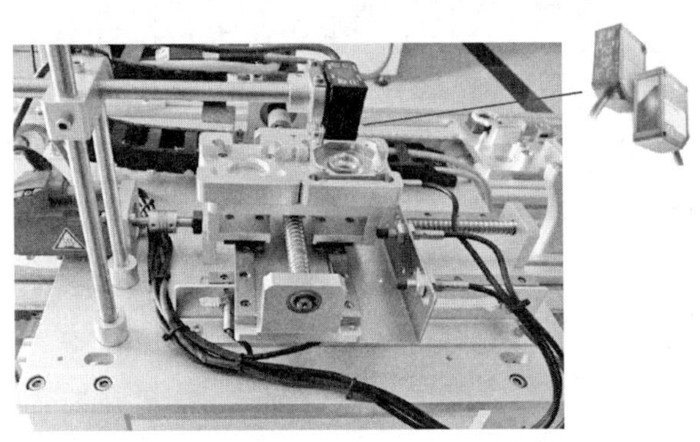

图 10–0–3 激光测距模块实物图

除了激光测距传感器外，测距检测模块中还包括被测工件、PLC、MES 等，如图 10–0–4 所示。在检测过程中，PLC 通过 RS485 通信把测距传感器的检测数值读取出来并与标准值进行比较，然后把数据上传到 MES，从而检测出加工件是否合格，同时也为产品加工单元的调整提供依据。具体测距检测流程如下：

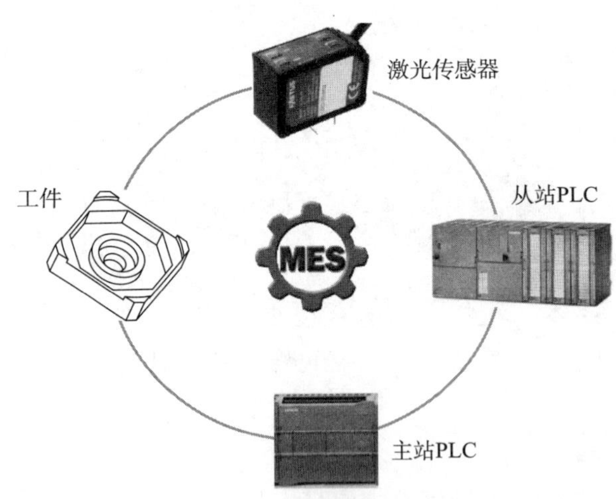

图 10–0–4 激光测距模块组成

（1）已完成加工的电动机端盖如图 10–0–5 所示，加工位置为位置 1 和位置 2 所在的平面。

（2）在图 10-0-5 中的位置 1 和位置 2 各选择一个点，作为测量的第 1 点和第 2 点，传感器自动计算这两点的高度差，并把计算后的数值通过 RS485 传送到 PLC，PLC 进行数据对比，把对比结果上传到主站。

（3）采用同样的方法测量第 3 点和第 4 点，如图 10-0-6 所示，传感器自动计算这两点的高度差，从而把数值通过 RS485 传送到 PLC，PLC 进行数据对比，并把对比结果上传到主站。

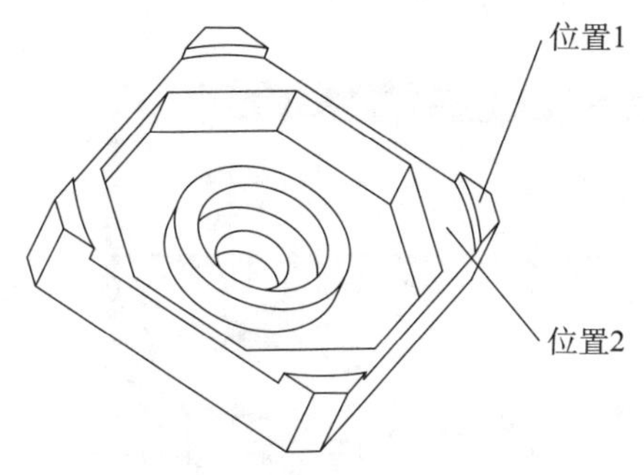

图 10-0-5　位置 1 和位置 2 所在的平面

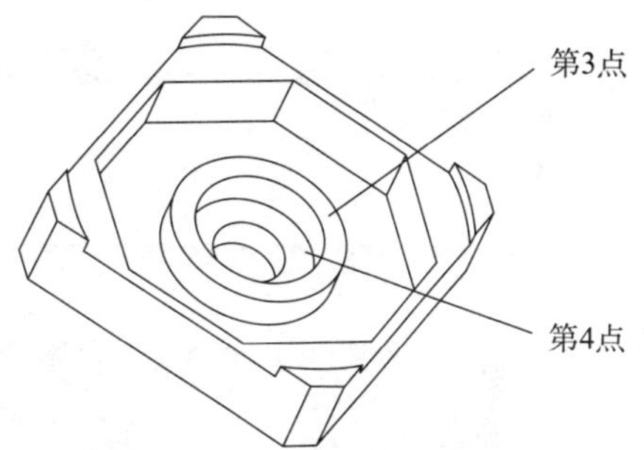

图 10-0-6　第 3 点和第 4 点

（4）加工单元的检测数据通过网络传送到主站后，由主站进行数据积累和处理，通过多次结果比对来纠正加工单元的加工程序，从而提高加工精度和加工质量。

2. 智能拧螺钉单元视觉检测

在自动化生产线中，产品外观的瑕疵、外观尺寸的测量及自动化对位组装等参数均需要进行检测。在智能拧螺钉单元中利用视觉检测技术，通过视觉传感器，对已经进行轴承装配、整机装配及螺钉装配后的步进电动机进行拍照，通过距离测量、图像的形状匹配等对步进电动机进行外观质量的管控，如图 10-0-7 所示。

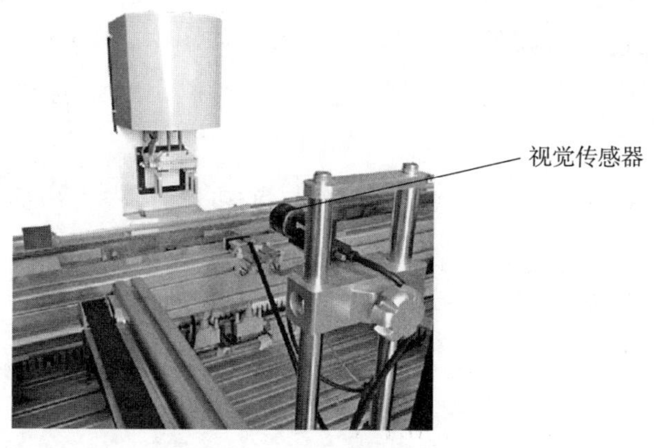

图 10-0-7　视觉检测系统

拧螺钉单元视觉检测系统通过 DMV（delta machine vision，台达机器视觉）控制器内部高速精准的多任务运算处理能力、人性化的操作界面以及多样化的视觉检测功能，来检测出步进电动机在轴承装配、整机装配和螺钉装配工序中是否有装配问题，替代人眼去识别产品装配的质量，效率高，分辨能力强，精度高。

此单元中的具体检测流程如下：

在拧螺钉单元的末端安装了一套视觉检测系统，通过相机拍摄的方式对电动机的端盖装配情况、拧螺钉情况、轴承安装情况等进行检测，并将不合格产品检出，由AGV输送到指定位置。外观检测的基本步骤如下：

（1）检测左侧边缘，确定宽度尺寸测量基准，如图10–0–8所示。

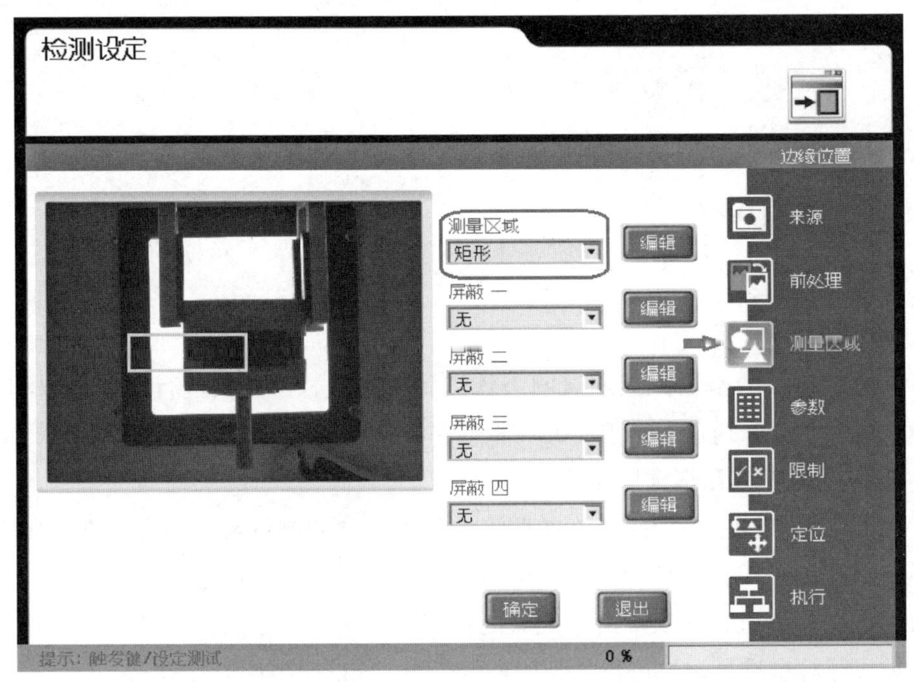

图 10–0–8 检测左侧边缘

（2）检测上侧边缘，寻找长度尺寸测量基准，如图10–0–9所示。

（3）检测上、下端盖左侧，确保左侧装配到位，螺钉拧到位，如图10–0–10所示。

（4）检测上、下端盖右侧，确保右侧装配到位，螺钉拧到位，如图10–0–11所示。

（5）对步进电动机的"斑点"进行检测，检测、判断产品是否有轴，检测轴承是否漏装，如图10–0–12所示。

（6）合格判断，设置加工是否合格的判断的条件为"左右两个高度尺寸合理且轴已安装"时才输出合格信号，否则输出不合格信号，并把合格和不合格的数量上传到主站，主站收集数据并进行分析，计算步进电动机的装配合格率，及时反馈装配结果的数据，MES可以根据这些数据了解设备的运行情况，可以有依据、有目的地对设备进行改善和调整。

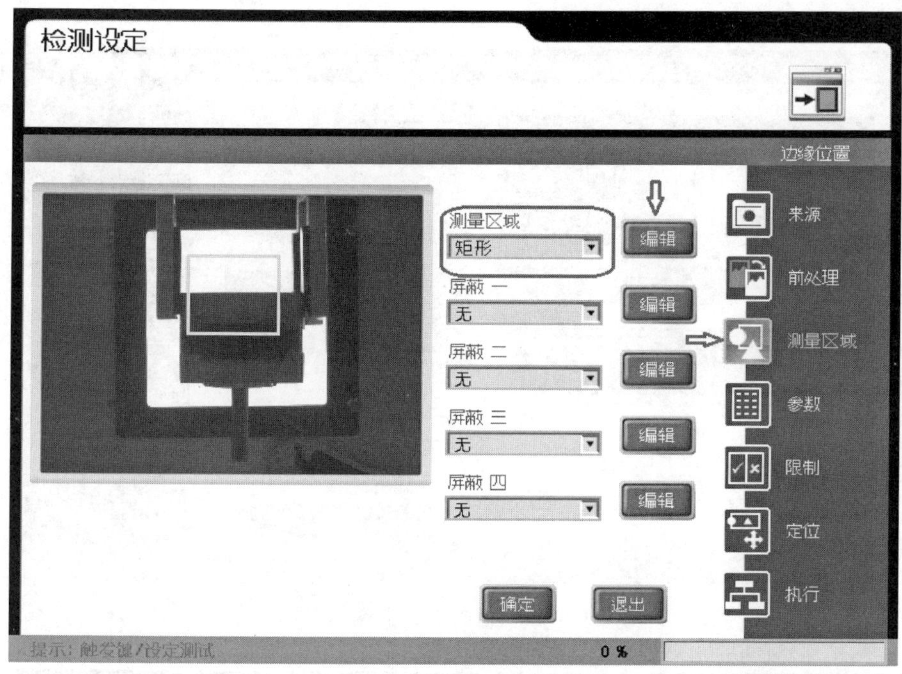

图 10-0-9　检测上侧边缘

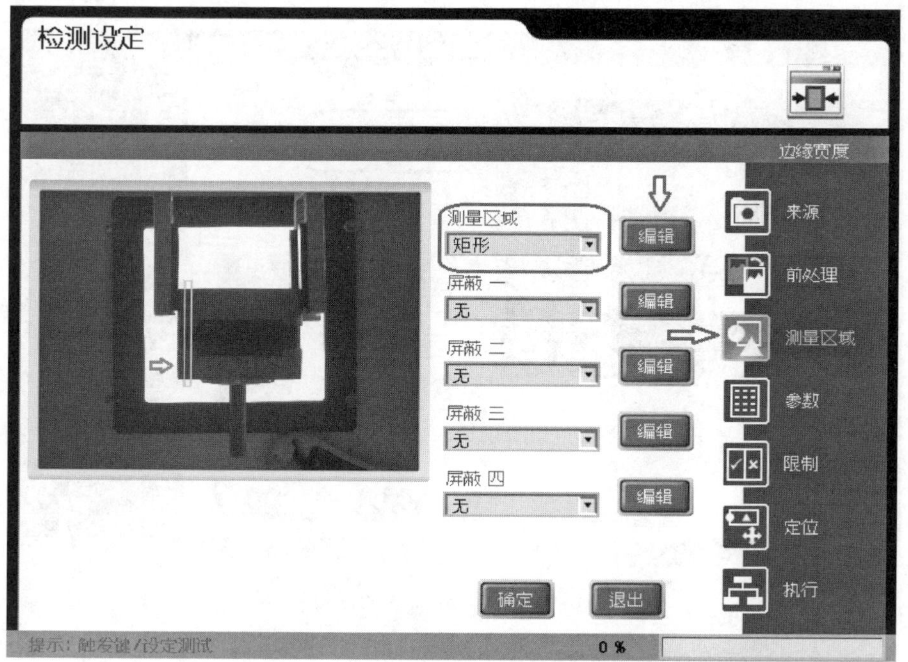

图 10-0-10　检测上、下端盖左侧

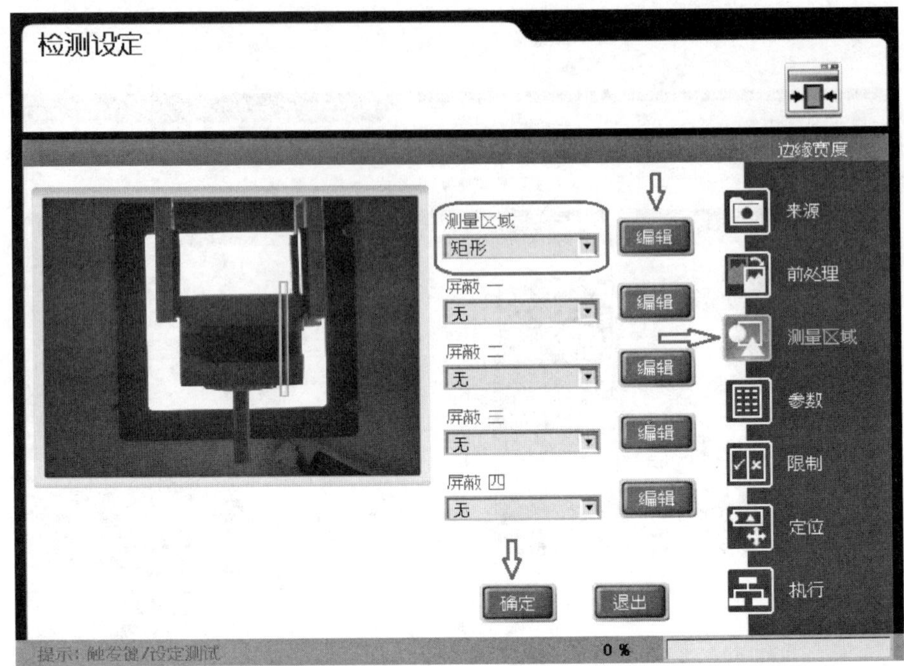

图 10-0-11　检测上、下端盖右侧

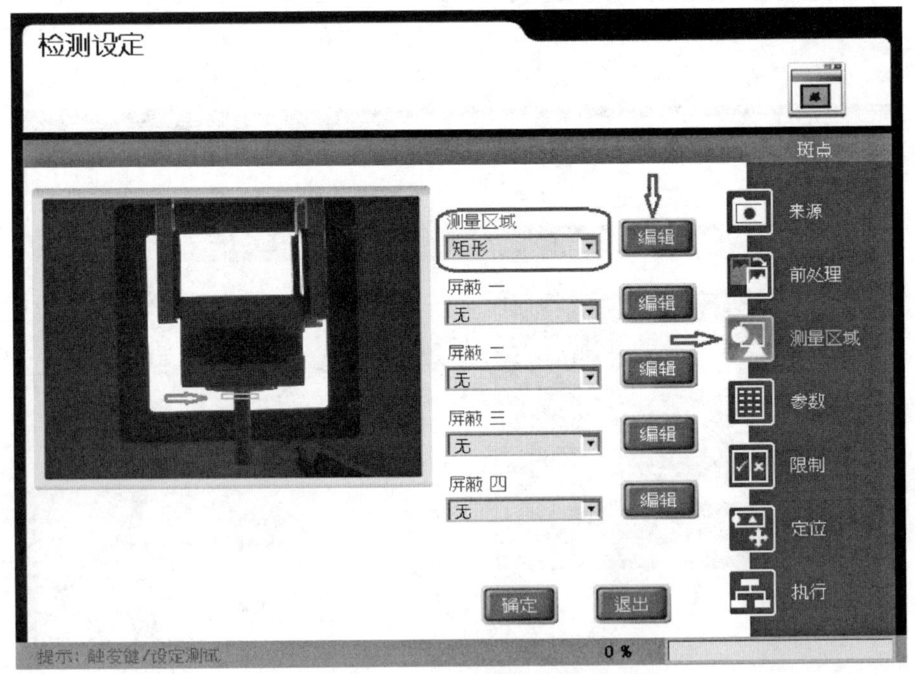

图 10-0-12　检测轴承是否漏装

3. 智能检测单元电气性能检测

智能检测单元电气性能检测是步进电动机电气性能的检测，主要检测步进电动机的电气性能是否符合标准要求，包括电气强度、相间绝缘、绝缘电阻、AC 电感、BD 电感、电感差、AC 电阻、BD 电阻及电阻差等参数性能，如图 10-0-13 所示。通过专业的步进电动机在线测试系统，对步进电动机进行电气性能参数的采样，智能综合测试系统能够对采样数据进行分析，参数采集以波形图形式显示出来（见图 10-0-14），使数据可视化，检测过程中数据的表达非常直观，从波形图的形状和变化趋势等能够看出步进电动机电气性能检测的结果如何、质量是否达到要求、是否符合电气标准。

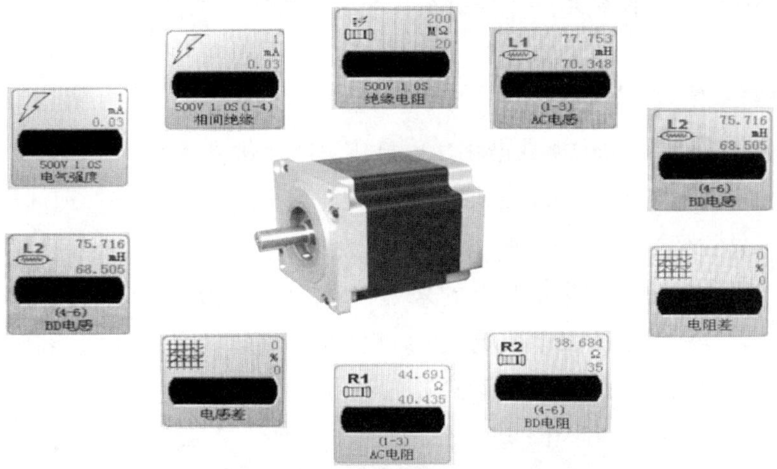

图 10-0-13　在线测试系统可检测参数

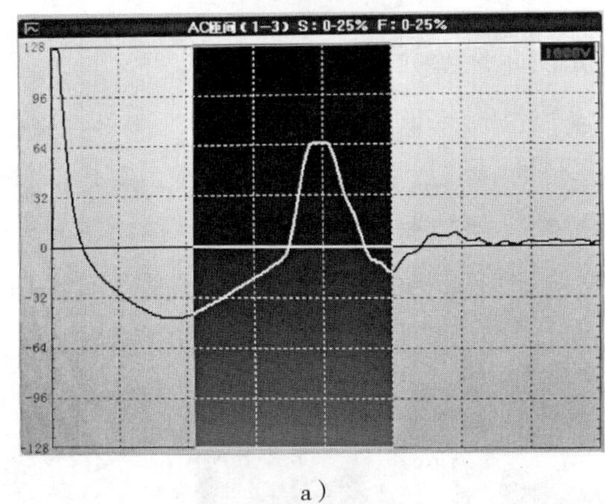

a）

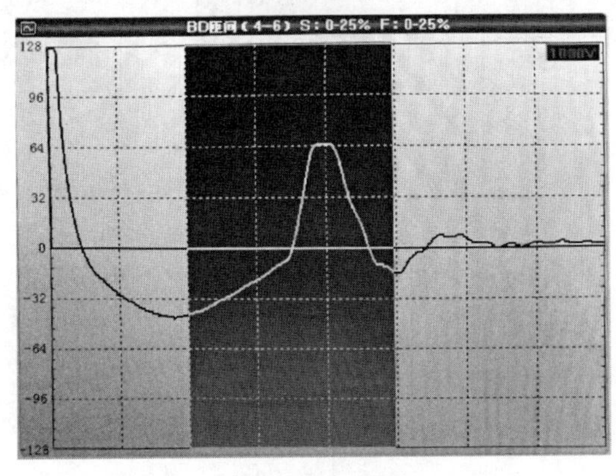

b）

图 10-0-14　测试参数的图形化显示
a）AC 匝间波形图　b）BD 匝间波形图

步进电动机在线测试系统读取步进电动机的电气性能参数后，会自动与系统内设置的标准值进行对比，每种规格型号对应的电气性能参数都不一样，那么就要在系统内设定好每种型号对应的电气性能标准参数值。若读取值在标准参数值范围内，则检测的电气性能合格；反之，则不合格。PLC 可以通过 TCP 网络通信把在线测试系统采集的数据全部读取并上传到主站，供进行大数据分析等。

三、数据采集与分析

在“工业 4.0”的框架中，数据化、信息化、产业化将无处不在，智能制造需要各种数据的采集支撑大数据系统的运行。离开生产数据采集，生产管理部门不能及时、准确地得到工件生产数量；无法准确、科学地制订生产计划；无法实现生产管理协同等。因此，只有有效地实现生产数据的采集和分析，才能从根本上解决车间管理中计划跟踪迟滞、设备利用率低、产品质量难以提升等问题，才能实现智能制造。

在上一节中介绍的三种生产质量管控方法中，检测出来的数据无一例外都在最后环节将数据传递到 MES，由 MES 进行分析并做出决策。也就是通过从站和主站的网络通信将信息收集到主站，并由主站进行数据分析和处理的过程，其具体的通信实施方式如下：

1. 智能加工单元激光测距环节数据采集与分析

通过 RS485 总线将传感器采集的数据传递到加工单元 PLC，然后通过 PN 通信方式将数据传递给主站 PLC，最后通过以太网 TCP 传递至 MES，如图 10–0–15 所示。

2. 智能拧螺钉单元视觉检测数据采集和分析

通过 RS485 总线将视觉系统采集的数据传递到拧螺钉单元 PLC，然后通过 PN 通信方式将数据传递给主站 PLC，最后通过以太网 TCP 传递至 MES，如图 10–0–16 所示。

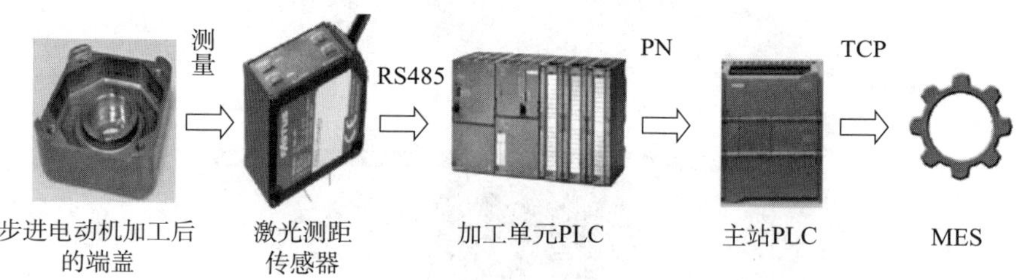

图 10–0–15 智能加工单元激光测距环节的数据传输过程

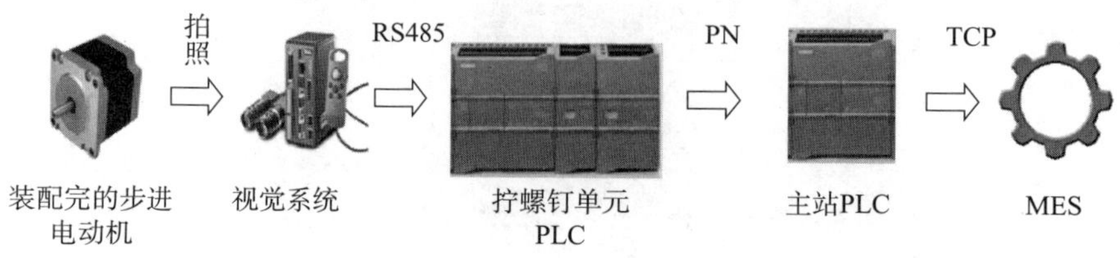

图 10–0–16 智能拧螺钉单元视觉检测的数据传输过程

3. 智能检测单元电气性能数据采集与分析

通过 RS485 总线将步进电动机在线测试系统采集的数据传递到检测单元 PLC，然后通过 PN 通信方式将数据传递给主站 PLC，最后通过以太网 TCP 传递至 MES，如图 10-0-17 所示。

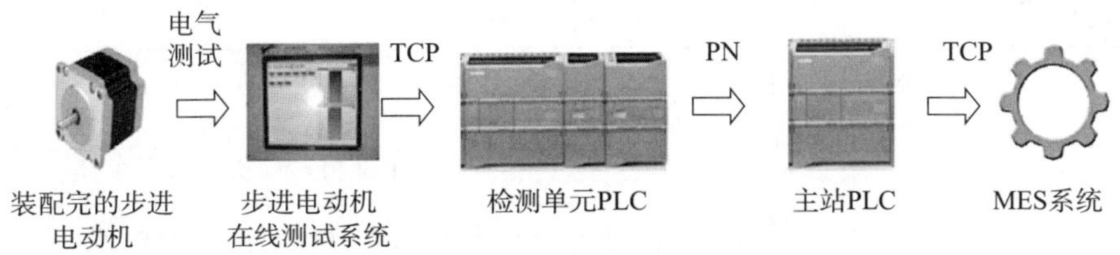

图 10-0-17 智能检测单元电动机电气性能的数据传输过程

四、产品个性化定制

随着时代的发展，"定制"一词已经非常流行，如定制服装、定制家具、定制礼品等，甚至出现定制肤色、定制蔬菜等，这些都来源于人们对品质和个性的追求，定制才是个性化消费。在智能工厂中，产品定制也是一个重要的组成方面。SX-TFI4 智能教学工厂可以针对一些有特殊要求的客户，实现产品（步进电动机）的个性化定制，其定制内容主要包括以下两个方面：

1. 电动机参数的个性化定制

客户在进行步进电动机产品下单时，可以对某些电动机参数在一定的范围内进行修改以满足特殊应用场合的使用要求，如相电感、相电压、相电流、保持转矩等，如图 10-0-18 所示。MES 在接到客户的特殊要求后，会自动在下发订单参数的过程中对生产参数进行修改，以实现客户的特殊要求。

图 10-0-18 可个性化定制的电动机参数

2. 电动机外观的个性化定制

用户可以将指定的图案和文字印刷到步进电动机上，实现外观的个性化定制。步进电动机智能生产线设备具备激光打标功能，在此环节把个性化的图案和文字录入打标机软件中，然后进行个性化激光打标，定制属于客户自己的产品属性。

任务实施

一、接受任务，制订工作计划。

1. 工作组织：教师组织学员分组，每小组由 4 ~ 6 名学员组成，选定 1 名组长、1 名安全监督员（负责操作时的安全监督和记录），其余学员的工作由组长安排。

2. 接受任务：教师引导学员阅读工作任务单，完成工作任务单（见表 10–0–3）的填写。

表 10–0–3　　工作任务单

<table>
<tr><td colspan="2">SX–TFI4 智能教学工厂智能制造技术的应用实践任务单
单号：No.______　开单部门：______　开单人：______
开单时间：______　接单部门：______</td></tr>
<tr><td>任务描述</td><td>通过对 SX–TFI4 智能教学工厂的学习以及对智能制造的理解，提炼智能制造技术在此智能工程中的实际应用，并对智能工厂的特点进行总结。最后在教师指导下完成创新型的步进电动机智能生产工厂的系统方案设计</td></tr>
<tr><td>要求完成时间</td><td></td></tr>
<tr><td>接单人</td><td>签名：　　　　时间：</td></tr>
</table>

3. 工作计划表：制订详细的工作计划，并填入表 10–0–4 中。

表 10–0–4　　工作计划表

阶段	任务说明	计划工作内容	计划完成时间	责任人

二、学习、理解、分析智能制造与智能工厂的区别与联系。

1. 根据项目一描述智能制造的特征。

2. 结合对智能教学工厂的理解，总结智能制造的特征在 SX–TFI4 中的体现。

三、综合作业

查询资料加深对智能制造的理解，结合本书中 SX-TFI4 智能教学工厂的内容，对此智能工厂的系统实现方案进行创新性设计，打造自己心目中的智能工厂。

四、工作总结及评价。

1. 以小组会议方式讨论任务完成情况。

2. 制定工作总结提纲，完成工作总结。

任务测评

在完成本任务的学习后，严格按照表 10-0-5 的要求，完成自我评价、小组评价和教师评价。

表 10-0-5　　测评表

组别		组长		组员			
评价内容				分值	自我评价（30%）	小组评价（30%）	教师评价（40%）
职业素养（30%）	1. 出勤准时率			6			
	2. 学习态度			6			
	3. 承担任务量			8			
	4. 团队协作性			10			
专业能力（70%）	1. 工作准备的充分性			10			
	2. 工作计划的可行性			10			
	3. 功能分析完整、逻辑性强			15			
	4. 总结展示清晰、有新意			15			
	5. 安全文明生产及 7S			20			
总计				100			
个人的工作时间				提前完成			
				准时完成			
				滞后完成			
个人认为完成得好的地方							
值得改进的地方							
小组综合评价							
组长签名：					教师签名：		

附录

附录 A　智能工厂配电原理图

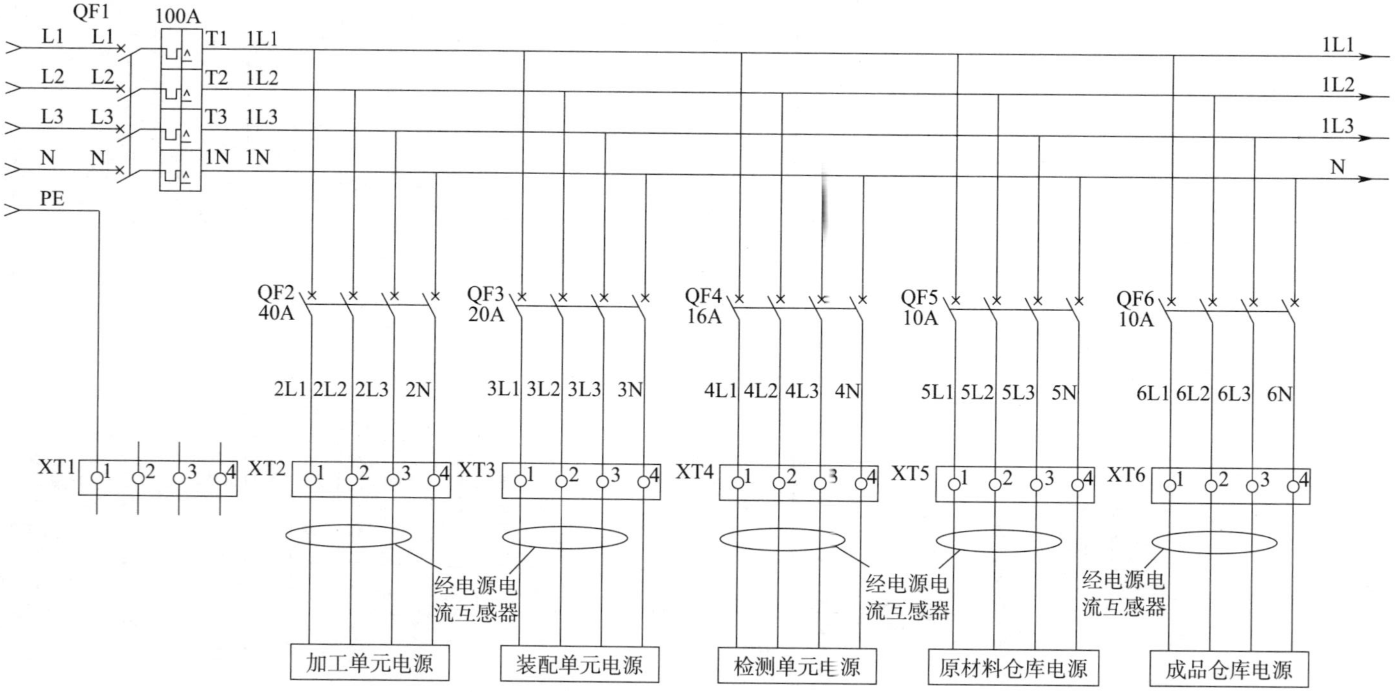

QF1　100A
L1　L1　T1　1L1
L2　L2　T2　1L2
L3　L3　T3　1L3
N　N　1N　1N
PE
1L1
1L2
1L3
N
QF2 40A　QF3 20A　QF4 16A　QF5 10A　QF6 10A
2L1 2L2 2L3 2N　3L1 3L2 3L3 3N　4L1 4L2 4L3 4N　5L1 5L2 5L3 5N　6L1 6L2 6L3 6N
XT1 1 2 3 4　XT2 1 2 3 4　XT3 1 2 3 4　XT4 1 2 3 4　XT5 1 2 3 4　XT6 1 2 3 4
经电源电流互感器
加工单元电源　装配单元电源　检测单元电源　原材料仓库电源　成品仓库电源

a）

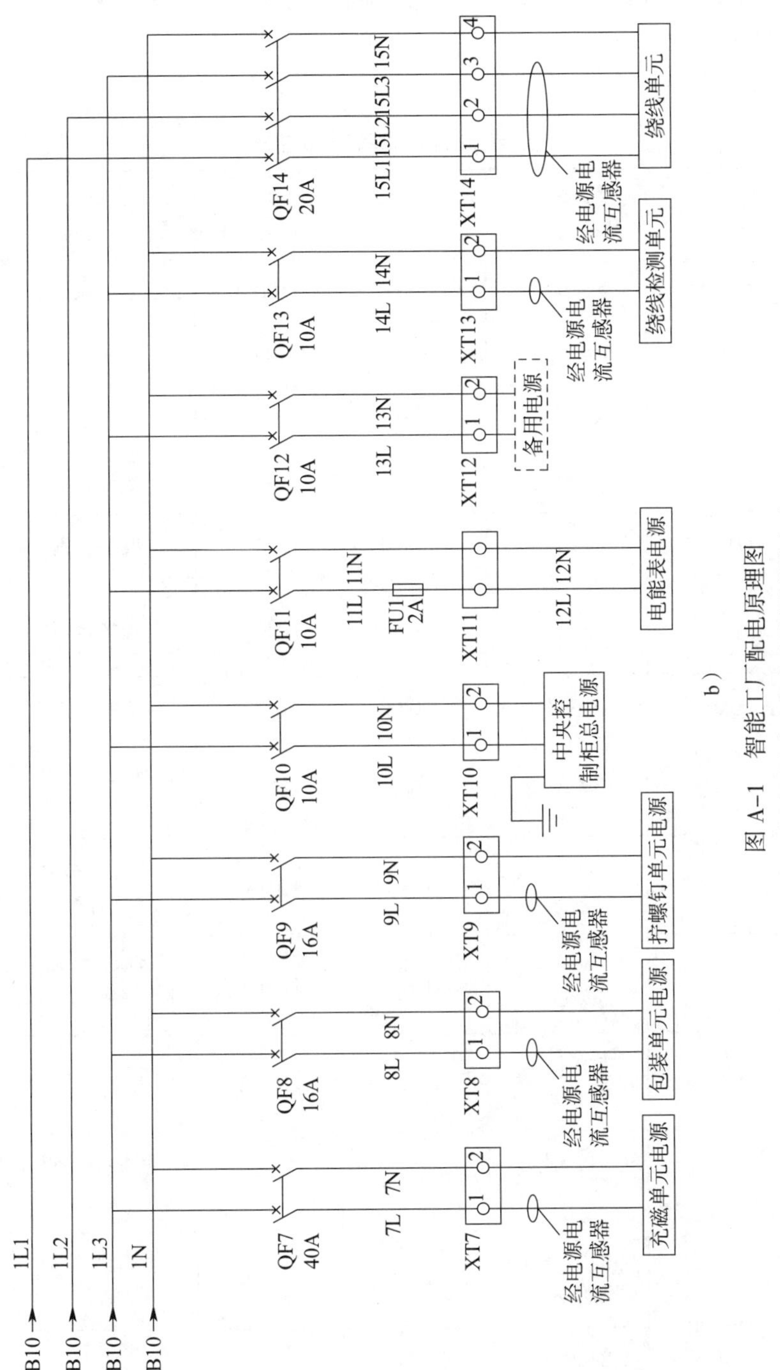

b）

图 A-1 智能工厂配电原理图

a）配电原理图（1） b）配电原理图（2）

附录B 主、从站信号对接表

表 B-1 主站与原材料仓库信号对接表

从站输入信号的地址	主站输出信号的地址	主站输出信号的功能	从站输出信号的地址	主站输入信号的地址	从站输出信号的功能	力控输入
I100.0	Q100.0	联机启动	Q100.0	I100.0	运行状态	I1000
I100.1	Q100.1	联机停止	Q100.1	I100.1	停止状态	I1001
I100.2	Q100.2	联机复位	Q100.2	I100.2	正在复位	I1002
I100.3	Q100.3	上一站完成	Q100.3	I100.3	复位完成	I1003
I100.4	Q100.4	下一站就绪	Q100.4	I100.4	报警状态	I1004
I101.0	Q101.0	小车到达，取原材料	Q100.5	I100.5	联机状态	I1005
I101.1	Q101.1	小车偏移	Q100.6	I100.6	急停状态	I1006
I101.2	Q101.2	小车离开	Q100.7	I100.7	本站完成（单个完成）	I1007
I101.3	Q101.3	小车到达，取包装盒	Q101.0	I101.0	呼叫小车取原材料	I1010
I101.4	Q101.4	小车到达，卸空托盘	Q101.1	I101.1	呼叫小车取包装盒	I1011
I101.5	Q101.5	有新订单下发	Q101.2	I101.2	原材料装货完成	I1012
ID120	QD120	QB120 电动机种类	Q101.3	I101.3	包装盒装货完成	I1013
		QB121 电动机序列号	Q101.4	I101.4	空托盘卸货完成	I1014
		QB122 虚拟订单号	Q101.5	I101.5	本站就绪	I1015
		QB123 客户订单号	Q101.6	I101.6	可接收订单	I1016

续表

从站输入信号的地址	主站输出信号的地址	主站输出信号的功能	从站输出信号的地址	主站输入信号的地址	从站输出信号的功能	力控输入
IB124	QB124	订单电动机数量	QD120	ID120	IB120 电动机种类	MB630
I105.0	Q105.0	小车到达，装包装盒			IB121 电动机序列号	MB631
I105.1	Q105.1	可送包装盒			IB122 虚拟订单号	MB632
I105.2	Q105.2	空托盘正输送中			IB123 客户订单号	MB633
			QB124	IB124	本站已加工原材料数量	MB634
			QB125	IB125	本站已加工包装盒数量	MB635
			QB126	IB126	小车原材料份数	MB636
			Q105.0	I105.0	堆垛机开始取料	M6100
			Q105.1	I105.1	堆垛机到取料位	M6101
			Q105.2	I105.2	堆垛机取料完成	M6102
			Q105.3	I105.3	堆垛机到放料位	M6103
			Q105.4	I105.4	堆垛机放料完成	M6104
			Q105.5	I105.5	工作流程完成	M6105
			Q110.0	I110.0	原材料仓库当前仓位空报警	M6000
			Q110.1	I110.1	原材料仓库 *X* 轴伺服上电报警	M6001
			Q110.2	I110.2	原材料仓库 *X* 轴伺服回零报警	M6002
			Q110.3	I110.3	原材料仓库 *X* 轴伺服点动报警	M6003
			Q110.4	I110.4	原材料仓库 *X* 轴伺服绝对位报警	M6004
			Q110.5	I110.5	原材料仓库 *Y* 轴伺服上电报警	M6005
			Q110.6	I110.6	原材料仓库 *Y* 轴伺服回零报警	M6006
			Q110.7	I110.7	原材料仓 *Y* 轴伺服点动报警	M6007
			Q111.0	I111.0	原材料仓库 *Y* 轴伺服绝对位报警	M6010

续表

从站输入信号的地址	主站输出信号的地址	主站输出信号的功能	从站输出信号的地址	主站输入信号的地址	从站输出信号的功能	力控输入
			Q111.1	I111.1	原材料仓库托盘阻挡气缸报警	M6011
			Q111.2	I111.2	原材料传送带报警	M6012
			Q111.3	I111.3	原材料手臂气缸报警	M6013
			Q111.4	I111.4	原材料手爪气缸报警	M6014
			QB131	IB131	包装盒剩余个数	MB620
			QB127	IB127	35A 仓位剩余电动机数量	MB621
			QB128	IB128	35B 仓位剩余电动机数量	MB622
			QB129	IB129	42A 仓位剩余电动机数量	MB623
			QB130	IB130	42B 仓位剩余电动机数量	MB624
			QB132	IB132	35A 仓位显示	MB625
			QB133	IB133	35A 仓位显示	MB626
			QB134	IB134	35A 仓位显示 35B 仓位显示 （134.4 ~ 134.7）	MB627
			QB135	IB135	35B 仓位显示 42A 仓位显示 （135.6 ~ 135.7）	MB628
			QB136	IB136	42A 仓位显示	MB629
			QB137	IB137	42A 仓位显示	MB640
			QB138	IB138	42A 仓位显示 42B 仓位显示 （138.1 ~ 138.7）	MB641
			QB139	IB139	42B 仓位显示 包装盒仓位显示 （139.3 ~ 139.7）	MB642
			QB140	IB140	包装盒仓位显示	MB643
			QB141	IB141	包装盒仓位显示	MB644

表 B-2 主站与智能加工区信号对接表

从站输入信号的地址	主站输出信号的地址	主站输出信号的功能	从站输出信号的地址	主站输入信号的地址	从站输出信号的功能	力控输入
I100.0	Q150.0	联机启动	Q100.0	I150.0	运行状态	I1500
I100.1	Q150.1	联机停止	Q100.1	I150.1	停止状态	I1501
I100.2	Q150.2	联机复位	Q100.2	I150.2	正在复位	I1502
I100.3	Q150.3	上一站完成	Q100.3	I150.3	复位完成	I1503
I100.4	Q150.4	下一站就绪	Q100.4	I150.4	报警状态	I1504
I101.0	Q151.0	小车到达，准备取端盖	Q100.5	I150.5	联机状态	I1505
I101.1	Q151.1	小车偏移	Q100.6	I150.6	急停状态	I1506
I101.2	Q151.2	小车离开	Q100.7	I150.7	本站完成（单个完成）	I1507
I101.3	Q151.3	小车到达，准备卸原材料	Q101.0	I151.0	呼叫小车取端盖	I1510
ID120	QD170	QB170 电动机种类	Q101.1	I151.1	可进原材料	I1511
		QB171 电动机序列号	Q101.2	I151.2	端盖装货完成	I1512
		QB172 虚拟订单号	Q101.4	I151.4	原材料卸货完成	I1514
		QB173 客户订单号	Q101.5	I151.5	本站就绪	I1515
IB124	QB174	订单电动机数量	QW120	IW170	IW170 电动机种类	MB681
			QW122	IW172	IW172 电动机序列号	MB683
			QW124	IW174	IW174 虚拟订单号	MB685
			QW126	IW176	IW176 客户订单号	MB687
			QW128	IW178	传送带上数量	MB691
			QW130	IW180	本站已加工端盖数量	MB689
			Q105.0	I155.0	机器人取下端盖	M6600
			Q105.1	I155.1	数控加工下端盖	M6601

续表

从站输入信号的地址	主站输出信号的地址	主站输出信号的功能	从站输出信号的地址	主站输入信号的地址	从站输出信号的功能	力控输入
			Q105.2	I155.2	清洁下端盖	M6602
			Q105.3	I155.3	机器人取上端盖	M6603
			Q105.4	I155.4	数控加工上端盖	M6604
			Q105.5	I155.5	清洁上端盖	M6605
			Q110.0	I160.0	加工区机床报警	M6500
			Q110.1	I160.1	加工区机器人报警	M6501
			Q110.2	I160.2	加工区定位气缸报警	M6502
			Q110.3	I160.3	加工区进料传送带报警	M6503
			Q110.4	I160.4	加工区出料传送带报警	M6504
			Q110.5	I160.5	加工区阻挡气缸报警	M6505

表 B-3　　主站与智能装配区信号对接表

轴承装配区						
从站输入信号的地址	主站输出信号的地址	主站输出信号的功能	从站输出信号的地址	主站输入信号的地址	从站输出信号的功能	力控输入
I100.0	Q200.0	联机启动	Q100.0	I200.0	运行状态	I2000
I100.1	Q200.1	联机停止	Q100.1	I200.1	停止状态	I2001
I100.2	Q200.2	联机复位	Q100.2	I200.2	正在复位	I2002
I100.3	Q200.3	上一站完成	Q100.3	I200.3	复位完成	I2003
I100.4	Q200.4	下一站就绪	Q100.4	I200.4	报警状态	I2004
I101.0	Q201.0	小车到达，准备卸端盖	Q100.5	I200.5	联机状态	I2005
I101.1	Q201.1	小车偏移	Q100.6	I200.6	急停状态	I2006
I101.2	Q201.2	小车离开	Q100.7	I200.7	本站完成（单个完成）	I2007

续表

轴承装配区						
从站输入信号的地址	主站输出信号的地址	主站输出信号的功能	从站输出信号的地址	主站输入信号的地址	从站输出信号的功能	力控输入
ID120	QD220	QB220 电动机种类	Q101.0	I201.0	呼叫小车	I2010
		QB221 电动机序列号	Q101.4	I201.4	端盖卸货完成	I2014
		QB222 虚拟订单号	Q101.5	I201.5	本站就绪可启动	I2015
		QB223 客户订单号	Q101.6	I201.6	轴承装配开始	I2016
IB124	QB224	订单电动机数量	Q101.7	I201.7	整机装配开始	I2017
IB125	QB225	送货数量	QD120	ID220	IB220 电动机种类	MB730
					IB221 电动机序列号	MB731
					IB222 虚拟订单号	MB732
					IB223 客户订单号	MB733
			QB124	IB224	本站已装配完成数量	MB734
			Q105.0	I205.0	装转子夹具	M7100
			Q105.1	I205.1	卸载 V 形块	M7101
			Q105.2	I205.2	安装 V 形块	M7102
			Q105.3	I205.3	安装转子	M7103
			Q105.4	I205.4	卸载转子夹具	M7104
			Q105.5	I205.5	换轴承夹具	M7105
			Q105.6	I205.6	装配左轴承	M7106
			Q105.7	I205.7	装配右轴承	M7107
			Q106.0	I206.0	卸轴承夹具	M7110
			Q106.1	I206.1	装垫片夹具	M7111
			Q106.2	I206.2	装配左垫片	M7112
			Q106.3	I206.3	装配右垫片	M7113
			Q106.4	I206.4	装配波纹垫片	M7114
			Q106.5	I206.5	卸垫片夹具	M7115
			Q106.6	I206.6	换转子夹具	M7116
			Q106.7	I206.7	装配转子组件	M7117

续表

轴承装配区

从站输入信号的地址	主站输出信号的地址	主站输出信号的功能	从站输出信号的地址	主站输入信号的地址	从站输出信号的功能	力控输入
			Q110.0	I210.0	装配区轴承装配机器人报警	M7000
			Q110.1	I210.1	装配区整机装配机器人报警	M7001
			Q110.2	I210.2	装配区伺服报警	M7002
			Q110.3	I210.3	装配区轴承定位气缸报警	M7003
			Q110.4	I210.4	装配区整机定位气缸报警	M7004
			Q110.5	I210.5	装配区轴承传送带报警	M7005
			Q110.6	I210.6	装配区整机传送带报警	M7006
			Q102.0	I202.0	轴承装配完成	I2020

整机装配区

<table>
<tr><th>从站输入信号的地址</th><th>主站输出信号的地址</th><th>主站输出信号的功能</th><th>从站输出信号的地址</th><th>主站输入信号的地址</th><th>从站输出信号的功能</th><th>力控输入</th></tr>
<tr><td rowspan="4"></td><td rowspan="4"></td><td></td><td rowspan="4">QD120</td><td rowspan="4">MD720</td><td>MB720 电动机种类</td><td>MB720</td></tr>
<tr><td></td><td>MB721 电动机序列号</td><td>MB721</td></tr>
<tr><td></td><td>MB722 虚拟订单号</td><td>MB722</td></tr>
<tr><td></td><td>MB723 客户订单号</td><td>MB723</td></tr>
<tr><td></td><td></td><td></td><td>Q107.0</td><td>I207.0</td><td>卸定子夹具</td><td>M7120</td></tr>
<tr><td></td><td></td><td></td><td>Q107.1</td><td>I207.1</td><td>换底模夹具</td><td>M7121</td></tr>
<tr><td></td><td></td><td></td><td>Q107.2</td><td>I207.2</td><td>卸载底模</td><td>M7122</td></tr>
<tr><td></td><td></td><td></td><td>Q107.3</td><td>I207.3</td><td>安装底模</td><td>M7123</td></tr>
<tr><td></td><td></td><td></td><td>Q107.4</td><td>I207.4</td><td>卸底模夹具</td><td>M7124</td></tr>
<tr><td></td><td></td><td></td><td>Q107.5</td><td>I207.5</td><td>换定子夹具</td><td>M7125</td></tr>
<tr><td></td><td></td><td></td><td>Q107.6</td><td>I207.6</td><td>装配前端盖</td><td>M7126</td></tr>
<tr><td></td><td></td><td></td><td>Q107.7</td><td>I207.7</td><td>装配定子</td><td>M7127</td></tr>
<tr><td></td><td></td><td></td><td>Q108.0</td><td>I208.0</td><td>装配后端盖</td><td>M7130</td></tr>
<tr><td></td><td></td><td></td><td>Q108.1</td><td>I208.1</td><td>取电动机组件</td><td>M7131</td></tr>
</table>

表 B-4　　主站与拧螺钉区信号对接表

<table>
<tr><th>从站输入信号的地址</th><th>主站输出信号的地址</th><th>主站输出信号的功能</th><th>从站输出信号的地址</th><th>主站输入信号的地址</th><th>从站输出信号的功能</th><th>力控输入</th></tr>
<tr><td>I100.0</td><td>Q250.0</td><td>联机启动</td><td>Q100.0</td><td>I250.0</td><td>运行状态</td><td>I2500</td></tr>
<tr><td>I100.1</td><td>Q250.1</td><td>联机停止</td><td>Q100.1</td><td>I250.1</td><td>停止状态</td><td>I2501</td></tr>
<tr><td>I100.2</td><td>Q250.2</td><td>联机复位</td><td>Q100.2</td><td>I250.2</td><td>正在复位</td><td>I2502</td></tr>
<tr><td>I100.3</td><td>Q250.3</td><td>上一站完成</td><td>Q100.3</td><td>I250.3</td><td>复位完成</td><td>I2503</td></tr>
<tr><td>I100.4</td><td>Q250.4</td><td>下一站就绪</td><td>Q100.4</td><td>I250.4</td><td>报警状态</td><td>I2504</td></tr>
<tr><td>I101.0</td><td>Q251.0</td><td>小车到达，准备取外观不良品</td><td>Q100.5</td><td>I250.5</td><td>联机状态</td><td>I2505</td></tr>
<tr><td>I101.1</td><td>Q251.1</td><td>小车偏移</td><td>Q100.6</td><td>I250.6</td><td>急停状态</td><td>I2506</td></tr>
<tr><td>I101.2</td><td>Q251.2</td><td>小车离开</td><td>Q100.7</td><td>I250.7</td><td>本站完成（单个完成）</td><td>I2507</td></tr>
<tr><td rowspan="4">ID120</td><td rowspan="4">QD270</td><td>QB270 电动机种类</td><td>Q101.0</td><td>I251.0</td><td>呼叫小车取外观不良品</td><td>I2510</td></tr>
<tr><td>QB271 电动机序列号</td><td>Q101.2</td><td>I251.2</td><td>外观不良品装货完成</td><td>I2512</td></tr>
<tr><td>QB272 虚拟订单号</td><td>Q101.5</td><td>I251.5</td><td>本站就绪</td><td>I2515</td></tr>
<tr><td>QB273 客户订单号</td><td rowspan="4">QD120</td><td rowspan="4">ID270</td><td>IB270 电动机种类</td><td>MB780</td></tr>
<tr><td>IB124</td><td>QB274</td><td>订单电动机数量</td><td>IB271 电动机序列号</td><td>MB781</td></tr>
<tr><td></td><td></td><td></td><td>IB272 虚拟订单号</td><td>MB782</td></tr>
<tr><td></td><td></td><td></td><td>IB273 客户订单号</td><td>MB783</td></tr>
<tr><td></td><td></td><td></td><td>QB124</td><td>IB274</td><td>本站已完成拧螺钉数量</td><td>MB784</td></tr>
<tr><td></td><td></td><td></td><td>QB125</td><td>IB275</td><td>本站电动机不合格数量</td><td>MB785</td></tr>
<tr><td></td><td></td><td></td><td>QB126</td><td>IB276</td><td>传送带上电动机不合格品的数量</td><td></td></tr>
<tr><td></td><td></td><td></td><td>Q105.0</td><td>I255.0</td><td>电动机到来</td><td>M7600</td></tr>
<tr><td></td><td></td><td></td><td>Q105.1</td><td>I255.1</td><td>机器人拧螺钉</td><td>M7601</td></tr>
<tr><td></td><td></td><td></td><td>Q105.2</td><td>I255.2</td><td>拧螺钉完成</td><td>M7602</td></tr>
<tr><td></td><td></td><td></td><td>Q105.3</td><td>I255.3</td><td>视觉检测</td><td>M7603</td></tr>
<tr><td></td><td></td><td></td><td>Q105.4</td><td>I255.4</td><td>合格信号</td><td>M7604</td></tr>
</table>

续表

从站输入信号的地址	主站输出信号的地址	主站输出信号的功能	从站输出信号的地址	主站输入信号的地址	从站输出信号的功能	力控输入
			Q105.5	I255.5	不合格信号	M7605
			Q105.6	I255.6	电动机不良品搬至传送带	M7606
			Q105.7	I255.7	等待小车	M7607
			Q110.0	I260.0	拧螺钉区定位气缸报警	M7500
			Q110.1	I260.1	拧螺钉区不良品手臂气缸报警	M7501
			Q110.2	I260.2	拧螺钉区外观检测气缸报警	M7502
			Q110.3	I260.3	拧螺钉区 *X* 轴伺服报警	M7503
			Q110.4	I260.4	拧螺钉区 *Y* 轴伺服报警	M7504
			Q110.5	I260.5	拧螺钉区 *Z* 轴伺服报警	M7505
			Q110.6	I260.6	拧螺钉区传送带报警	M7506
			Q110.7	I260.7	拧螺钉区废料传送带报警	M7507

表 B-5　主站与充磁区信号对接表

从站输入信号的地址	主站输出信号的地址	主站输出信号的功能	从站输出信号的地址	主站输入信号的地址	从站输出信号的功能	力控输入
I100.0	Q300.0	联机启动	Q100.0	I300.0	运行状态	I3000
I100.1	Q300.1	联机停止	Q100.1	I300.1	停止状态	I3001
I100.2	Q300.2	联机复位	Q100.2	I300.2	正在复位	I3002
I100.3	Q300.3	上一站完成	Q100.3	I300.3	复位完成	I3003
I100.4	Q300.4	下一站就绪	Q100.4	I300.4	报警状态	I3004
I101.0	Q301.0	小车到达	Q100.5	I300.5	联机状态	I3005
I101.1	Q301.1	小车偏移	Q100.6	I300.6	急停状态	I3006
I101.2	Q301.2	小车离开	Q100.7	I300.7	本站完成（单个完成）	I3007

续表

从站输入信号的地址	主站输出信号的地址	主站输出信号的功能	从站输出信号的地址	主站输入信号的地址	从站输出信号的功能	力控输入
ID120	QD320	QB320 电动机种类	Q101.5	I301.5	本站就绪	I3015
		QB321 电动机序列号	QD120	ID320	IB320 电动机种类	MB830
		QB322 虚拟订单号			IB321 电动机序列号	MB831
		QB323 客户订单号			IB322 虚拟订单号	MB832
IB124	QB324	订单电动机数量			IB323 客户订单号	MB833
			QB124	IB324	本站已完成充磁数量	MB834
			Q105.0	I305.0	电动机到来	M8100
			Q105.1	I305.1	准备充磁	M8101
			Q105.2	I305.2	充磁中	M8102
			Q105.3	I305.3	开始就绪	M8103
			Q110.0	I310.0	充磁区定位气缸报警	M8000
			Q110.1	I310.1	充磁区手爪气缸报警	M8001
			Q110.2	I310.2	充磁区传送带报警	M8002
			Q110.3	I310.3	充磁区垂直气缸报警	M8003
			Q110.4	I310.4	充磁区水平气缸报警	M8004
			Q110.5	I310.5	充磁区充磁机报警	M8005

表 B-6　　主站与性能检测区信号对接表

从站输入信号的地址	主站输出信号的地址	主站输出信号的功能	从站输出信号的地址	主站输入信号的地址	从站输出信号的功能	力控输入
I100.0	Q350.0	联机启动	Q100.0	I350.0	运行状态	I3500
I100.1	Q350.1	联机停止	Q100.1	I350.1	停止状态	I3501
I100.2	Q350.2	联机复位	Q100.2	I350.2	正在复位	I3502
I100.3	Q350.3	上一站完成	Q100.3	I350.3	复位完成	I3503

续表

<table>
<tr><th>从站输入信号的地址</th><th>主站输出信号的地址</th><th>主站输出信号的功能</th><th>从站输出信号的地址</th><th>主站输入信号的地址</th><th>从站输出信号的功能</th><th>力控输入</th></tr>
<tr><td>I100.4</td><td>Q350.4</td><td>下一站就绪</td><td>Q100.4</td><td>I350.4</td><td>报警状态</td><td>I3504</td></tr>
<tr><td></td><td></td><td></td><td>Q100.5</td><td>I350.5</td><td>联机状态</td><td>I3505</td></tr>
<tr><td></td><td></td><td></td><td>Q100.6</td><td>I350.6</td><td>急停状态</td><td>I3506</td></tr>
<tr><td></td><td></td><td></td><td>Q100.7</td><td>I350.7</td><td>本站完成（单个完成）</td><td>I3507</td></tr>
<tr><td rowspan="4">ID120</td><td rowspan="4">QD370</td><td>QB370 电动机种类</td><td>Q101.5</td><td>I351.5</td><td>本站就绪</td><td>I3515</td></tr>
<tr><td>QB371 电动机序列号</td><td rowspan="4">QD120</td><td rowspan="4">ID370</td><td>IB370 电动机种类</td><td>MB880</td></tr>
<tr><td>QB372 虚拟订单号</td><td>IB371 电动机序列号</td><td>MB881</td></tr>
<tr><td>QB373 客户订单号</td><td>IB372 虚拟订单号</td><td>MB882</td></tr>
<tr><td>IB124</td><td>QB374</td><td>订单电动机数量</td><td>IB373 客户订单号</td><td>MB883</td></tr>
<tr><td></td><td></td><td></td><td>QB124</td><td>IB374</td><td>本站已完成检测数量</td><td>MB884</td></tr>
<tr><td></td><td></td><td></td><td>QB125</td><td>IB375</td><td>本站不合格数量</td><td>MB885</td></tr>
<tr><td></td><td></td><td></td><td>Q105.0</td><td>I355.0</td><td>电动机到来</td><td>M8600</td></tr>
<tr><td></td><td></td><td></td><td>Q105.1</td><td>I355.1</td><td>准备测试</td><td>M8601</td></tr>
<tr><td></td><td></td><td></td><td>Q105.2</td><td>I355.2</td><td>测试电动机</td><td>M8602</td></tr>
<tr><td></td><td></td><td></td><td>Q105.3</td><td>I355.3</td><td>检测判断中</td><td>M8603</td></tr>
<tr><td></td><td></td><td></td><td>Q105.4</td><td>I355.4</td><td>合格电动机</td><td>M8604</td></tr>
<tr><td></td><td></td><td></td><td>Q105.5</td><td>I355.5</td><td>不合格电动机</td><td>M8605</td></tr>
<tr><td></td><td></td><td></td><td>Q110.0</td><td>I360.0</td><td>检测区定位气缸报警</td><td>M8500</td></tr>
<tr><td></td><td></td><td></td><td>Q110.1</td><td>I360.1</td><td>检测区传送带报警</td><td>M8501</td></tr>
<tr><td></td><td></td><td></td><td>Q110.2</td><td>I360.2</td><td>检测区测试机报警</td><td>M8502</td></tr>
<tr><td></td><td></td><td></td><td>Q110.3</td><td>I360.3</td><td>检测区伺服报警</td><td>M8503</td></tr>
<tr><td></td><td></td><td></td><td>Q110.4</td><td>I360.4</td><td>检测区 35A 电动机检测气缸报警</td><td>M8504</td></tr>
<tr><td></td><td></td><td></td><td>Q110.5</td><td>I360.5</td><td>检测区 35B 电动机检测气缸报警</td><td>M8505</td></tr>
</table>

续表

从站输入信号的地址	主站输出信号的地址	主站输出信号的功能	从站输出信号的地址	主站输入信号的地址	从站输出信号的功能	力控输入
			Q110.6	I360.6	检测区 42A 电动机检测气缸报警	M8506
			Q110.7	I360.7	检测区 42B 电动机检测气缸报警	M8507

表 B-7　　主站与智能包装区信号对接表

从站输入信号的地址	主站输出信号的地址	主站输出信号的功能	从站输出信号的地址	主站输入信号的地址	从站输出信号的功能	力控输入
I100.0	Q400.0	联机启动	Q100.0	I400.0	运行状态	I4000
I100.1	Q400.1	联机停止	Q100.1	I400.1	停止状态	I4001
I100.2	Q400.2	联机复位	Q100.2	I400.2	正在复位	I4002
I100.3	Q400.3	上一站完成	Q100.3	I400.3	复位完成	I4003
I100.4	Q400.4	下一站就绪	Q100.4	I400.4	报警状态	I4004
I101.0	Q401.0	小车到达，装电气不良品	Q100.5	I400.5	联机状态	I4005
I101.1	Q401.1	小车偏移	Q100.6	I400.6	急停状态	I4006
I101.2	Q401.2	小车离开	Q100.7	I400.7	本站完成（单个完成）	I4007
ID120	QD420	QB420 电动机种类	Q101.0	I401.0	呼叫小车	I4010
		QB421 电动机序列号	Q101.1	I401.1	装货暂停	I4011
		QB422 虚拟订单号	Q101.2	I401.2	装货完成	I4012
		QB423 客户订单号	Q101.3	I401.3	卸货暂停	I4013
IB124	QB424	订单电动机数量	Q101.4	I401.4	小车空包装盒卸货完成	I4014
I105.0	Q405.0	小车到达，准备卸空包装盒	Q101.5	I401.5	本站就绪	I4015
I105.1	Q405.1	小车到达，准备装空托盘	QD120	ID420	IB420 电动机种类	MB930
I105.2	Q405.2	小车到达，准备装成品			IB421 电动机序列号	MB931
I105.3	Q405.3	包装盒放位置 2			IB422 虚拟订单号	MB932
I105.4	Q405.4	包装盒放位置 1			IB423 客户订单号	MB933

续表

从站输入信号的地址	主站输出信号的地址	主站输出信号的功能	从站输出信号的地址	主站输入信号的地址	从站输出信号的功能	力控输入
I105.5	Q405.5	合格产品	QB124	IB424	本站已完成电动机个数	MB934
I105.6	Q405.6	不合格产品	QB125	IB425	本站已完成包装盒个数	MB935
			Q105.0	I405.0	呼叫小车运走电气不合格品	M9100
			Q105.1	I405.1	呼叫小车运走空托盘	M9101
			Q105.2	I405.2	呼叫小车运走成品	M9102
			Q105.4	I405.4	空托盘装货完成	M9104
			Q105.5	I405.5	成品装货完成	M9105
			Q105.6	I405.6	电气不良品装货完成	M9106
			Q105.7	I405.7	电动机到来	M9107
			Q106.0	I406.0	空包装盒就绪	M9110
			Q106.1	I406.1	机器人包装电动机	M9111
			Q106.2	I406.2	盖上包装盒盖	M9112
			Q106.4	I406.4	开始激光打标	M9114
			Q106.5	I406.5	激光打标中	M9115
			Q106.6	I406.6	激光打标完成	M9116
			Q106.7	I406.7	询问放的位置	M9117
			Q110.0	I410.0	包装区包装工位传送带报警	M9000
			Q110.1	I410.1	包装区打标机报警	M9001
			Q110.2	I410.2	包装区传送带报警	M9002
			Q110.3	I410.3	包装区机器人报警	M9003
			Q110.4	I410.4	包装区打标定位气缸报警	M9004
			Q110.5	I410.5	包装区电动机定位气缸报警	M9005
			Q110.6	I410.6	包装区包装定位气缸报警	M9006

表 B-8　　主站与成品仓库信号对接表

<table>
<tr><th>从站输入信号的地址</th><th>主站输出信号的地址</th><th>主站输出信号的功能</th><th>从站输出信号的地址</th><th>主站输入信号的地址</th><th>从站输出信号的功能</th><th>力控输入</th></tr>
<tr><td>I100.0</td><td>Q450.0</td><td>联机启动</td><td>Q100.0</td><td>I450.0</td><td>运行状态</td><td>I4500</td></tr>
<tr><td>I100.1</td><td>Q450.1</td><td>联机停止</td><td>Q100.1</td><td>I450.1</td><td>停止状态</td><td>I4501</td></tr>
<tr><td>I100.2</td><td>Q450.2</td><td>联机复位</td><td>Q100.2</td><td>I450.2</td><td>正在复位</td><td>I4502</td></tr>
<tr><td>I100.3</td><td>Q450.3</td><td>上一站完成</td><td>Q100.3</td><td>I450.3</td><td>复位完成</td><td>I4503</td></tr>
<tr><td>I100.4</td><td>Q450.4</td><td>下一站就绪</td><td>Q100.4</td><td>I450.4</td><td>报警状态</td><td>I4504</td></tr>
<tr><td>I101.0</td><td>Q451.0</td><td>装有成品的小车到达，请求卸货</td><td>Q100.5</td><td>I450.5</td><td>联机状态</td><td>I4505</td></tr>
<tr><td>I101.1</td><td>Q451.1</td><td>小车偏移</td><td>Q100.6</td><td>I450.6</td><td>急停状态</td><td>I4506</td></tr>
<tr><td>I101.2</td><td>Q451.2</td><td>小车离开</td><td>Q100.7</td><td>I450.7</td><td>本站完成（单个完成）</td><td>I4507</td></tr>
<tr><td>I101.3</td><td>Q451.3</td><td>装有外观不良品的小车到达，请求卸货</td><td>Q101.0</td><td>I451.0</td><td>呼叫小车</td><td>I4510</td></tr>
<tr><td>I101.4</td><td>Q451.4</td><td>装有电气不良品的小车到达，请求卸货</td><td>Q101.2</td><td>I451.2</td><td>装有电气不良品的小车卸货完成</td><td>I4512</td></tr>
<tr><td rowspan="4">ID120</td><td rowspan="4">QD420</td><td>QB470 电动机种类</td><td>Q101.3</td><td>I451.3</td><td>装有外观不良品的小车卸货完成</td><td>I4513</td></tr>
<tr><td>QB471 电动机序列号</td><td>Q101.4</td><td>I451.4</td><td>装有成品的小车卸货完成</td><td>I4514</td></tr>
<tr><td>QB472 虚拟订单号</td><td>Q101.5</td><td>I451.5</td><td>本站就绪</td><td>I4515</td></tr>
<tr><td>QB473 客户订单号</td><td rowspan="4">QD120</td><td rowspan="4">ID420</td><td>IB470 电动机种类</td><td>MB980</td></tr>
<tr><td>IB124</td><td>QB474</td><td>订单电动机数量</td><td>IB471 电动机序列号</td><td>MB981</td></tr>
<tr><td></td><td></td><td></td><td>IB472 虚拟订单号</td><td>MB982</td></tr>
<tr><td></td><td></td><td></td><td>IB473 客户订单号</td><td>MB983</td></tr>
<tr><td></td><td></td><td></td><td>QB124</td><td>IB474</td><td>本站已完成成品数</td><td>MB984</td></tr>
<tr><td></td><td></td><td></td><td>QB125</td><td>IB475</td><td>本站已完成外观不良品数</td><td>MB985</td></tr>
<tr><td></td><td></td><td></td><td>QB126</td><td>IB476</td><td>本站已完成电气不良品数</td><td>MB986</td></tr>
</table>

续表

从站输入信号的地址	主站输出信号的地址	主站输出信号的功能	从站输出信号的地址	主站输入信号的地址	从站输出信号的功能	力控输入
			Q105.0	I455.0	到取货位	M9600
			Q105.1	I455.1	取货完成	M9601
			Q105.2	I455.2	到放货位	M9602
			Q105.3	I455.3	放货完成	M9603
			Q110.0	I460.0	成品区当前仓位满	M9500
			Q110.1	I460.1	成品区 *X* 轴伺服上电报警	M9501
			Q110.2	I460.2	成品区 *X* 轴伺服回零报警	M9502
			Q110.3	I460.3	成品区 *X* 轴伺服点动报警	M9503
			Q110.4	I460.4	成品区 *X* 轴伺服绝对位报警	M9504
			Q110.5	I460.5	成品区 *Y* 轴伺服上电报警	M9505
			Q110.6	I460.6	成品区 *Y* 轴伺服回零报警	M9506
			Q110.7	I460.7	成品区 *Y* 轴伺服点动报警	M9507
			Q111.0	I461.0	成品区 *Y* 轴伺服绝对位报警	M9510
			Q111.1	I461.1	成品区取料手臂气缸报警	M9511
			Q111.2	I461.2	成品区取料手爪气缸报警	M9512
			QB127	IB477	35A 仓位放入成品数	MB970
			QB128	IB478	35B 仓位放入成品数	MB971
			QB129	IB479	42A 仓位放入成品数	MB972
			QB130	IB480	42B 仓位放入成品数	MB973
			QB131	IB481	电气不良品仓位放入数	MB974

续表

从站输入信号的地址	主站输出信号的地址	主站输出信号的功能	从站输出信号的地址	主站输入信号的地址	从站输出信号的功能	力控输入
			QB132	IB482	外观不良品仓位放入数	MB975
			QB133	IB483	电气不良品入库力控显示	
			QB134	IB484	35A 入库力控显示	
			QB135	IB485	35A 入库力控显示	
			QB136	IB486	35B 入库力控显示	
			QB137	IB487	42A 入库力控显示	
			QB138	IB488	42A 入库力控显示	
			QB139	IB489	42B 入库力控显示	
			QB140	IB490	外观不良品入库力控显示